ESTABILIDADE DE TALUDES NATURAIS E DE ESCAVAÇÃO

Blucher

GUIDO GUIDICINI
Geólogo

CARLOS M. NIEBLE
Engenheiro

(Ex-técnicos do Instituto de Pesquisas Tecnológicas de São Paulo,
atualmente na Engevix S.A. – Estudos e Projetos de Engenharia)

ESTABILIDADE DE TALUDES NATURAIS E DE ESCAVAÇÃO

2.ª edição revista e ampliada

Estabilidade de taludes naturais e de escavação
© 1984   Guido Guidicini
          Carlos M. Nieble
2ª edição revista e ampliada
13ª reimpressão – 2022
Editora Edgard Blücher Ltda.

Blucher

Rua Pedroso Alvarenga, 1245, 4º andar
04531-934 – São Paulo – SP – Brasil
Tel.: 55 11 3078-5366
contato@blucher.com.br
www.blucher.com.br

É proibida a reprodução total ou parcial
por quaisquer meios, sem autorização
escrita da editora.

Todos os direitos reservados pela Editora
Edgard Blücher Ltda.

FICHA CATALOGRÁFICA

Guidicini, Guido

G971e   Estabilidade de taludes naturais e de
escavação [por] Guido Guidicini [e] Carlos
Manoel Nieble. – São Paulo: Blucher, 1983.

Bibliografia.
ISBN 978-85-212-0186-1

1. Escavação 2. Estabilização dos solos.
3. Taludes (Mecânica dos solos) I. Título.

	17.CDD-624.151
	18.	-624.1513
76-0708	17. e 18.	-624.152

Índices para catálogo sistemático:

1. Escavação: Engenharia   624.152 (17. e 18.)

2. Estabilização dos solos: Engenharia   624.151 (17.)
624.1513 (18.)

3. Taludes: Estabilidade: Mecânica dos solos:
Engenharia   624.151 (17.) 624.1513 (18.)

CONTEÚDO

APRESENTAÇÃO	IX
PREFÁCIO	XIII
PREFÁCIO À SEGUNDA EDIÇÃO	XV
SIMBOLOGIA E NOTAÇÕES	XVI
Capítulo 1 — SISTEMÁTICA DE CLASSIFICAÇÃO	1
1.1 Introdução	1
1.2 Critérios de classificação de movimentos de massas	2
1.3 O sistema de classficação de Magalhães Freire	3
1.4 Histórico da documentação brasileira sobre escorregamento	5
1.4.1 Extensão das áreas afetadas	7
1.5 Correlação entre pluviosidade e escorregamentos	11
1.6 Escoamentos	18
1.6.1 Rastejos	18
1.6.2 Corridas	21
1.6.2.1 Corrida de terra	22
1.6.2.2 Corrida de areia ou silte	24
1.6.2.3 Corrida de lama	26
1.6.2.4 Avalancha de detritos	26
1.7 Escorregamentos	27
1.7.1 Escorregamentos rotacionais	29
1.7.2 Escorregamentos translacionais	31
1.7.2.1 Escorregamentos translacionais de rocha	31
1.7.2.2 Escorregamentos translacionais de solo	33
1.7.2.3 Escorregamentos translacionais de solo e de rocha	35
1.7.2.4 Escorregamentos translacionais remontantes	38
1.7.3 Queda de blocos	42
1.7.4 Queda de detritos	42
1.8 Subsidências	45
1.8.1 Subsidências (propriamente ditas)	45
1.8.2 Recalques	46
1.8.3 Desabamentos	46
1.9 Formas de transição ou termos de passagem	46
1.10 Movimentos complexos de massas	48
Capítulo 2 — AGENTES E CAUSAS DE MOVIMENTOS DE MASSAS	50
2.1 Causas internas	51
2.1.1. Efeito de oscilações térmicas	51
2.1.2. Diminuição dos parâmetros de resistência por intemperismo	52
2.2. Causas externas	53
2.2.1 Mudanças na geometria do sistema	53
2.2.2 Efeitos de vibrações	54
2.2.3 Mudanças naturais na inclinação das encostas	55
2.3 Causas intermediárias	55
2.3.1 Elevação do nível piezométrico em massas "homogêneas"	55
2.3.2 Elevação da coluna de água em descontinuidades	57
2.3.3 Rebaixamento rápido do lençol freático	59
2.3.4 Erosão subterrânea retrogressiva (*piping*)	60
2.3.5 Diminuição do efeito de coesão aparente	62

2.4 Atuação da cobertura vegetal	62
2.4.2 Efeitos de desmatamento	65
2.4.3 A Legislação brasileira e a proteção das encostas	67
Capítulo 3 — FATORES GEOLÓGICOS E GEOMECÂNICOS SIGNIFICATIVOS	69
3.1 Ângulo de atrito e coesão	69
3.2 Influência de irregularidades no cisalhamento	71
3.3 Influência dos materiais de preenchimento no cisalhamento	75
3.4 Influência de interfaces solo-rocha no cisalhamento	76
3.5 Influência da água no cisalhamento	76
3.6 Compartimentação do maciço e sua importância	77
3.7 Rupturas preexistentes como indício de instabilidade	79
3.8 Falhas e horizontes preferenciais de alteração	80
3.9 Perfis de intemperismo na estabilidade	81
3.10 Efeito de macroestrutura em solos	85
3.11 Ângulo de repouso em materiais granulares	85
3.12 Redes de fluxo subterrâneo, na estabilidade	85
3.13 Efeito de alívio de tensão por erosão	87
Capítulo 4 — MÉTODOS DE INVESTIGAÇÃO E APRESENTAÇÃO DE DADOS	89
4.1 Trabalhos de campo	90
4.2. Estudo geológico regional	90
4.3 Critérios de identificação de movimentos de massas	90
4.3.1 Critérios no emprego de fotos aéreas	90
4.3.2 Indícios na observação direta no campo	90
4.4 Mapeamento geológico da encosta	93
4.5 Trabalhos de subsuperfície	94
4.6 Descrição das características do movimento	95
4.7 Estudo da compartimentação do maciço	95
4.8 O emprego de diagramas de projeção esférica	90
4.9 Representação do cone de atrito	101
4.10 Caracterização geomecânica por meios expeditos	102
4.10.1 Índices globais de classificação	102
4.10.2 Grau de resistência	104
4.10.3 Grau de alteração	105
4.10.4 Grau de coerência	105
4.10.5 Grau de fraturamento	106
4.10.6 Medição de irregularidades de superfície	107
4.10.7 Classificações ''ponderadas''	109
4.10.8 Ensaios de cisalhamento expeditos	109
4.11 Estudo das condições de percolação de água subterrânea	111
4.12 Trabalhos de laboratório	112
4.13 Retroanálise	112
Capítulo 5 — MÉTODOS PARA CÁLCULO DE ESTABILIDADE DE TALUDES	116
5.1 Introdução	116
5.2 Os métodos de análise	119
5.2.1 Ruptura circular	120
5.2.1.1 Método de Rendulic ou da espiral logarítmica	121
5.2.1.2 Método do círculo de atrito ou de Taylor	123
5.2.1.3 Ábacos de Taylor	124
5.2.1.4 Método sueco ou de fatias	127
5.2.1.5 Gráficos de Bishop e Morgenstern	130
5.2.1.6 Ábacos de Hoek e Bray	135
5.2.1.7 Correlações entre métodos tradicionais de análise	136
5.2.2. Ruptura plana	139
5.2.2.1 Método gráfico	142
5.2.2.2 Ábacos de Hoek e Bray	144
5.2.2.3 Limitações da análise	146
5.2.3 Ruptura em cunha	146

5.2.3.1 Ábacos de Hendron, Cording e Aiyer 147
5.2.3.2 Ábacos de Hoek e Bray. 147
5.2.4 Análise de tombamento de blocos 159
5.2.5 Outros fatores que devem ser considerados no cálculo de estabilidade 160
5.2.5.1 Influência da curvatura do talude na estabilidade 160
5.2.5.2 Influência de solicitações dinâmicas 161

Capítulo 6 — ESTABILIZAÇÃO DE TALUDES E INSTRUMENTAÇÃO 163
6.1 Estabilização de taludes. 163
6.1.1 Sistematização dos processos de estabilização 164
6.1.2 Considerações sobre os principais métodos 164
6.1.2.1 Mudança na geometria do talude 166
6.1.2.2 Drenágem de água subterrânea 166
6.1.2.3 Reforço do maciço 167
6.1.2.4 Controle de desmonte 167
6.1.3 Experiências brasileiras na estabilização de taludes 168
6.2 Instrumentação de taludes 170
6.2.1 Importância da instrumentação 171
5.2.2 Métodos e técnicas de instrumentação 171
6.2.2.1 Métodos de medição direta de movimentos 172
6.2.2.2 Métodos de medição indireta de movimentos 172

Bibliografia nacional sobre estabilidade de taludes 175
Bibliografia internacional sobre estabilidade de taludes 192

APRESENTAÇÃO

Quando há cerca de nove anos, reuni três artigos numa apostila publicada pelo DLP-EPUSP, com o título *Estabilidade de taludes*, procurando divulgar em língua portuguesa, entre outros trabalhos, os ábacos de Taylor, Bishop e Morgenstern para o cálculo rápido de taludes em solos, não poderia imaginar que essa se tornaria minha publicação mais divulgada e que a segunda edição, à qual acrescentei um artigo em 1970, teria de ser reeditada a cada dois anos.

A presente publicação deste livro sobre *Estabilidade de taludes naturais e de escavação*, seja pela qualidade do seu conteúdo, seja pela amplitude no tratamento do problema, certamente alcançará uma divulgação muito mais ampla e se tornará quase obrigatória para estudantes e profissionais da geotecnia brasileira.

Quanto mais se vêem taludes naturais, mais se constatam os "desconhecidos" do problema e quase que cada nova ruptura que ocorre apresenta novos elementos de surpresa. Quanto mais se estudam taludes naturais, mais se sabe que não há soluções simples que possam ser aplicadas, e que muitas das explicações teóricas e análises de estabilidade admitem simplificações, muitas das quais divergem significativamente da realidade.

Penso que poderia "transplantar" para o caso de taludes o que um médico me disse sobre as causas de hipertensão arterial. Existem basicamente duas causas que levam à hipertensão: um mau funcionamento do rim e uma causa que nós chamamos "essencial". A primeira, é identificável, explicável e tratável, a segunda, a "essencial", nós não sabemos do que se trata.

No caso de taludes naturais poderia dizer que há duas causas que podem provocar a ruptura do mesmo: chuvas intensas e causas "essenciais".

Este livro representa uma contribuição inestimável à compreensão dessas causas. Li o livro duas vezes, acompanhei alguns trabalhos dos autores, discutimos vários trechos, conceitos e opiniões. Mas o mérito e o trabalho são deles. Se alguma contribuição minha aconteceu, ela o foi no campo do "essencial".

O livro se compõe de seis capítulos que merecem alguns destaques e comentários.

O Cap. 1 procura rever e propor critérios e sistemas de classificações de movimentos de massas; apresenta um histórico da documentação brasileira sobre escorregamentos; e, a seguir, passa a descrever em linguagem direta, detalhada e compreensível os "mecanismos dos movimentos de massa".

Considero que uma das contribuições fundamentais deste livro está na descrição desses mecanismos, porque sua compreensão, por parte dos que se dedicam quer às investigações de campo, quer às decisões a serem adotadas, é básica para a evolução dessas soluções e para o aumento da segurança e da economia dos projetos. O Cap. 2 é dedicado à identificação dos agentes e das causas de movimentos de massa, e é seguido pelo Cap. 3, onde são descritos e conceituados os fatores geológicos e geomecânicos significativos, entre eles os componentes de resistência, a presença da água e a importância das descontinuidades em maciços rochosos.

Em 1963, no Congresso Panamericano de Mecânica dos Solos, realizado no Brasil, era discutido se no cálculo da estabilidade de taludes compactados de barragens dever-se-iam considerar as pressões totais ou as pressões efetivas. R. V. Whitman, relator dessa sessão técnica, fez considerações sobre as vantagens e as desvantagens de cada tipo de análise. Ao final do debate, perguntou-se ao relator se o cálculo considerando pressões efetivas havia conduzido a taludes mais íngremes e portanto a projetos mais econômicos. Whitman respondeu: *Não*, mas certamente "nós compreendemos melhor os mecanismos de ruptura" e nos aproximamos mais pelo cálculo da realidade, ou seja, prevemos com mais precisão as superfícies potenciais de ruptura.

O estudo dos três primeiros capítulos deste livro certamente ajudará o leitor a "compreender melhor os intrincados mecanismos de movimentos de massas" de maciços terrosos, rochosos e toda a "terra-de-ninguém" que os une, confunde e os separa.

A solução de um problema em taludes depende em primeira instância da compreensão do próprio problema e só secundariamente dos métodos de cálculo de soluções conhecidas, da prática, dos recursos d sponíveis, do local, do tempo e às vezes do espaço.

O Cap. 4 trata dos Métodos de Investigação e Apresentação de Dados.

Inicia-se com uma conceituação básica sobre a atuação do geólogo:

— O papel do geólogo é crítico tanto na coleta como na apresentação de dados, porque é mais fácil coletar mais dados que podem ser usados numa análise. . .

No campo da geotecnia, há de se reconhecer que nos últimos anos evoluíram de maneira surpreendente os recursos de investigação de campo de um lado e num extremo, e os recursos de cálculo com o uso generalizado de computadores no outro extremo.

Desenvolveu-se a Geologia de Engenharia, desenvolveu-se o Método dos Elementos Finitos.

Do seu lado, o geólogo de formação básica naturalista se confronta com a necessidade de quantificar grandezas que por dezenas de anos foram apenas descritas qualitativamente. Nisto ele se aproxima do engenheiro. Por seu lado, no entanto, o engenheiro se distancia cada vez mais dos fatos naturais para se embrenhar na solução de elementos triangulares, quadrangulares e octogonais, e sua linguagem se traduz em programas, símbolos e cartões perfurados.

Poder-se-ia agora questionar se os taludes de nossas estradas e ferrovias são hoje mais estáveis ou se o número de escorregamentos diminuiu nas grandes cidades, apesar de toda a aparente sofisticação das sondagens com barriletes duplos ou triplos, amostragem integral, ensaios *in situ* com macacos planos, dilatômetros e que tais, além da incontável bibliografia sobre métodos de cálculo por elementos finitos capazes de reproduzir atrito, coesão, imbricamento e as novas *unit shear stiffness* e *unit normal stiffness*, de tradução ainda variável em português.

A resposta pragmática é *não*. De alguma forma, o Cap. 4 procura descrever um caminho para a melhoria da metodologia da investigação e, o que é mais importante, a digestão dos dados e a seleção da informação dirigida à análise a que se destina.

Discute métodos de representação gráfica e índices classificatórios. Propõe ao final critérios de classificações geomecânicas "ponderadas".

O Cap. 5 apresenta os Métodos para Cálculo de Estabilidades de Taludes. São descritos em detalhe os conceitos envolvidos em cada tipo de análise e são reproduzidos os ábacos de Taylor, Bishop, Morgenstern, Hoek e Bray, Hendron, Cording e Aiyer, para a análise expedita de taludes em solo e em rocha, e para condições de rupturas circular, plana e em cunha.

Na minha opinião, depois de bem conhecido e compreendido o mecanismo de ruptura de um talude a ser analisado, o uso expedito de ábacos fornece sempre um valor quantitativo do fator de segurança. Se esse valor corresponder às expectativas do analista, variações paramétricas deverão ser avaliadas, deverão ser consideradas utilizando os mesmos ábacos a fim de se analisar o campo de variação dos coeficientes numéricos de segurança. Entre outros parâmetros, devem ser analisadas as variações de coesão, atrito, pressões neutras, fendas de tração, planos de escorregamento preferencial, peso específico, rupturas parciais, presença ou não de vegetação e raízes, chuvas e peculiaridades específicas do caso em análise.

No caso em que os fatores de segurança numéricos não corresponderem às expectativas do analista, o método de cálculo deve ser reavaliado, bem como as hipóteses envolvidas.

Em outras palavras, nenhum valor numérico de fator de segurança deve convencer o analista que um talude é estável, se sua análise crítica do caso lhe sugere a instabilidade ainda que potencial.

No caso de haver taludes próximos escorregados, o uso de retroanálises é recomendado para a avaliação de parâmetros de resistência.

Outros métodos de análise de estabilidade, desde o tradicional Fellenius até os mais sofisticados métodos de análise tridimensional, só devem ser empregados depois de se ter feito a análise por ábacos e estar bem configurada a geometria do problema e da disponibilidade de parâmetros confiáveis de resistência e hipóteses sensatas de pressões resultantes do movimento da água. O refinamento do método deve estar na proporção direta da informação disponível bem como na avaliação das conseqüências da ruptura do talude em análise.

O Cap. 6 trata da Estabilização de Taludes e Instrumentação.

São descritos cuidadosamente os métodos mais usuais e os recursos mais atuais de estabilização de taludes, e os tipos de instrumentos utilizados e recomendados para tipos específicos de observação.

O texto é claro quanto às possibilidades de divulgar *case histories*, uma vez que isso se constituiria num novo livro.

Concordamos inteiramente com os autores e já visualizamos um novo livro com o título *Experiência brasileira na estabilização de taludes naturais; soluções adotadas, resultados de observação, sucessos e insucessos.*

Em engenharia geotécnica não basta encontrar uma solução para um problema; é preciso executá-la e, em seguida, observar os resultados. O método observacional, já tão enfatizado pelo gênio de Terzaghi, é o único caminho seguro para o progresso no campo da geotecnia.

E esta terceira fase do projeto, a observação, tem sido negligenciada, ou deixada a um segundo plano na engenharia brasileira. A multiplicidade de obras exige sempre a atenção do projetista para as obras novas, e, de outro lado, são poucos os clientes que se dispõem a investir sistematicamente na observação de obras.

Esquecem-se, no entanto, de que o único recurso objetivo de reduzir os custos dos novos projetos é observar os resultados das soluções adotadas nos projetos anteriores. Essa fase pode custar quase o preço do projeto e em casos específicos até mais. Mas, se a engenharia brasileira não se dispuser a analisar os resultados dos seus próprios projetos, ela ficará estagnada ou renovada apenas pela experiência estrangeira, em grande parte pouco adaptável e utilizável nas condições brasileiras.

Nota final

Pode parecer estranho que, ao apresentar um livro, eu proponha um outro, mas é aí mesmo que reside o valor da obra. Este livro é e será sempre atual. Seu uso em estudos, projetos e observações é básico e por isso mesmo ele deve gerar outros que relatem os frutos de suas experiências.

Taiarana, 11 de maio de 1976

Paulo Cruz

PREFÁCIO

Este compêndio trata, basicamente, do estudo e da análise de estabilidade de taludes em encostas naturais e em paredes de escavações em solo ou rocha. Os taludes de maciços compactados, tais como os de barragens de terra, enrocamento, aterros para rodovias, ferrovias etc., por envolverem métodos de projeto e técnicas de construção especiais, não foram considerados neste trabalho.

O escorregamento catastrófico da Serra de Maranguape, Ceará, em 1974, que ceifou diversas vidas, levou os autores a uma série de pesquisas relacionadas ao assunto e à constatação da inexistência de um trabalho-síntese sobre o mesmo na literatura técnica brasileira. Tal foi o espírito que norteou a elaboração deste livro: a apresentação global do problema, a compilação e a síntese de dados relacionados ao tema, além de uma certa parcela de experiência dos autores neste campo e em campos correlatos.

O trabalho foi dividido inicialmente em cinco capítulos, nos quais se discutem a sistemática de classificação dos movimentos de massa, os agentes e as causas intervenientes, os fatores geológicos e geomecânicos significativos, os métodos de investigação e, por último, os métodos disponíveis, até a data, para cálculo de estabilidade. No entanto, a própria seqüência de desenvolvimento acima levou os autores a tecer algumas considerações sobre os métodos de estabilização de taludes e instrumentação, capítulo esse que reconhecemos de caráter apenas informativo sobre o assunto.

Resta, por fim, desejar que este trabalho atinja os objetivos a que se propôs. O primeiro deles, a servir de subsídio para graduados em geologia ou engenharia, a servir de apoio para estudantes em nível de pós-graduação, e, em segundo, o de representar material de consulta a geólogos e projetistas, construtores e consultores em serviços de engenharia.

Como campo de pesquisa, lembraríamos que não existe, no Brasil, uma tradição de estudos regionais sobre a estabilidade de taludes naturais. Tal é, do ponto de vista dos autores, um amplo campo de investigação, tendo em vista a aplicação de métodos de análise em termos de experiências precedentes e precedentes modificados, de grande importância no auxílio aos técnicos brasileiros, tendo-se em vista principalmente nossas condições climáticas.

Agradecem os autores ao Instituto de Pesquisas Tecnológicas, na pessoa de seu superintendente, Eng.º Alberto Pereira de Castro, à Divisão de Minas e Geologia Aplicada (DMGA) na pessoa de seu diretor, Geólogo Luiz Francisco Rielli Saragiotto. Agradecem ao Dr. Paulo Teixeira da Cruz a leitura crítica e revisão do texto, e aos colegas da DMGA as sugestões feitas. Agradecem, finalmente, à Sra. Beatriz Costa Tsukamoto e à Sra. Dora Soares pela paciente revisão e pela datilografia do texto, em suas várias fases de elaboração.

São Paulo, julho de 1975

PREFÁCIO À SEGUNDA EDIÇÃO

Decorridos cerca de oito anos, julgaram os autores de interesse proceder a uma revisão do texto original. Neste meio tempo, novas obras foram se somando ao acervo bibliográfico nacional e internacional e uma listagem bibliográfica atualizada substitui, no fim do texto, a anteriormente apresentada.

Os próprios autores empreenderam, ao longo desses anos, novos estudos sobre estabilidade de encostas. Dois aspectos mereceram particular atenção.

O primeiro diz respeito ao papel desempenhado pelas chuvas, no desencadeamento dos fenômenos de instabilização. Este papel procurou-se analisar, focalizando-se uma centena de episódios de chuva intensa ocorridos em nosso meio tropical úmido, tendo alguns deles provocado catástrofe, em anos recentes, quais as de Caraguatatuba, da Serra dos Araras, da cidade do Rio de Janeiro, da Baixada Santista.

O segundo aspecto ao qual se deu particular ênfase diz respeito à análise do papel desempenhado pela cobertura vegetal na estabilidade de encostas e, em particular, à intensidade dos efeitos provocados pelo desmatamento.

Os resultados dessas investigações, conduzidas às vezes em colaboração com outros especialistas, constam agora da presente revisão e ampliação do texto.

SIMBOLOGIA E NOTAÇÕES

σ = tensão normal total
$\bar{\sigma}$ = tensão normal efetiva
τ = resistência ao cisalhamento
c = coesão
ϕ = ângulo de atrito
W = coeficiente de atrito dinâmico
γ = peso específico aparente da rocha
γ_a = peso específico da água
P = peso próprio do material
p = pressão total
U, V = subpressões
i = ângulo de inclinação do plano de ruptura
ψ = mergulho da descontinuidade
r = raio da superfície de ruptura
α = inclinação do talude, expresso em graus ou declividade (vertical: horizontal)
H = altura do talude
h = altura de coluna d'água
$N.A.$ = nível do lençol freático
Z = profundidade de fenda de tração
Z_a = altura da água em fenda de tração
FS = fator de segurança

Obs.: Quanto à resistência ao cisalhamento, em virtude das diferenças de notação existentes entre os mecanicistas de solos e de rochas, procurou-se conservar as notações correspondentes.

Assim, $s = c + (p - \gamma_a h)\,\mathrm{tg}\,\phi$ e
$\tau = c + \sigma\,\mathrm{tg}\,\phi$ são notações que podem aparecer num mesmo capítulo.

CAPÍTULO 1

SISTEMÁTICA DE CLASSIFICAÇÃO

"Sliding phenomena involve such a variety of processes and disturbing factors that they afford unlimited possibilities of classification"

Quido Záruba e V. Mencl *in Landslides and their Control*, Elsevier, 1969, p. 31

1.1 INTRODUÇÃO

Movimentos de massas, ou movimentos coletivos de solos e de rochas, têm sido objeto de amplos estudos nas mais diversas latitudes, não apenas por sua importância como agentes atuantes na evolução das formas de relevo, mas também em função de suas implicações práticas e de sua importância do ponto de vista econômico. Existe, na literatura, um extenso acervo de dados e de observações realizado pelas mais diversas categorias de profissionais: geólogos, mecanicistas de solos, construtores, geomorfólogos, engenheiros, geógrafos. Obviamente, a atuação e a atenção de cada um desses profissionais estão voltadas e orientadas em aspectos nem sempre coincidentes. Os diferentes enfoques são o reflexo do interesse de cada campo de especialização.

Deve-se, talvez, aos mecanicistas de solos a mais importante contribuição ao estudo dos mecanismos de tais movimentos, genericamente chamados *escorregamentos*. O termo escorregamento tem sido comumente utilizado no sentido de abranger todo e qualquer movimento coletivo de materiais terrosos e/ou rochosos, independentemente da diversidade de processos, causas, velocidades, formas e demais características.

Face à extrema diversidade de enfoque, à complexidade dos processos envolvidos e à multiplicidade de ambientes de ocorrência, o tema "escorregamentos" apresenta uma grande dificuldade de análise e síntese.

Essa dificuldade se manifesta na inexistência de um sistema classificador razoavelmente divulgado e aceito, conseqüência da própria falta de definições básicas dos fenômenos envolvidos e da ausência de uma nomenclatura padronizada.

Parte essencial da definição de escorregamento, no sentido amplo do termo (Freire, 73, p. 11), "é a afirmação da natureza coletiva do deslocamento de partículas, mediante a qual se faz a distinção entre esses fenômenos e os processos de transferência individual de partículas sob a ação de um agente exterior, como a água e o vento. (. . .) Incluem-se, deste modo, em tal conceito, os desabamentos de margens fluviais ou lacustres e de costas marítimas, a queda de falésias, as avalanchas, os deslocamentos de solos ou rochas por fluidificação ou plastificação (desde o rastejo de rochas, solos ou detritos, as correntes de lava ou de lama, até as geleiras), o destacamento ou desgarramento de massas terrosas ou rochosas, a soliflúxão, a subsidência e diversos tipos (recalques, depressões, afundamentos, desabamentos, "abatições"), e, como caso-limite e sob certas condições, o próprio transporte fluvial".

2 Estabilidade de taludes naturais e de escavação

1.2 CRITÉRIOS DE CLASSIFICAÇÃO DE MOVIMENTOS DE MASSAS

As ilimitadas possibilidades de adoção de enfoques na análise do fenômeno conduziram a uma grande proliferação de sistemas classificadores. Entre os autores que propuseram classificações de movimentos de massas podem-se contar Baltzer (1875), Heim (1882), Penck (1894), Molitor (1894), Braun (1908), Howe (1909), Almagià (1910), Stini (1910), Terzaghi (1925), Pollack (1925), Ladd (1935), Hennes (1936), Sharpe (1938), Terzaghi (1950), Varnes (1958), Penta (1960), Freire (1965), Ter-Stepanian (1966), Skempton e Hutchinson (1969). Detalhes sobre as classificações anteriores a 1938 podem ser encontrados no trabalho de Sharpe (331). As posteriores a esta data constam da bibliografia deste livro.

A maioria das classificações tem aplicabilidade regional, influenciadas que foram pelas condições do ambiente em que o autor as elaborou. É o caso, por exemplo, da classificação apresentada por Záruba e Mencl (340), na opinião do mesmo autor.

Em língua portuguesa, além da classificação de Freire, lembramos as de Vargas (274) e Costa Nunes (159), com conotações regionais, voltadas para a ocorrência de movimentos de massas em ambientes tropical e subtropical úmidos.

Há classificações (Penta, 326) que se baseiam essencialmente no critério da presença, ou ausência, de uma superfície de destaque preexistente. Há casos, como em meios rochosos, onde o critério é de fácil verificação, o mesmo não ocorrendo em meios terrosos, onde a ruptura, ao longo da superfície de movimentação, pode se iniciar em qualquer ponto no interior do maciço, dependendo das características do material e do estado de tensões existentes, progredindo então ao longo da superfície. O mecanismo de ruptura progressiva tem sido objeto de análises por parte dos mecanicistas de solos, entre os quais citamos Skempton e Hutchinson (332, p. 313), Bishop (295, p. 142) e Pruska e Thú (1974). A não--observação, em superfície, de fraturas de tração, que representam comumente os principais indícios de um mecanismo de ruptura em andamento, não significa que esta já não esteja ocorrendo no interior do maciço. Isso, de certa forma, prejudica a aplicação da classificação de Penta.

Um outro critério de classificação (Sharpe, 331) correlaciona, de maneira bastante simplificada, o tipo e a velocidade de movimentação com a natureza do material da massa em movimento, associando este último aos ambientes geomorfológico e climático. A Fig. 1 mostra a extrema capacidade de síntese apresentada por Sharpe em tema tão complexo.

Entretanto, dificilmente poder-se-ia utilizar a classificação acima no meio físico brasileiro. Ela foi desenvolvida em ambiente de condições climáticas rigorosas. As características físico-mecânicas do fenômeno se acham, por outro lado, praticamente ausentes.

Em contraposição a classificações de cunho acentuadamente geológico e descritivo, registram-se tentativas de transformação desses fenômenos geológicos a termos meramente mecânicos. As tentativas mais bem sucedidas talvez sejam as de Terzaghi (1928, 1950). Na primeira delas (1928), as causas de escorregamento são classificadas em ativas (aumento do peso) e passivas (reduções de resistência interna). Na segunda (334, p. 6), o autor subdivide as causas em internas (diminuição do atrito interno, diminuição progressiva da coesão, sem aumento de esforços cortantes), externas (aumento do esforço cortante sem diminuição da resistência, por aumento de inclinação, por descalçamento, por abalos naturais e artificiais) e, por último, causas intermediárias (variação instantânea do nível de água e liquefação espontânea).

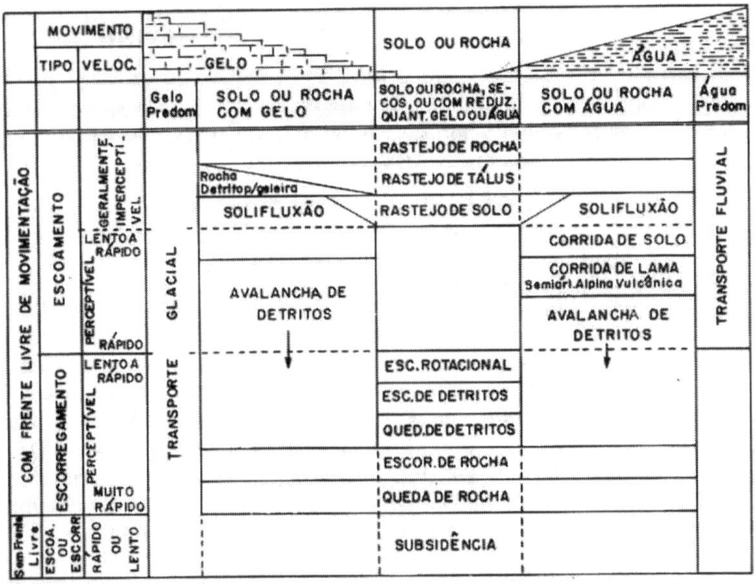

Sistemática de classificação 3

MOVIMENTO			SOLO OU ROCHA		ÁGUA	
TIPO	VELOC.	GELO				
		Gelo Predom	SOLO OU ROCHA COM GELO	SOLOOUROCHA, SE-COS, OU COM REDUZ. QUANT.GELO OU ÁGUA	SOLO OU ROCHA COM ÁGUA	Água Predom

COM FRENTE LIVRE DE MOVIMENTAÇÃO	ESCOAMENTO	PERCEPTÍVEL	LIGEIRAMENTE IMPERCEPTÍVEL	LENTO A RÁPIDO	GLACIAL		RASTEJO DE ROCHA		TRANSPORTE FLUVIAL

(Figura - tabela complexa dos movimentos de massa)

RASTEJO DE ROCHA
RASTEJO DE TÁLUS
SOLIFLUXÃO — RASTEJO DE SOLO — SOLIFLUXÃO
CORRIDA DE SOLO
CORRIDA DE LAMA — Semiári.Alpina Vulcânica
AVALANCHA DE DETRITOS — AVALANCHA DE DETRITOS
ESC. ROTACIONAL
ESC. DE DETRITOS
QUED. DE DETRITOS
ESCOR. DE ROCHA
QUEDA DE ROCHA
SUBSIDÊNCIA

Figura 1 Quadro sintético da concepção de Sharpe sobre a sistematização dos movimentos de massas (Sharpe, 331).

Ao lado de classificações baseadas em "princípios geológico-descritivos", ou "natureza dos materiais" ou, ainda, na procura de uma "terminologia mecânica", nota-se, em alguns autores, uma preocupação em estabelecer uma hierarquia causal, de acordo com a importância, época de atuação e efetividade dessas causas. Formulam-se, assim, os conceitos de causas intrínsecas e extrínsecas. As primeiras são representadas pelos complexos geológico, morfológico, climático e hidrológico, que constituem o ambiente-sede do fenômeno de movimentos de massas, sendo assim as causas predisponentes do movimento. As últimas, as causas extrínsecas, são as que preparam e provocam o movimento. (Este tema será tratado de maneira extensiva no Cap. 2.)

Há sistemas classificatórios, finalmente, baseados essencialmente em características físico-mecânicas do fenômeno. Estas fornecem, talvez, os melhores critérios de análise e sistematização. Situam-se dentro desta categoria as classificações de Cleaves e Shultz, Krynine e Judd. As diferenças pessoais de avaliação dos diversos fatores levam, mesmo aqui, a uma grande variação dos termos taxionômicos empregados pelos vários autores (Freire, 73, p. 12).

1.3 O SISTEMA DE CLASSIFICAÇÃO DE MAGALHÃES FREIRE

Em seu trabalho "Movimentos coletivos de solos e rochas e sua moderna sistemática", publicado na revista *Construção*, de março de 1965, Freire apresenta uma visão sintética do assunto. Num amplo quadro, este autor procura unificar e harmonizar as noções essenciais contidas nas obras de diversos especialistas e, particularmente, nas de Shultz e Cleaves, Krynine e Judd, Sharpe, Terzaghi e Penta. Segundo o próprio autor, "a exposição sintética do assunto, apresentada em nosso Quadro I, é uma tentativa de combinação ou síntese dos aspectos naturalísticos ou geológicos, visualizados através do elenco de causas apresentadas anteriormente, com a visão físico-mecânica-matemática da concepção de Terzaghi".

4   *Estabilidade de taludes naturais e de escavação*

Os movimentos coletivos de solo e de rocha são aí classificados em três tipos fundamentais: a) escoamentos, b) escorregamentos, c) subsidências.

a) *Escoamentos*: Correspondem a uma deformação, ou movimento contínuo, com ou sem superfície definida de movimentação; estão classificados, segundo as características do movimento, em dois tipos: corrida (escoamento fluido-viscoso) e rastejo ou reptação (escoamento plástico).

b) *Escorregamentos* (stricto sensu): Correspondem a um deslocamento finito ao longo de superfície definida de deslizamento, preexistente ou de neoformação; classificam-se também em dois subtipos, segundo haja predomínio de rotação (escorregamentos rotacionais) ou de translação (escorregamentos translacionais). As diferenças entre os dois subtipos serão definidos nos itens 1.6.1 e 1.6.2.

c) *Subsidências*: Correspondem a um deslocamento finito, ou deformação contínua, de direção essencialmente vertical; encontram-se classificadas em três tipos: subsidências propriamente ditas (em que o movimento consiste essencialmente em uma deformação contínua), recalques (em que, por expulsão de um fluido, verifica-se uma deformação global do solo, produzida pelos deslocamentos ou rearranjos das partículas individuais) e, finalmente, os desabamentos (que consistem em um deslocamento finito vertical, geralmente rápido).

A partir desses três tipos e sete subtipos fundamentais, diferenciam-se 32 classes principais, apresentadas no Quadro I, no final deste livro. Essas classes passam, então, a ser caracterizadas de acordo com parâmetros físico-mecânicos--causais, abaixo discriminados:

a) natureza de superfície de movimentação
b) inclinação do talude
c) características qualitativas do movimento
d) tipo de movimento
e) velocidade e duração
f) termos de passagem de um tipo de movimento para outro
g) causas intrínsecas e extrínsecas, estas últimas divididas em indiretas e diretas, estas subdivididas em preparatórias e imediatas
h) ainda contido no item causas, o modo de ação das mesmas
i) natureza física de ações significativas das causas
j) efeitos sobre as condições de equilíbrio
k) processos corretivos dos movimentos de massas

Os processos corretivos, ou providências saneadoras, dos movimentos de massas aparecem discriminados em outro quadro (Quadro II p. 165), do mesmo autor.

Julgou-se a sistematização de Freire extremamente feliz e considerou-se que ela poderia servir de base para o desenvolvimento de um texto básico sobre o assunto. Esse texto deveria se dedicar, na medida do possível, à análise de problemas de movimentação de massas em regiões tropicais, condição básica para adquirir qualquer cunho de utilidade e validade. Dessa forma estar-se-ia também procurando combater a exigüidade de textos em língua portuguesa.

Algumas modificações, julgadas convenientes, foram introduzidas na classificação de Freire. As principais dizem respeito a uma redistribuição das classes de escorregamentos translacionais e a um enfoque diverso na diferenciação entre agentes e causas dos movimentos de massas.

Sistemática de classificação 5

1.4 HISTÓRICO DA DOCUMENTAÇÃO BRASILEIRA SOBRE ESCORREGAMENTO

As escarpas de regiões montanhosas, situadas no meio tropical úmido brasileiro, geralmente portadoras de uma rica mata pluvial, são, com certa freqüência, palco de movimentos coletivos de solos e rochas, genericamente chamados de escorregamentos. O fato, em princípio, é conseqüência da própria dinâmica de evolução das encostas, quando as massas de solo, formadas a partir da progressiva alteração das rochas que compõem tais vertentes, atingem paulatinamente espessuras que podem ser consideradas críticas para a estabilidade. A partir de então, movimentos de massas podem ocorrer, de maneira relativamente isolada, no tempo e no espaço ou, então, se concentrar em ocorrências praticamente simultâneas, afetando regiões inteiras. São deste último tipo os episódios catastróficos que, em época recente, atingiram a Serra de Caraguatatuba (1967), a Serra das Araras (1967), a Baixada Santista (1956), a cidade do Rio de Janeiro (1966 e 1967), a Serra de Maranguape (1974), o Sul de Minas Gerais (1948), o vale do rio Tubarão, em Santa Catarina (1974).

A freqüência com que tais movimentos coletivos de massas ocorrem é, de longe, superior à que os órgãos de imprensa registraram. É natural que assim seja, pois os escorregamentos só ganharão as manchetes de jornais na medida em que, de alguma forma, afetarem os pontos de ocupação humana. Escorregamentos em áreas despovoadas, afastadas dos centros de ocupação, dificilmente serão registrados na imprensa e sua ocorrência passará quase sempre despercebida.

No registro da ocorrência de qualquer movimento de massas no Brasil, um fator determinante é representado pelo nível de desenvolvimento do meio técnico na época em que ocorria o acontecimento. Apesar de as encostas brasileiras apresentarem fenômenos de instabilidade desde há muito, foi somente o advento da Mecânica dos Solos no Brasil que passou a propiciar o aparecimento de estudos aprofundados sobre tais fenômenos. Para exemplificar, basta fazer referência ao caso dos escorregamentos do Monte Serrat na cidade de Santos (SP). Apesar de aquele morro ter sido sede de escorregamentos catastróficos em 1924, foi somente após a repetição do fenômeno, no mesmo local, 32 anos mais tarde, que o meio técnico brasileiro pôde analisar apropriadamente o fenômeno. É que, no intervalo do tempo citado, este meio técnico passou a contar com as valiosas ferramentas de trabalho supridas pela nova Mecânica dos Solos. Datam do início da década de 60 os primeiros trabalhos sobre o assunto. A cada nova ocorrência de eventos catastróficos seguiu-se uma fase de estudos à procura da compreensão dos mecanismos em tais eventos. De uma maneira geral, podem-se distinguir dois campos principais de estudo: as coberturas de solos, de diversas origens, responsáveis por fenômenos de instabilidade, principalmente na Serra do Mar, e a ocorrência de grandes massas de rochas e de solos em elevações situadas em áreas urbanas, cuja área-tipo é a própria cidade do Rio de Janeiro.

No quadro da p. 6 são citados os movimentos de massas mais significativos registrados no Brasil em anos recentes, associados a uma ou mais fontes de referência. Trata-se, evidentemente, de uma reduzida fração dos acontecimentos ocorridos no Brasil, mesmo em tempos históricos, pois as crônicas referem a existência de deslizamentos ainda no período colonial, como no antigo Morro do Castelo, centro do Rio de Janeiro.

Como se pode observar, a maioria dos escorregamentos está associada à extensa escarpa da Serra do Mar. A observação mostra também que a grande maioria dos escorregamentos que lá ocorrem mobilizam tão-somente os horizontes de solo superficial, tendo caráter de exceção a mobilização do maciço rochoso subjacente. É ainda preciso

6 — *Estabilidade de taludes naturais e de escavação*

lembrar que os solos de tais encostas são, em geral, pouco espessos, pois a dinâmica de evolução das próprias encostas, como já foi citado, não favorece a conservação de grandes espessuras. Neste particular, é digna de menção a reduzida espessura do horizonte superficial de solo nas encostas da Serra do Mar, quando comparada aos possantes horizontes de solo encontrados no planalto.

ANO	LOCAL	FONTE DE REFERÊNCIA
1928, março	Monte Serrat, Santos (SP)	Vargas (274) (275) Pichler (188) Vargas e Pichler (281)
Julho de 1946 a março de 1947	Usina Henry Borden, Cubatão (SP)	Fox (300) Terzaghi (334) Vargas (274)
1947, junho	Rodovia Curitiba—Joinvile	Vargas (274)
1948, 15 de dezembro	Sul de Minas Gerais	Sternberg (258)
Diversas épocas	Via Anchieta, cota 95 (SP)	Rodrigues e Nogami (216) (217)
1953, julho	Usina Eloy Chaves, Pinhal (SP)	Vargas (274)
Diversas épocas	Usina Euclides da Cunha, São José do Rio Pardo (SP)	Vargas (274)
1956, 2 de março	Monte Serrat, Santos (SP)	Vargas (274) Pichler (188)
1956, 24 de março	Encosta "Caneleira", Morro da Penha, ligação da via Anchieta com São Vicente	Vargas (274) Vargas e Pichler (281)
Diversas épocas	Rodovia Régis Bittencourt, BR-116 (SP)	*O Estado de S. Paulo*, 10.3.1973
1964 e anteriormente	Via Anchieta, cota 500 (SP)	Teixeira e Kanji (280)
1966, 11 e 13 de janeiro 1967, de 17 a 19 de fevereiro	Rio de Janeiro (área urbana)	Barata (12) CNPq (39) Jones (311) Costa Nunes (159) (155) (161)
1967, 22 e 23 de janeiro	Serra das Araras	Jones (99) Costa Nunes (159) (155) (161)
1967, 18 de março	Serra de Caraguatatuba	Petri e Suguio (186) IPT
1968, 22 e 23 de setembro	Guaratuba (PR)	Grehs (85)
1966, 23 de dezembro	São Vicente	*O Estado de S. Paulo*, 25.12.1966
1972, 18 de agosto	Vila Albertina, Campos do Jordão (SP)	Amaral e Fuck (4) Guidicini e Prandini (89)
1974, 29 de abril	Serra de Maranguape (CE)	Arquivo do IPT
Não especificado, anterior a 1962	Rodovia Paranaguá—Curitiba, BR-35 (PR)	Freire (73)

Sistemática de classificação

1.4.1 Extensão das áreas afetadas

O histórico de movimentos de massas no Brasil registra a ocorrência de acontecimentos que vão desde o simples desprendimento de blocos isolados até milhares de escorregamentos simultâneos, afetando áreas com centenas de quilômetros quadrados.

Ocorreram no Brasil, em época recente, episódios de caráter catastrófico, atingindo extensas áreas da região Centro-Sul do país e que puderam ser registrados graças à existência, nestas áreas, de redes de estações de registro pluviométrico razoavelmente bem distribuídas. Concomitantemente a isso, foi possível determinar a extensão do território afetado, graças à realização de trabalhos de campo e à comparação de levantamentos aerofotogramétricos executados em épocas anterior e posterior ao desencadeamento dos referidos episódios.

Dentre as catástrofes que atingiram a região Centro-Sul, registra-se a existência de pelo menos três casos em que foi possível preencher as condições acima expostas.

O primeiro caso, bastante conhecido na literatura nacional, é o da Serra das Araras. Dentre as referências sobre a área, citam-se os trabalhos de Jones (99) e Santos Júnior (1967).

Aqueles autores apresentam mapa correlacionando a área atingida por escorregamentos e as isoietas aproximadas da chuva de 22/23 de janeiro de 1967 que os provocou. Este mapa é aqui apresentado na figura 2 e mostra boa concordância entre a isoieta de 200 mm e a área atingida, esta avaliada em cerca de 150 Km². Observe-se a forma elíptica da área afetada com eixo maior de direção norte-nordeste e extensão de cerca de 25 km. Observe-se também que o limite ocidental coincide com a cumeada da serra.

O segundo caso, elaborado por estes autores, é o da Serra de Caraguatatuba, relativo ao episódio de chuva de 17/18 de março de 1967. Sua elaboração foi extremamente facilitada pela existência de estudos prévios, por obra de Fúlfaro e outros (6), que efetuaram o mapeamento dos escorregamentos a partir de fotos aéreas existentes e controle de campo e por obra de Santos Júnior (1967), que apresenta as isoietas aproximadas daquele episódio de chuva. A figura 3 ilustra a ocorrência.

Observe-se que, neste caso, o contorno da área atingida pelos escorregamentos apresenta boa coincidência com a isoieta de 400 mm e que alcança cerca de 140 Km².· Na verdade, a isoieta de 400 mm delimita uma área muito extensa, superior a 600 km², mas cerca da metade situa-se no mar e, da parte em terra (cerca de 300 km²), uma porção ponderável é constituída por terrenos da baixada litorânea, de relevo plano, não sujeitos a movimentos de massas. O limite noroeste, da mesma forma que no caso da Serra das Araras, coincide com a cumeada da serra.

O terceiro caso é relativo ao episódio de chuva de 24 de março de 1956, na Baixada Santista. Os autores reconstituíram as isoietas aproximadas da chuva daquele episódio, mostradas na figura 4. O mapeamento dos escorregamentos foi realizado complementando-se os dados apresentados por Pichler (188), com uma análise de fotos aéreas, na escala de 1:25.000.

Observa-se que a área afetada (cerca de 14 km²) está incluída na área-pico de chuvas registradas e está delimitada pela isoieta de 350 mm. O contorno das isoietas apresenta o eixo da maior elongação segundo direção que coincide com o eixo dos grandes vales encaixados que ocorrem na região (vales do rio Mogi, do rio Quilombo, etc).

A elaboração de cartas como as expostas permite uma visualização da intensidade do fenômeno e da possível extensão das áreas envolvidas. Sua utilização pode se fazer valer em termos de planejamento territorial. Permite também avaliar o grau de participação da ação antrópica no desencadeamento desses processos coletivos de instabilização, graças a uma apreciação da intensidade de ocupação das áreas atingidas.

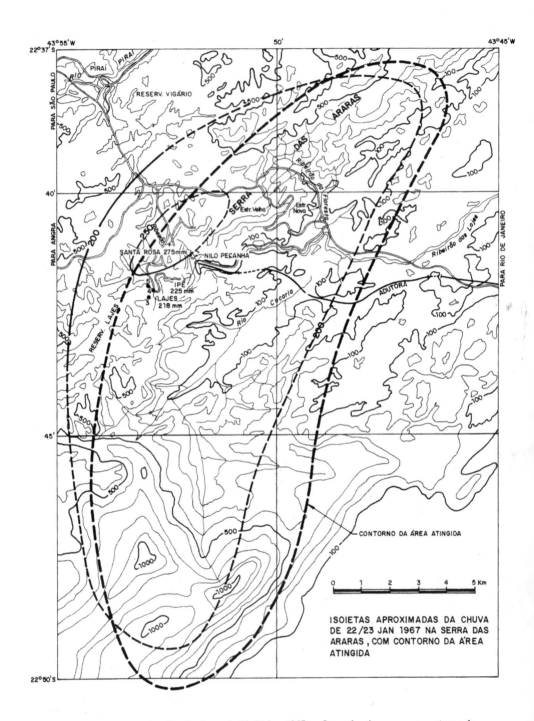

Fig. 2 — Isoietas aproximadas da chuva de 22/23 jan.1967 na Serra das Araras, com contorno da área atingida.

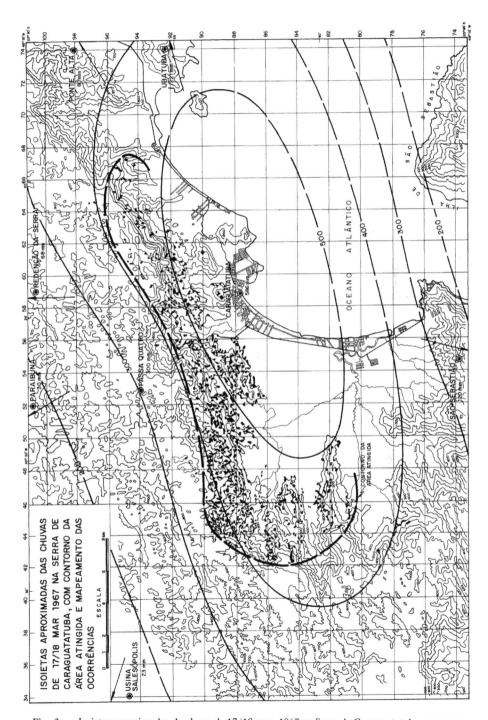

Fig. 3 — Isoietas aproximadas da chuva de 17/18 mar. 1967 na Serra de Caraguatatuba, com contorno da área atingida e mapeamento das ocorrências.

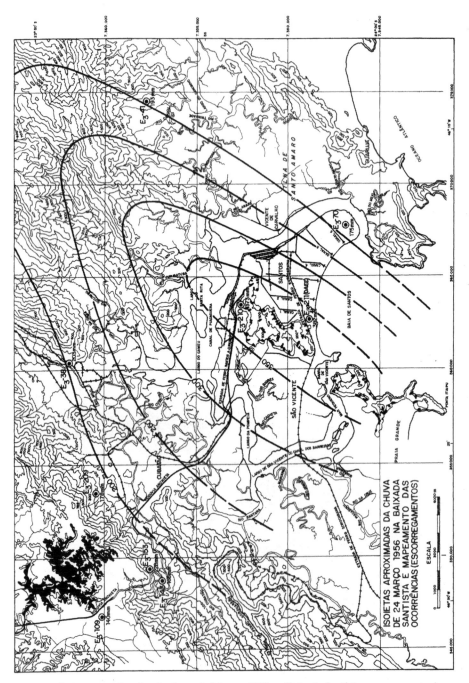

Fig. 4 — Isoietas aproximadas da chuva de 24 mar. 1956 na Baixada Santista e mapeamento das ocorrências (escorregamentos).

Sistemática de classificação

1.5 CORRELAÇÃO ENTRE PLUVIOSIDADE E ESCORREGAMENTOS

No meio tropical brasileiro, é de conhecimento generalizado a vinculação dos escorregamentos à estação de chuvas e, dentro dela, à ocorrência de chuvas intensas. Durante o verão, as frentes frias que se originaram na região polar antártica cruzam o Oceano Atlântico Sul, num rítmo cíclico de cerca de uma frente por semana. Ao se depararem com as massas de ar quente tropicais, ao longo da costa sudeste brasileira, tais frentes geram fenômenos de instabilidade atmosférica intensos, consistindo em fortes chuvas e tempestades. Tais chuvas acarretam, com certa freqüência, erosão intensa e escorregamentos, não raro de caráter catastrófico.

Na literatura nacional existem alguns ensaios de correlação entre pluviosidade e escorregamentos, que se devem a Pichler (189), Barata (12), Vargas (277) e Nunes (159). Trata-se de correlações puntuais, onde a ocorrência dos escorregamentos é associada ao registro pluviométrico diário, geralmente elevado, decorrente de determinado episódio de chuvas.

Na literatura internacional existem escassas referências ao assunto. Deve-se citar o trabalho de Nielsen e Turner (321), que procuram estabelecer correlações na área de Contra Costa County, Califórnia. Aqueles autores, com base em análise que abrange um período de doze anos de observações, chamam a atenção para três fatos primordiais, a saber, a intensidade de períodos de tempestades (expressa em termos de inclinação da curva de precipitação acumulada), a quantidade de chuva acumulada antes do início da tempestade e a duração da mesma. Sugerem também a existência de um valor limite, ou patamar, para cada região, acima do qual processos de instabilização viriam a ser desencadeados inevitavelmente. Para a região objeto de estudos, este patamar seria representado por um episódio de chuva intensa superior a 180 mm. Um outro autor, Cleveland (in Nielsen e Turner), referindo-se a efeitos da chuva em área situada no sul da Califórnia estima este patamar em 200 a 300 mm, ao passo que no norte da Califórnia, onde a vegetação é mais densa e os solos mais espessos, o episódio crítico seria da ordem de 300 mm. Endo (299), analisando escorregamentos ocorridos em Hokkaido, entre 1955 e 1968, afirma, por sua vez, que a maioria deles ocorreu para níveis diários de pluviosidade superiores a 200 mm.

As chuvas não representam senão um dos aspectos a serem considerados na tentativa de análise de condições que conduzem ao aparecimento de escorregamentos. Inúmeros outros fatores atuam, já citados nos itens anteriores. Trata-se, entretanto, do aspecto mais significativo, distanciando-se dos demais fatores em importância. Se não todos, quase todos os escorregamentos registrados em nosso meio fisiográfico estão associados a episódios de elevada pluviosidade, de duração compreendida entre algumas poucas horas até alguns dias. A recíproca, entretanto, não é necessariamente verdadeira, isto é, a ocorrência de um elevado índice de pluviosidade é condição necessária mas nem sempre é condição suficiente para o desencadeamento de escorregamentos. Há grande número de episódios de chuvas, de elevada magnitude, que parecem não ter gerado fenômenos de instabilização de encostas. No quadro da figura 5, por exemplo, foram reunidos 100 episódios de chuva intensa ocorridos em território brasileiro, independentemente de sua vinculação, ou não, a escorregamentos. Estes dados provêm de nove áreas, todas situadas no meio tropical úmido. Em todas essas áreas, foi possível analisar o registro pluviométrico dentro de uma perspectiva histórica que variava, em geral, entre 20 e 70 anos.

Os índices selecionados variam, em termos de pluviosidade média anual, entre um mínimo de 3,5% e um máximo de 11%. Na figura 5 se encontram, numa sucessão cronológica, os episódios de chuva mais intensos registrados em cada área, com indicação da ocorrência, ou não, de escorregamentos, tendo sido estes últimos assinalados com um círculo.

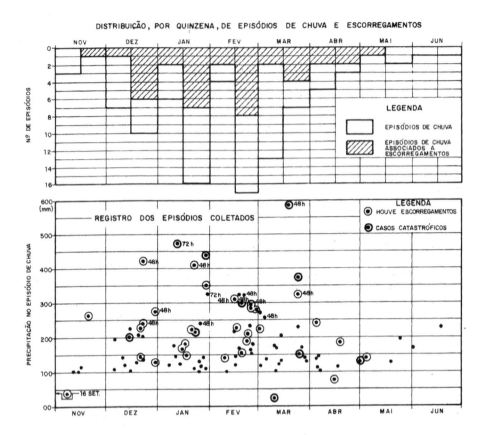

Fig. 5 — Distribuição, no tempo, dos episódios de chuva intensa objeto da análise, associados ou não a escorregamentos. Na parte superior do gráfico, sua distribuição por quinzena.

Observa-se que somente há uma correlação biunívoca entre chuvas e escorregamentos para índices de pluviosidade superiores a 250 — 300 mm. Episódios de chuva desta intensidade parecem capazes de desencadear movimentos de massas praticamente em qualquer circunstância. Esta correlação, entretanto, deixa de ser válida para os índices de pluviosidade situados abaixo da faixa citada, quando os episódios de chuva capazes de causar escorregamentos se intercalam àqueles em que não foram registrados escorregamentos.

A figura mostra, ainda, no gráfico do lado superior, a distribuição temporal dos episódios de chuvas intensas e episódios de escorregamentos analisados por quinzena.

Em termos de escorregamentos, observa-se a predominância da segunda quinzena dos meses de dezembro, janeiro, fevereiro e março, sobre os demais. Esta análise, entretanto, é pouco significativa, pois foram colocados, lado a lado, com o mesmo peso, episódios de chuvas em áreas diferentes que, apesar de genericamente enquadradas no mesmo meio tropical úmido, se caracterizam por índices médios anuais de pluviosidade muito diversos entre si. Por este motivo, esta distribuição deve ser encarada com reserva e não é, na opinião dos autores, muito esclarecedora.

Sistemática de classificação

A partir desses dados, Guidicini e Iwasa (86) procuraram investigar a correlação entre pluviosidade e escorregamentos introduzindo, na análise, dados relativos ao histórico de chuvas, na centena de casos acima referidos. Este histórico, evidentemente, pode se referir apenas aos dias anteriores ao episódio de chuva intensa, ou pode ser recuado no tempo, até atingir parcial ou totalmente, o ciclo de chuvas do ano em questão, em cada caso.

Após várias tentativas e de modo a permitir correlacionar entre si os registros de chuvas nas diferentes áreas, aqueles autores introduzem os conceitos de "coeficiente do ciclo" e "coeficiente do episódio", que representam, respectivamente, o registro pluviométrico acumulado até a data do episódio de chuva intensa e o registro pluviométrico do próprio episódio, com relação à média anual de pluviosidade da região. A soma dos dois coeficientes representa o "coeficiente final", que os dois autores também empregam nas ulteriores análises. Aplicando-se, agora, o conceito de coeficiente do ciclo a todos os casos, visualiza-se a situação exposta na figura 6. Utilizar o coeficiente do ciclo equivale como foi visto, a levar em consideração o volume total de chuva caído até a data do episódio (exclusive), contado a partir do início do ciclo (geralmente julho). Reconstitui-se, desta forma, em termos de pluviosidade, o ambiente dentro do qual irá ocorrer o episódio de chuva intensa. A figura 6, então, mostra a situação de pluviosidade acumulada até o dia anterior ao episódio de chuva intensa. Observe-se que os casos em que iriam ocorrer escorregamentos tendem a ocupar as posições mais elevadas, dentro do gráfico, particularmente no caso de grandes catástrofes. Isso corrobora a idéia sobre a importância do ciclo de chuva no desencadeamento dos processos de instabilização. Podem ser caracterizada, assim, quatro faixas, com crescentes probabilidades (de D para A) de ocorrência de escorregamentos.

É possível agora associar a cada faixa o conceito de "periculosidade". É possível, também, elaborar cartas de periculosidade, para cada região, a partir de seus índices de pluviosidade. Em cada área de interesse, podem se lançar em gráfico os registros pluviométrico diários e acompanhar o desenvolvimento desta curva acumulada com o tempo, com relação às quatro faixas previamente estabelecidas e facilmente calculáveis para cada região. Em estações particularmente chuvosas, observar-se-á que a chuva acumulada tende a penetrar, sucessivamente, na faixa de posição superior, aumentando o nível de risco para a ocorrência de movimentos de massas. O risco não é representado simplesmente pelo fato da curva acumulada penetrar em determinada faixa, mas sim pela possibilidade de ocorrer um episódio de chuva intensa que venha se somar a uma curva acumulada de posição já elevada. Nessas condições, o lançamento em gráfico da curva de pluviosidade acumulada e seu acompanhamento e análise contínuos poderão indicar, a cada instante, o risco ou nível de periculosidade acarretado por uma chuva intensa que venha cair subsequentemente. Isso poderá auxiliar os órgãos governamentais responsáveis por determinados serviços públicos, principalmente relacionados a vias de comunicação e transporte, a estabelecer estados de alerta ou interromper o tráfego em situações consideradas críticas. Uma medida deste tipo já vem sendo empregada pelo Departamento de Estradas de Rodagem no Estado do Rio de Janeiro, no trajeto entre a Baixada Fluminense e as cidades situadas na Serra dos Órgãos, embora exclusivamente com base no registro diário (e não acumulado) de pluviosidade. Naquelas rodovias, interrupções são feitas quando o registro de chuvas ultrapassa a um determinado patamar.

O caminho que conduziu à elaboração das cartas de periculosidade pode ser exemplificado recorrendo-se à região de Caraguatatuba, Estado de São Paulo. O quadro 7 e a figura 8 apresentam os dados relativos aos episódios de chuva mais intensos ocorridos naquela região, desde que existe o registro pluviométrico, tenham eles propiciado, ou não, a ocorrência de movimentos de massas que tenham tido registro. Na figura 8, os episódios associados a escorregamentos são assinalados por um círculo.

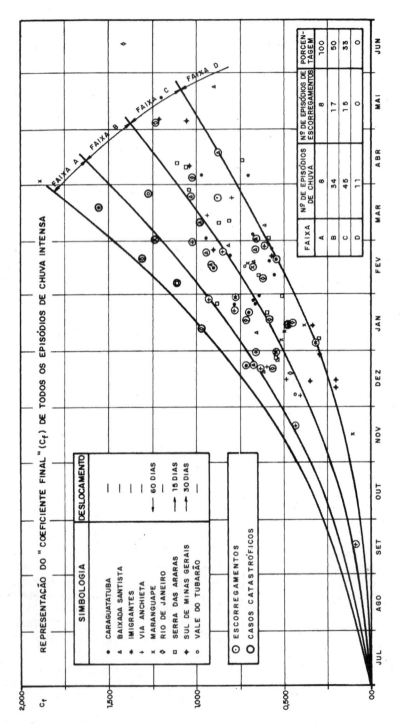

Fig. 6 — Representação do "coeficiente do ciclo" de todos os episódios de chuva intensa e definição de quatro faixas de risco crescente.

Fig. 7 —

1 ÁREA: CARAGUATATUBA (SP) | POSTO: CARAGUATATUBA (LIGHT) PREFIXO: E 2-65-DAEE | DATA DE INSTALAÇÃO: 6-05-1928 | CRITÉRIO UTILIZADO 130 mm = ±7%

Nº DO CASO	DATA DO EPISÓDIO	(1) REGISTRO PLUVIOMÉTRICO mm	JUL AGO SET	OUT	NOV	DEZ	JAN	FEV	MAR	ABR	MAI	(2) TOTAL ATÉ A DATA	(3) MÉDIA ANUAL mm	COEFICIENTE DO CICLO (c_c) $\frac{(2)}{(3)}$	COEFICIENTE DO EPISÓDIO (c_e) $\frac{(1)}{(3)}$	COEFICIENTE FINAL (c_f) $(c_c + c_e)$	OBSERVAÇÕES
1	18 MAI 1929	128 em 24 h	301	210	75	186	600	265	336	102	86	2161	1905	1.134	0.067	1.201	Não há registro de escorregamentos
2	4 ABR 1934	138 em 24 h	222	126	98	229	225	103	166	30		1199		0.629	0.072	0.701	Não há registro de escorregamentos
3	25 JAN 1935	132 em 24 h	453	116	158	426	209					1362		0.715	0.069	0.784	Não há registro de escorregamentos
4	5 ABR 1940	142 em 24 h	256	92	246	340	232	269	270	5		1710		0.898	0.075	0.973	Não há registro de escorregamentos
5	18 FEV 1944	168 em 24 h	265	166	67	171	140	151				959		0.503	0.088	0.591	Não há registro de escorregamentos
6	3/4 MAR 1945	258 em 48 h	75	99	312	214	309	174	38			1221		0.640	0.135	0.775	(1) Não há registro (2) Dia 3.3 = 133 mm
7	20/21 FEV 1952	322 em 48 h	115	302	113	166	360	171				1227		0.644	0.169	0.813	(1) Não há registro (2) Dia 21.2 = 210 mm
8	14/15 FEV 1959	312 em 48 h	290	238	244	273	216	157				1418		0.744	0.164	0.908	Houve escorregamentos
9	25/26 JAN 1961	240 em 48 h	93	128	172	342	116					1038		0.544	0.126	0.670	(1) Não há registro (2) Dia 25.1 = 129 mm
10	27 JAN 1966	142 em 24 h	321	90	132	435	164					1142		0.599	0.075	0.674	Não há registro de escorregamentos
11	22/23 DEZ 1966	240 em 48 h	385	324	234	183						1126		0.591	0.126	0.717	(1) Houve escorregamentos (2) Dia 23.12 = 126 mm
12	17/18 MAR 1967	586 em 48 h	385	324	234	446	313	388	291			2383		1.250	0.308	1.558	(1) Houve escorregamentos (2) Dia 18.3 = 325 mm
13	19 FEV 1969	155 em 24 h	235	160	113	152	202	29				891		0.467	0.081	0.548	Houve escorregamentos
14	25 FEV 1971	163 em 24 h	252	178	173	122	178	24				927		0.486	0.085	0.571	Não há registro de escorregamentos
15	28 a 30 JAN 1975	325 em 72 h	235	104	69	210	272					890		0.467	0.171	0.638	(1) Não há registro (2) Dia 30.1 = 146 mm
16	21 JAN 1976	222 em 24 h	199	226	334	276	84					1119		0.587	0.116	0.703	(1) Houve escorregamentos

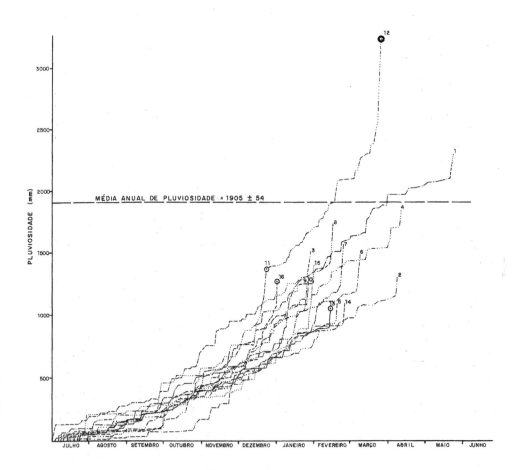

Fig. 8 — Curva acumulada do histórico de pluviosidade dos 16 episódios apresentados no quadro anterior.

A figura 9 mostra, agora, um gráfico para a área de Caraguatatuba. Na abcissa é lançada a data do episódio e na ordenada seus coeficientes correspondentes, do ciclo e do próprio episódio. Cada episódio aparece, então, caracterizado por dois pontos, unidos por uma reta. Os casos em que houve escorregamentos aparecem, aqui também, identificados por um círculo. Observe-se como o ponto equivalente à catástrofe de março de 1967 ocupa uma posição elevada, comparativamente aos demais. Ele ressalta, seja pelo histórico de chuva anterior à catástrofe, seja pelo episódio de chuva intensíssima (586 mm em 48 h) ocorrido naquela oportunidade.

Da mesma maneira que para Caraguatatuba, foram elaborados gráficos para as demais regiões e sua superposição resultou no gráfico já apresentado na figura

Finalmente, é apresentada, na figura 10, a curva de periculosidade para a região de Caraguatatuba. Nela consta a curva média anual, traçada com base no registro pluviométrico assinalado na própria figura. É nela que se propõe sejam lançados os índices diários acumulados e que se acompanhe de perto o desenvolvimento da curva, de modo a prever a possibilidade de aparecimento de situações críticas.

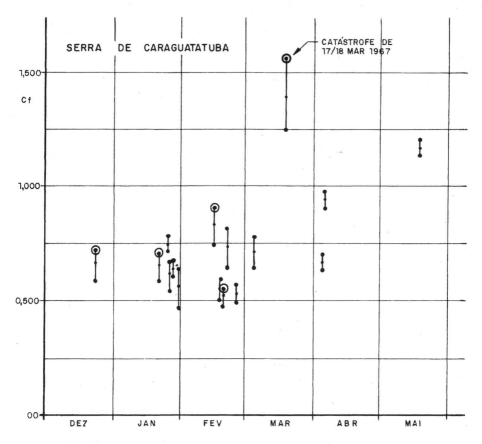

Fig. 9 — Lançamento em gráfico dos coeficientes do ciclo e do episódio, nos casos considerados para a região de Caraguatatuba.

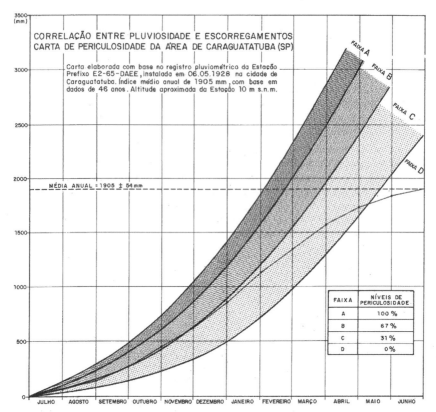

Fig. 10 — Carta de periculosidade para a região de Caraguatatuba, elaborada com base no registro pluviométrico da estação indicada. Nessa carta é que o lançamento contínuo dos índices diários de pluviosidade da região permite acompanhar a evolução da curva acumulada e seu comportamento perante as quatro faixas assinaladas.

1.6 ESCOAMENTOS (1)*

Escoamentos, numa definição ampla, são representados por deformações, ou movimentos contínuos, estando ou não presente uma superfície definida ao longo da qual a movimentação ocorra. O conceito de escoamento não está associado ao fator velocidade, englobando seja movimentos lentos (rastejos), seja movimentos rápidos (corridas).

O termo é pouco usado, em comparação aos de rastejo e de corrida, por seu caráter amplo.

1.6.1 **Rastejos** (1.1)

Rastejos são movimentos lentos e contínuos de material de encostas com limites, via de regra, indefinidos. Podem envolver grandes massas de solo, como, por exemplo, os taludes de uma região inteira, sem que haja, na área interessada, diferenciação entre material em movimento e material estacionário.

A movimentação é provocada pela ação da gravidade, intervindo, porém, os efeitos devidos às variações de temperatura e umidade. O fenômeno de expansão

*O algarismo entre parênteses, à direita da palavra, se refere ao número da classificação geral do Quadro I, apresentado no fim deste livro

e de contração da massa de material, por variação térmica, se traduz em movimento, encosta abaixo, numa espessura proporcional à atingida pela variação de temperatura. Abaixo dessa profundidade, somente haverá rastejo por ação da gravidade, sem participação de outros agentes, daí resultando uma razão de movimentação constante. Este último tipo recebeu de Terzaghi a denominação *rastejo constante*, em contraposição ao mais superficial, denominado *rastejo periódico* ou sazonal.

O rastejo se diferencia dos escorregamentos (*stricto sensu*) por outro fator bem característico, além da continuidade e da lentidão da movimentação. Trata-se de uma diferença no mecanismo de deformação. Se, nos escorregamentos, o mecanismo de deformação do terreno é o de um sólido que tenha atingido, ao longo da superfície de movimentação, a respectiva tensão de cedência ao cisalhamento, o mecanismo de deformação nos rastejos se assemelha ao de um líquido muito viscoso. A tensão a partir da qual os terrenos passam a sofrer fluência é menor do que a tensão de cedência ao cisalhamento e pode ser designada por tensão de fluência, e depende logicamente da curva tensão-deformação do material particular presente no talude. Enquanto as tensões que agem no sentido de movimentar uma determinada massa de material estiverem abaixo da tensão de fluência, o talude permanecerá estável. Quando excederem aquele valor, o terreno iniciará sua movimentação num estado de rastejo, e, quando atingirem valores iguais aos de resistência máxima ao cisalhamento, iniciar-se-á o escorregamento. É também em virtude dessa diferença no mecanismo de deformação que, nos rastejos, não existe uma fronteira bem definida entre o terreno em movimento e o terreno estacionário.

A Fig. 11. extraída de Lacerda (112), esquematiza formas de distribuição de velocidade de deslocamento ao longo de uma seção AA, inicialmente vertical (no tempo $t = 0$). Em (a) está representado um escorregamento com plano de movimentação BB. Em (b) ocorre um escorregamento translacional associado a uma zona de rastejo CC. Finalmente em (c) está caracterizado um fenômeno de rastejo típico, onde se acham representadas ambas as zonas de rastejo: a zona sazonal, superior, e a zona constante, de posição inferior. É graças ao conhecimento da distribuição de velocidade em profundidade que se torna possível classificar corretamente o tipo de movimento em ação.

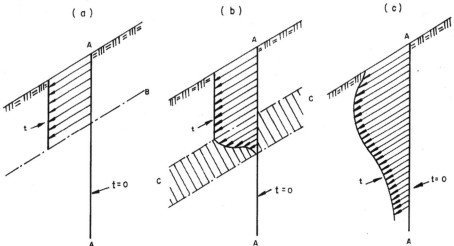

Fig. 11 — Distribuição das velocidades de deslocamento ao longo de uma seção AA, inicialmente vertical (Lacerda, 112)

Em superfície, o rastejo se evidencia, muitas vezes, por mudança na verticalidade de árvores, postes etc. A Fig. 12, reproduzida de Sharpe (331, p. 23), esquematiza a idéia. Uma árvore inclinada em sua parte de cima indica finalmente a ocorrência de uma antiga movimentação do terreno. Segundo Krynine e Judd (314, p. 658), contando-se os anéis da seção desta árvore, será possível, às vezes, avaliar a data em que a movimentação do terreno ocorreu.

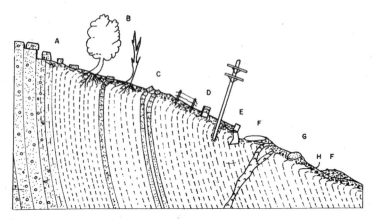

Figura 12. Sinais que evidenciam a presença de rastejo: (A) blocos deslocados de sua posição inicial; (B) árvores inclinadas ou com troncos recurvados; (C) estratos e camadas rochosas sofrendo variações bruscas (encosta abaixo) ou xistosidade; (D) deslocamento de postes e cercas; (E) trincas e rupturas em elementos rígidos, como muretas, muros, paredes; (F) eixos de estradas e ferrovias sofrendo inflexões no alinhamento; (G) matacões arredondados; (H) linhas de seixos recobertas por regolito em movimentação de rastejo (Sharpe, 331)

O rastejo pode ainda ter comportamento complexo, avançando, com velocidade não-uniforme, aos pulsos, ou ainda passar a escorregamento e este, por sua vez, ser seguido por rastejo do material que se deslocou para fora do talude (Terzaghi, 334, p. 4). Uma sistematização dos tipos de rastejo em meio rochoso é apresentada no trabalho de Ter-Stepanian (333).

Massas em processo de rastejo, que atinjam taludes mais íngremes, poderão bruscamente passar ao estado de escorregamento, principalmente no caso de rastejo de rochas.

Mudanças no teor em água, de um certo volume de material, podem provocar um deslocamento do centro de gravidade da massa, iniciando assim o processo de movimentação. Da mesma forma, rastejos poderão cessar na estação seca. Ao depararem com obstáculos em seu avanço, massas em processo de rastejo poderão embarrigar, dobrar-se ou romper.

Quanto à velocidade em si, esta não supera, segundo Terzaghi (334, p. 1), 0,30 m em dez anos, em rastejos típicos, sendo raros os casos de movimentos mais rápidos. Varnes (in Nascimento, 319, p. 3) apresenta uma escala de velocidade, reproduzida na Fig. 13, onde três tipos de movimento aparecem em função dessa escala. Nela, o limite superior de velocidade para o rastejo (aí chamado fluimento) situa-se na casa de 10^{-7} m/s, cerca de 100 vezes superior ao de Terzaghi.

Não há, na literatura brasileira, referência a estudos específicos sobre rastejos. Isso não quer dizer que eles não ocorram em nosso meio físico, pois regiões, como a da Serra do Mar, com sua cobertura generalizada de solos residuais e acumulações de tálus, representam um meio ambiente ideal à sua existência.

Sistemática de classificação

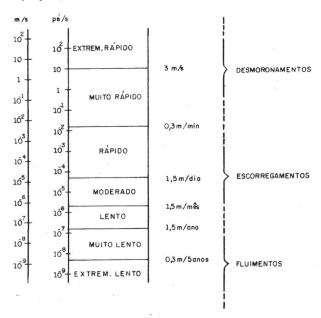

Figura 13 Escala de velocidade para enquadramento dos movimentos de massas (Varnes, *in* Nascimento. 319)

Rastejos, à semelhança dos demais movimentos de massas, podem mobilizar qualquer tipo de material, solo, rocha ou mistura dos dois. Com isso estarão se caracterizando as seis principais classes relacionadas na classificação geral (Quadro I). Dentre elas, as últimas três, solifluxão, rastejo de detritos e geleiras, são de reduzido interesse em nosso meio ambiente, pois requerem a participação do agente gelo. A solifluxão, por exemplo, é um caso especial de rastejo observado em regiões subárticas e em regiões montanhosas de elevada altitude. Durante os curtos verões, as camadas superficiais, congeladas, degelam até pequenas profundidades. Esse processo de fusão, associado às águas pluviais, satura o solo superficial, pois o substrato continua congelado e, conseqüentemente, impermeável. As camadas superficiais saturadas passam então a se mover, mesmo em encostas muito abatidas (Záruba, 340, p. 91). O processo de solifluxão inexiste em nossas condições climáticas mas, naquelas regiões, representa um agente morfogenético importante, pois tende a nivelar todas as depressões do embasamento rochoso formando uma espessa camada de detritos e aplainando as encostas.

1.6.2 Corridas (1.2)

Corridas são formas rápidas de escoamento, de caráter essencialmente hidrodinâmico, ocasionadas pela perda de atrito interno, em virtude da destruição da estrutura, em presença de excesso de água.

Uma massa de solo, ou de solo e rocha, pode fluir como um líquido, se atingir um certo grau de fluidez. Uma massa de solo no estado sólido pode se tornar um fluido por (a) simples adição de água (o caso das areias é típico), por (b) efeito de vibrações, tal como ocorre com os chamados solos tixotrópicos durante terremotos ou durante a cravação de estacas nas proximidades e também por (c) processo de amolgamento no caso de argilas muito sensitivas, como, por exemplo, as chamadas argilas rápidas.

O grau de fluidez dessas corridas pode ser extremamente variável: de um lado podem ocorrer massas de elevadas densidades e viscosidade, de outro as massas podem atingir o estado de suspensões tão fluidas quanto as águas barrentas de um rio entalhando seu vale (Krynine e Judd, 314, p. 659).

1.6.2.1 Corrida de terra (1.2.1)

Nos menores graus de fluidez deparamos com as corridas de terra. Estas ocorrem geralmente sob determinadas condições topográficas, adaptando-se às condições do relevo. A forma de uma corrida de terra se assemelha, geralmente, em planta, a uma língua, onde se podem distinguir três elementos, visíveis na Fig. 5, extraída de Záruba e Mencl (340, p. 41): (a) uma *raiz*, do lado montante, região de acumulação do material que irá se movimentar, às vezes situada em bacias de conformação circular. Os processos de acumulação do material nesta bacia superior podem ser os mais diversos, desde simples alteração *in situ* a processos de sedimentação flúvio-lacustre ou acumulação por gravidade, coluvionamento etc, (b) um *corpo* da corrida, região de fluxo de material, alongado e estrito; e, finalmente, (c) uma *base* ou área de acumulação do material, região embarrigada. Esta base se caracteriza normalmente por um avanço do material da corrida para dentro do vale inferior, seja em direção à jusante, seja na direção oposta, subindo o próprio vale. Provoca-se assim, em geral, obstrução parcial no leito do rio. Corridas envolvendo consideráveis volumes de material podem chegar a barrar provisoriamente o curso do rio, propiciando a acumulação de água a montante. São casos como esse que assumem o aspecto mais catastrófico, pois o represamento momentâneo, ao ser removido, condiciona o aparecimento de uma nova frente destruidora de água e lama.

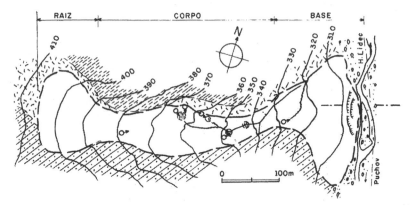

Figura 14 Tipificação dos elementos que constituem uma corrida de terra: raiz, corpo e base (Záruba e Mencl, 340)

Corridas de terra são geralmente provocadas por encharcamento do solo por pesadas chuvas ou longos períodos de chuva de menor intensidade. Para desencadear este processo, não é necessário que as formas topográficas sejam abruptas, pois nisso influem muito as características de resistência do material. Materiais argilosos de baixa resistência poderão eventualmente ser mobilizados mesmo em taludes com inclinação inferior a 6°.

A velocidade de deslocamento pode ser elevada, resultando daí o risco de destruição. As velocidades já registradas variam entre poucas dezenas de centímetros por dia até mais de 10 km por hora. Krynine e Judd (314, p. 661) relatam

Sistemática de classificação

o caso de corrida de terra que teve lugar em Vaerdalem, na Noruega, em 1893, com as seguintes palavras: "(...) O fluxo durou cerca de 30 minutos, e o material da corrida (argila com lentes de argila rápida) represou o rio adjacente. (...) Alguns habitantes de uma fazenda foram resgatados após terem navegado cerca de 4 milhas, dentro da torrente de argila, em cima do telhado de sua própria casa".

Em muitos casos ocorre, na região de fornecimento de material, lado montante, um verdadeiro esvaziamento da área da raiz, todo o material fluindo rumo jusante. Esta área se torna então gradativamente estabilizada, restando tão-somente a cicatriz a atestar o ocorrido. Se, no entanto, parte do material permanecer na área, novas chuvas pesadas poderão ocasionar um recrudescimento do fenômeno e a velha região embarrigada, no pé do movimento, será recoberta por nova fase de deposição.

Os fenômenos ocorridos em áreas ocupadas por argilas rápidas e sensitivas são típicos de regiões de clima frio, como o Canadá e a Noruega. Um fato digno de menção é que, nelas, o fluxo da corrida é geralmente regressivo, isto é, o processo de transformação da argila em uma massa semifluida procede de jusante para montante, contrário, portanto, ao sentido do próprio fluxo.

Há, no Brasil, registro de pelo menos um caso de corrida de terra, ocorrido na localidade de Vila Albertina, município de Campos do Jordão (SP), e registrado por Amaral e Fuck (4), e por Guidicini e Prandini (89). A área situa-se no trecho paulista do planalto da Mantiqueira, em região de clima frio. O local afetado se constitui em dois vales, sendo que o de posição superior, em forma de anfiteatro, tinha uma área central aplainada, constituída por argilas orgânicas recentes, com espessura máxima da ordem de 7 m.

A argila, de cor negra, finíssima ao tato e contendo fibras vegetais, mostrou possuir cerca de 5% de matéria orgânica em peso. A fração inorgânica, constituída por quartzo (como silte e areia fina), caulim e restos silicosos de espículas de esponjas e fragmentos de carapaças de diatomáceas, evidenciava ambiente de deposição subaquático, tudo indicando a existência pretérita de um pequeno lago onde se teriam acumulado os restos orgânicos. A existência do depósito de argila orgânica era desconhecida, pois o mesmo se achava recoberto por uma delgada capa de solo coluvial (0,50 m), avermelhado, coberto por vegetação e usado para o plantio de árvores frutíferas. O plano do vale superior mergulhava em direção ao vale inferior com inclinação aproximada de 6°. A 18 de agosto de 1972 ocorreu, no vale superior, a mobilização de todo o pacote de sedimentos orgânicos (cerca de 80 000 m³), que avançou para dentro do vale inferior, nele penetrando, rumo jusante, por cerca de 500 m e, em direção a montante, por cerca de 100 m. A Fig. 6 apresenta uma visão parcial da corrida de material. A extensão total do movimento, da ordem de 700 m, foi percorrida em cerca de 30 min. Procedia-se, no momento do acontecimento e nos dias anteriores, à construção de um aterro na parte alta do vale superior (não visível na foto), pela compactação, com trator, de solo residual retirado de uma encosta próxima. Há registro de chuvas intensas e contínuas nos dias anteriores ao desastre. À construção desse aterro sobre as argilas orgânicas saturadas pode-se atribuir o desencadeamento do processo. A ruptura, de fato, se iniciou na parte alta do vale, logo abaixo do aterro, e se propagou em direção à jusante. A generalização da ruptura é explicada pela natureza particular da argila orgânica. Rupturas sucessivas do solo foram ocorrendo, erguendo-se uma frente de material que avançou sobre as habitações que lá existiam, envolvendo-as. Houve, ao todo, dezessete mortes, além de sessenta habitações destruídas. Após o acidente, as bordas do vale superior estavam praticamente verticais e mostravam o quase total esvaziamento da área ocupada pela argila orgânica, permanecendo tão-somente algumas cunhas de argila penduradas em sua posição original.

Figura 15 Vista aérea parcial da corrida de terra de Vila Albertina, Campos do Jordão (SP). A raiz da corrida se situa no lado inferior esquerdo da foto. No lado inferior direito, visualiza-se uma língua de material que avançou cerca de 100 m no vale invadido, no sentido remontante. A maior parte da massa, entretanto, deslocou-se para jusante, invadindo o núcleo habitacional (Foto Agência Estado)

1.6.2.2 Corrida de areia ou silte (1.2.2)

Areias saturadas sem capacidade de carga são chamadas areias movediças. Quando, numa areia ou silte, ocorre um rápido decréscimo da resistência ao cisalhamento, de seu valor normal até quase zero, sem a ajuda de pressão de percolação, este fato é denominado *liquefação espontânea*. Ela é causada por um colapso da estrutura do material (Terzaghi e Peck, 336, p. 119) associada a um acréscimo rápido, porém temporário, da pressão intersticial. As causas do acréscimo de pressão intersticial serão tratadas com mais detalhe no Cap. 2. A liquefação acarreta a transformação temporária da areia ou silte em uma suspensão muito concentrada. Logo que o escoamento cessa, o material passa novamente ao estado de sedimento. A estrutura do sedimento recém-formado pode, ou não, ser pouco mais compacta que a estrutura original. A perturbação necessária para provocar uma corrida em areia ou silte tanto pode ser produzida por um choque como por uma rápida variação do nível de água. Uma vez iniciado o movimento, o material corre como se fosse um líquido e não pára até que o ângulo de inclinação se torne muito abatido. A tendência à liquefação é maior em areias finas, de grãos arredondados e em siltes grossos, que em areias grossas ou pedregulhos.

Em taludes naturais, este tipo de perturbação somente poderá ocorrer se leitos de areia, de condições peculiares de granulometria, índice de vazios e cimentação, forem bruscamente embebidos e saturados por água vinda de uma fonte de posição mais alta, ou externa.

Sistemática de classificação

Figura 16 Vista parcial do escorregamento de Guaratuba (PR) ocorrido à beira-mar. As águas acabaram invadindo uma área de cerca de 7 000 m², antes ocupada por edifícios (Foto Agência Estado)

Em certas localidades, deslizamentos por liquefação espontânea são comuns. É o caso da costa da Ilha de Zeeland, na Holanda, onde, uma vez a cada vinte ou trinta anos, depois de marés de primavera excepcionalmente altas, a estrutura das areias que lá ocorrem se rompe sob uma pequena seção da faixa costeira.

Fenômenos desse tipo não foram registrados no Brasil. Apesar disso, está registrado na literatura brasileira (Grehs, 85) um caso de movimentação de terreno ocorrido na noite de 23 de setembro de 1968 na cidade litorânea de Guaratuba (PR), de origem não determinada. Uma faixa de terreno, situada à beira-mar, sofreu um movimento de subsidência, de duração aproximada de três horas. A área afundada (cerca de 7 000 m²) foi encoberta pelas águas do mar, sendo assim impossível realizar qualquer tipo de observação sobre a massa de terreno movimentada. O fenômeno causou a destruição de treze prédios, sem vítimas. A Fig. 16 ilustra o acontecimento. Ao que tudo indica, o movimento de subsidência interessou apenas a área ocupada por um aterro e por um muro de arrimo, construídos cerca de quinze anos antes. O terreno era de natureza essencialmente arenosa constituído por areia fina e sobreposto a um paleovale submerso, em rochas granito-gnáissicas. O autor do trabalho, face aos poucos dados disponíveis e face à impossibilidade de observação do corpo de terreno movimentado, limita-se à apresentação de causas plausíveis, sem possibilidade de opção por qualquer uma delas. Dentro do mesmo espírito, não deve ser descartada a possibilidade de um processo de liquefação espontânea das areias finas lá existentes. Dentro desse processo, a única parcela de movimentação visível, acima do nível do mar, seria o afundamento vertical da porção emersa.

1.5.2.3 Corrida de lama (1.2.3)

As corridas de lama constituem um exemplo de corrida de extrema fluidez e são geralmente produzidas pela ação de lavagem e remoção de solos por cursos de água durante enchentes e tempestades. Percebe-se, assim, que determinados cursos de água, sob determinadas condições geomorfológicas e climáticas, podem se constituir de eixos de recorrência do fenômeno.

Este é o caso, por exemplo, do vale do Rio Santo Antônio, a montante da cidade de Caraguatatuba (SP). Durante a seqüência de catastróficos escorregamentos ocorridos naquela região da Serra do Mar, em 19º de março de 1967, o leito do Santo Antônio funcionou como coletor geral das massas de solo escorregadas e passou a invadir o próprio centro urbano de Caraguatatuba, lá depositando cerca de 1 m de sedimentos, em espessura. Uma análise dos sedimentos é contida no trabalho de Petri e Suguio (186).

Ao se tratar de corridas de menor fluidez, poder-se-á empregar o termo *massas semifluidas*, usado então para designar massas que se movimentam com velocidade inferior à das corridas de lama, por exemplo, mas assim mesmo muito superior à de rastejos.

1.6.2.4 Avalancha de detritos (1.2.4)

Ainda dentro da conceituação de corridas, encontra-se a avalancha de detritos. O termo é emprestado de movimentos que envolvem a ação de neves e gelo, mas vale por sua força de expressão. Avalanchas (avalanches, aludes) representam, de fato, uma das formas mais catastróficas de movimentos de massas. Elas envolvem geralmente massas constituídas por mistura de solo e rocha provenientes da acumulação de corpos de tálus em condições de estabilidade precária ou, então, provenientes da mobilização das camadas superficiais de um típico perfil de alteração de manto. São movimentos bruscos que se iniciam na forma de escorregamento normal (Barata, 13, p. 512), mas que se tornam acelerados devido à elevada inclinação da encosta na qual ocorrem, bem como a sua extensão, que permite um pleno desenvolvimento do fenômeno e também ao estado de saturação e fluidez da massa constituída por uma mistura de rocha e solo.

Uma avalancha típica, no meio brasileiro, é representada pelo catastrófico movimento coletivo de rocha e solo ocorrido em 29 de abril de 1974, na vertente sudeste da Serra de Maranguape (CE). Apesar do clima seco que predomina na região, aquela serra apresenta elevados índices de pluviosidade, particularmente durante o "inverno" (janeiro a maio). O maciço, granitóide, atinge 920 m de altitude no Pico da Rajada e apresenta espesso manto de regolito que alcança, às vezes, cerca de 15 m de espessura. A escarpa sudeste, voltada para a cidade de Maranguape e abrupta em sua parte mais elevada, apresenta um perfil côncavo, com inclinação diminuindo gradativamente em direção à base da encosta. A encosta é intensamente explorada pelo plantio sistemático de bananeiras, tendo sofrido intenso processo de desmatamento. A massa de material mobilizado pela avalancha (algumas dezenas de milhares de metros cúbicos) era constituída pelo manto de alteração, contendo elevada porcentagem de matacões e grandes blocos subarredondados de até algumas dezenas de metros cúbicos. O manto de alteração, apesar de constituído *in situ*, mostrava estrutura interna caótica, com perda da estrutura original, causada pelo deslocamento dos blocos uns em relação aos outros por processo de rastejo. O movimento se iniciou nas proximidades do topo da serra, em torno da cota 720, por um escorregamento translacional que removeu o solo contido numa área em forma de anfiteatro. A Fig. 8 dá uma visão geral do fenômeno. A inclinação natural do terreno no local de destaque era de 40° aproximadamente.

A massa deslocada foi adquirindo velocidade crescente, percorreu um fundo de vale numa extensão da ordem de 1 600 m, destruindo diversas residências e ceifando doze vidas, e foi se estabilizar na cota aproximada de 260 metros, onde o talude natural tem inclinação de cerca de 7°, formando corpo de tálus. Escorregamentos desse tipo recebem, na região, a sugestiva denominação de *derretidos*, como a tecer analogia com o mecanismo de fusão de substâncias sólidas.

Áreas contíguas, nos dias sucessivos, também sofreram o efeito de avalanchas e escorregamentos, de proporções inferiores, desta vez sem vítimas. No sopé da encosta, o rio que atravessa a cidade de Maranguape sofreu intenso processo de assoreamento pela acumulação da fração fina removida subseqüentemente do corpo de tálus. Apesar de estudos sobre o fenômeno estarem em execução, podem-se avaliar de antemão, como fatores básicos ou preparatórios no desencadeamento do processo, o extenso desmatamento que removeu a maior parte da cobertura vegetal original e a elevada fase de pluviosidade que antecedeu o aparecimento dos movimentos de massas, que, como foi citado, ocorreram no fim da estação de chuvas. O processo de saturação da massa de regolito, em encosta abrupta, favorecido e acelerado pelo desmatamento e pela alta pluviosidade, teria reduzido gradativamente o fator de segurança até que uma nova chuva, não necessariamente mais intensa que as outras, teria provocado o desencadeamento do fenômeno de ruptura.

Figura 17 Vista parcial de avalancha ocorrida nas encostas da Serra de Maranguape (CE). O movimento percorreu uma distância de 1 600 m num desnível de 460 m

1.7 ESCORREGAMENTOS (2)

Escorregamentos, *stricto sensu*, são movimentos rápidos, de duração relativamente curta, de massas de terreno geralmente bem definidas quanto ao seu volume, cujo centro de gravidade se desloca para baixo e para fora do talude. A velocidade de avanço de um escorregamento cresce mais ou menos rapidamente, de quase zero a pelo menos 0,30 m por hora (Terzaghi, 334, p. 1), decrescendo, a seguir, até um valor diminuto. Velocidades maiores, da ordem de alguns metros por segundo, podem ser atingidas.

Muitas são as causas ou agentes que conduzem ao aparecimento de escorregamentos e serão tratados em capítulo à parte. No momento, serão tecidas considerações de caráter geral, próprias à maioria dos escorregamentos.

Para que ocorra um escorregamento é necessário que a relação entre a resistência média ao cisalhamento do solo ou da rocha e as tensões médias de cisalhamento na superfície potencial de movimentação tenha decrescido, de um valor inicial maior que 1 até a unidade, no instante do escorregamento. O decréscimo nesta relação é, via de regra, gradual, envolvendo uma deformação progressiva do corpo de material situado acima da superfície potencial de escorregamento e um movimento em declive de todos os pontos situados na superfície daquele corpo.

Terzaghi analisa da seguinte maneira a evolução do fator de segurança e do deslocamento do terreno, dentro da dinâmica de um escorregamento, em função do tempo. Na Fig. 18 está representado um processo de rastejo passando a escorregamento. O ponto O representa o instante em que o agente causador do escorregamento começa a atuar. Considerando-se que o escorregamento propriamente dito somente se inicia a partir do ponto a, verifica-se que, até se iniciar o fenômeno, a massa de material percorreu a distância vertical OD_1 no tempo t. Este tempo e este movimento descendente pré-escorregamento serão tanto mais espaçados quanto mais espessa for a região onde o estado de tensão se aproxima do estado crítico de ruptura. Assim sendo, se a superfície potencial de escorregamento se localizar no interior de uma massa relativamente homogênea, de argila ou solo residual, sem juntas ou camadas muito fracas, o deslocamento OD_1 poderá atingir vários decímetros, ou metro, e será provavelmente acompanhado pela formação de fendas de tração no limite superior da área de escorregamento.

Ter-se-á assim uma fase de sinais premonitores, que talvez, como Terzaghi afirma, não venha a ser detectada pelo homem, mas que terá efeitos suficientemente relevantes para ser acusada por animais.

Rupturas por cisalhamento, ao longo de uma superfície de escorregamento, estão associadas a uma diminuição da resistência ao cisalhamento. Assim sendo, durante a primeira fase do escorregamento, a massa em movimento avança com velocidade acelerada, como pode ser visto no trecho ab da curva de movimentação. Entretanto, à medida que o escorregamento se efetua, tendem a diminuir as forças

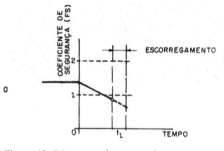

Figura 18 Diagrama demonstrativo da variação do movimento por ocasião dos escorregamentos (Terzaghi, 334)

Sistemática de classificação **29**

que determinam o movimento e a massa vai atingindo posições cada vez mais estáveis. O movimento se torna assim retardado e pára, ou assume caráter de rastejo. A velocidade máxima do movimento depende da inclinação da superfície de escorregamento, da causa inicial de movimentação e da natureza do terreno. Os movimentos mais bruscos ocorrem em terrenos relativamente homogêneos, que combinam coesão com atrito interno elevado, e nos quais a superfície de escorregamento é mais inclinada. O decréscimo da resistência ao cisalhamento produzido pelo movimento inicial varia entre mais ou menos 20% para areias pouco soltas e argilas de pequena sensibilidade, atingindo até 90% para areias saturadas muito soltas e argilas moles de grande sensibilidade (Terzaghi, 334, p. 26), o que implica movimentos muito rápidos para estes últimos materiais.

Após a descida da massa deslocada ter eliminado a diferença entre forças atuantes e resistentes (ponto *b* da Fig. 18), o movimento passa a adquirir o caráter de rastejo, a não ser que o escorregamento tenha alterado radicalmente as propriedades físicas do material interessado. Essa alteração pode ser devida a uma mistura do material com água ou, então, à destruição das ligações intergranulares, sem modificação da umidade do terreno.

Se as argilas forem do tipo tixotrópico, isto é, se recuperarem sua resistência com relativa rapidez, sem modificação do teor de umidade, irão adquirir consistência no prazo de poucos dias, o que geralmente acontece com argilas extra- -sensitivas. Se, entretanto, o escorregamento provocar o colapso de uma massa de materiais não-tixotrópicos, este material será suscetível a movimentos de rastejo durante vários anos após o escorregamento, rastejo esse que será acelerado a cada período de chuva. Este fenômeno é indicado pelo desenvolvimento escalonado do trecho *bc* da curva da Fig. 18.

1.7.1 Escorregamentos rotacionais (2.1)

Ao se lidar com escorregamentos rotacionais entra-se em um campo amplamente estudado pela Mecânica dos Solos. Os princípios teóricos em que se baseia a análise desses escorregamentos são descritos a seguir. Procede-se à separação de uma certa massa de material do terreno, delimitada de um lado pelo talude e de outro lado por uma superfície contínua de ruptura, efetuando-se então a análise de estabilidade dessa cunha. A forma e a posição da superfície de ruptura são influenciadas pela distribuição de pressões neutras e pelas variações de resistência ao cisalhamento dentro da massa de terreno (Krynine e Judd, 314, p. 640). Assume- -se então uma forma simplificada de superfície, a que mais se aproxima da realidade, sendo, via de regra, em arco de circunferência (ou cilíndrica). Supõe-se que o talude seja contínuo na seção. Supõe-se também que a tensão de cisalhamento e a resistência ao cisalhamento sejam uniformemente distribuídas ao longo de toda a superfície de ruptura.

São atingidos, dessa forma, os dois casos teóricos básicos de cunha de ruptura, ilustrados na Fig. 19: um, é o *escorregamento de talude*, outro, o *escorregamento de base*. Em ambos os casos, o *limite rígido* de posição inferior pode ser rocha, argila muito dura ou qualquer outro material de resistência superior à do material mobilizado. Observa-se que a superfície de escorregamento é sempre contida pelo material do terreno, geralmente um solo, e que sua posição-limite apenas tangencia o limite rígido inferior. O colapso da massa ocorre por ruptura ao longo da superfície de escorregamento e rotação em torno do centro *O* do arco. A força responsável pelo colapso é, em princípio, o peso da cunha, enquanto a força resistente é, em princípio, a resistência ao cisalhamento ao longo do círculo de ruptura. Efetua-se uma análise da relação entre outras forças resistentes e forças

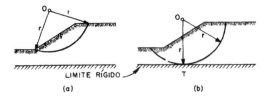

Figura 19 Dois casos teóricos de escorregamento rotacional: a) escorregamento de talude, b) escorregamento de base (Krynine e Judd, 314)

atuantes, para diferentes posições do círculo de escorregamento, chamando-se, ao menor valor encontrado, *fator de segurança contra a ruptura*. Se o fator de segurança for exatamente 1, o talude está em estado de equilíbrio. Vale a pena observar que, no caso do escorregamento de base, o centro de rotação O se situa ao longo da vertical que passa pelo ponto T, ponto de tangência entre a superfície de escorregamento e o plano limite rígido.

Os dois modelos de escorregamento expostos na Fig. 19 correspondem, com razoável aproximação, ao que ocorre na natureza. Em rochas e solos, bem como em qualquer outro material, a ruptura segue o *caminho de menor resistência*. Isso significa que o plano de escorregamento ao longo do qual a cunha de material se desloca é o que oferece a menor resistência à separação desta cunha, em relação a qualquer outro plano. Em um material coesivo, mais ou menos homogêneo, como, por exemplo, em algumas argilas, a superfície de ruptura se aproxima realmente de um arco de circunferência (ou melhor, de uma superfície circular cilíndrica, considerando-se a terceira dimensão).

Se a resistência ao cisalhamento de um solo possuir variações nas direções horizontal ou vertical, o círculo de ruptura poderá sofrer achatamento ou maior desenvolvimento na vertical.

Não existem superfícies de escorregamento em materiais secos, limpos, não--coesivos (areia, cascalho e, até certo ponto, silte). Os taludes nesses materiais não podem fazer, com a horizontal, ângulo superior a seus respectivos ângulos de repouso.

O escorregamento rotacional de solo é um fenômeno verificado nas encostas brasileiras, mobilizando geralmente o manto de alteração. São movimentos catastróficos, causados pelo deslizamento súbito do solo residual que recobre a rocha, ao longo de uma superfície qualquer de ruptura, ou ao longo da própria superfície da rocha. A esse tipo de escorregamento (ou do tipo translacional, que será visto adiante) pertencem, por exemplo (Vargas, 274, p. 37), os sessenta movimentos simultâneos que ocorreram nos morros de Santos na noite de 24 de março de 1956. Também pertence a este tipo o grande escorregamento do Monte Serrat, ocorrido em Santos a 10 de março de 1928. Já foi citado como, em 1956, ocorreu novo escorregamento no Monte Serrat, junto à cicatriz do movimento de 1928. Uma reconstrução aproximada do que teria acontecido nos escorregamentos do Monte Serrat está ilustrada na Fig. 20 (Vargas, 274).

O cone de detrito do primeiro escorregamento era formado por cerca de 50 000 m^3 de material. O escorregamento ocorreu na espessa cobertura de solo residual, ao longo de uma superfície aproximadamente circular. Já o escorregamento de 1956 se diferencia dessa modalidade apresentando superfície aplainada e tendo produzido um volume de detritos da ordem de 10 000 m^3. O estudo desses movimentos permitiu a **Vargas (274)** e a **Vargas e Pichler (281)** atingir uma confirmação prática da teoria que leva em conta a existência de pressões neutras na análise das condições de resistência e cisalhamento de solos semelhantes, tendo encontrado valores muito próximos de pressões naturais, seja através do cálculo de estabilidade ao longo da superfície de ruptura observada, seja pelo

Sistemática de classificação 31

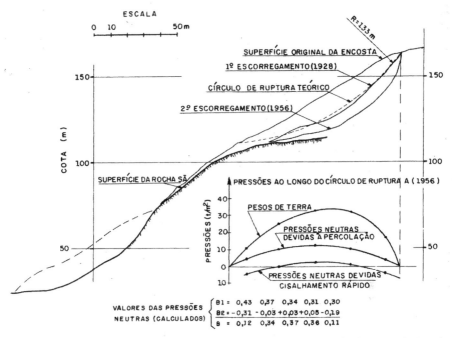

Figura 20 Escorregamento do Monte Serrat (Santos): síntese das principais características do movimento (Vargas, 274)

cálculo de pressões de percolação e análise de ruptura ao cisalhamento, em corpos de prova indeformados, em laboratório.

1.7.2 Escorregamentos translacionais (2.2)

Se massas de solo ou rocha possuírem anisotropias acentuadas em seu interior, eventuais escorregamentos que nelas ocorram irão provavelmente apresentar plano de movimentação condicionado a tais anisotropias. Em contraposição a movimentos de rotação, vistos anteriormente, está-se na presença de movimentos de translação.

Enquanto escorregamentos rotacionais ocorrem em geral em taludes mais íngremes (Krynine e Judd, 314, p. 640) e possuem extensão relativamente limitada, escorregamentos translacionais podem ocorrer em taludes mais abatidos e são geralmente extensos, podendo atingir centenas ou milhares de metros.

São a seguir descritas as características gerais de escorregamentos translacionais, tendo-se para isso modificado a classificação apresentada originalmente por Freire (73). A classificação adotada se aproxima da apresentada por Vargas (274).

1.7.2.1 *Escorregamentos translacionais de rocha* (2.2.1)

Trata-se de movimentos de massas rochosas ao longo de descontinuidades, ou planos de fraqueza, preexistentes. Tais movimentos ocorrem nas mais variadas escalas, desde o simples deslocamento de um bloco isolado de dimensões reduzidas até a movimentação de enormes massas constituintes de encostas montanhosas. As superfícies de movimentação são geralmente um reflexo da estrutura geológica do terreno e podem consistir em planos de estratificação, xistosidade, gnaissificação, acamamento, diaclasamento, falha, juntas de alívio de tensões, fendas preenchidas por materiais de alteração, contatos entre camadas.

Dependendo da subordinação, ou não, do escorregamento à estrutura do maciço, pode-se falar em *escorregamento translacional de rocha sem controle estrutural* (item 2.2.1.1) ou *com controle estrutural* (item 2.2.1.2).

O movimento se origina em presença de planos, mergulhando, regra geral, para fora do talude e cuja continuidade, ou condição de equilíbrio, tenha sido alterada. Em rochas estratificadas, com planos de acamamento regulares e sem asperezas, o mergulho das camadas é, via de regra, a inclinação máxima na qual o talude é permanentemente estável (Záruba e Mencl, 340, p. 79). Se essas camadas forem interceptadas e cortadas por linhas de erosão, ou escavações, sua estabilidade será suportada apenas por atrito ao longo desses planos de acamamento. O atrito é, por outro lado, reduzido por fatores climáticos, pressões hidrostáticas de água nas juntas, avanço do processo de alteração; é do balanço de todos esses fatores que a estabilidade do talude irá depender.

Tais escorregamentos, geralmente também denominados deslizamentos, são típicos de regiões montanhosas e apresentam, devido à elevada aceleração do movimento que podem adquirir, efeitos, via de regra, catastróficos.

Um exemplo bastante recente e de proporções pouco comuns é o escorregamento de calcários jurássicos ao longo de um plano de acamamento que ocorreu no reservatório da barragem de Vaiont, Alpes italianos, em 9 de outubro de 1963. A enorme massa rochosa (mais de 260 milhões de m^3) encheu o reservatório (Fig. 21) e colocou fora de ação, sem entretanto ter destruído, a mais alta barragem

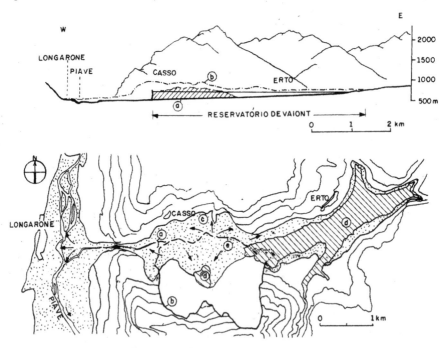

Figura 21 Perfil longitudinal e planta do vale do Vaiont. No perfil: a) massa escorregada, b) altura atingida pela coluna de água provocada pelo escorregamento. Na planta: a) barragem, b) contorno da área movimentada, c) área devastada pela onda de água e pressão do ar, d) lagos, e) contorno da massa do escorregamento. As setas indicam as direções de refluxo da coluna de água provocada pela movimentação da enorme massa rochosa (Záruba e Mencl, 340)

em arco do mundo na época (265,5 m). Uma onda de água sobrepassou a barragem arrasando a cidade de Longarone e devastando o vale do Rio Piave.

No Brasil, os deslizamentos de taludes têm se constituído em problemas de engenharia de grande importância, devido à circunstância de que várias das maiores cidades brasileiras se situam nas encostas da Serra do Mar, em condições propícias para tais fenômenos (CNPq, 39, p. 13). Os exemplos brasileiros de acidentes desse tipo são inúmeros, bastando citar os freqüentes escorregamentos nas encostas da área urbana do Rio de Janeiro descritos por Costa Nunes (159) e (162), Fonseca (66), (67) e (68), e Barata (13), além de outros autores Akherman (2), Brandão (22), e Heine (91), Kuhn, Totis e Castelo Branco (111), e Totis, Castelo Branco e Lamônica Filho (270).

1.7.2.2 Escorregamentos translacionais de solo (2.2.2)

Trata-se, como vimos, de movimentos ao longo de superfície plana, em geral preexistente e condicionada a alguma feição estrutural do substrato. A massa que escorrega apresenta, assim, via de regra, forma tabular. O movimento é de curta duração, velocidade elevada, grande poder de destruição. Interessa áreas reduzidas em comparação a movimentos translacionais de rochas. Pelo aumento do teor de água, escorregamentos translacionais de solo podem adquirir o aspecto de corridas. Podem, por outro lado, passar a atuar como rastejos, após sua movimentação e acumulação ao pé da encosta.

A superfície de escorregamento começa a aparecer, muitas vezes, no topo da área sujeita à movimentação, na forma de uma linha de destaque aproximadamente circular, continuando ao longo do plano principal de movimentação no interior do maciço. A Fig. 22, extraída de Krynine e Judd (314, p. 643), esquematiza o processo. O corpo sujeito à movimentação se desloca como um todo, de forma que o arco AB passa a ocupar sucessivas posições, como $A'B'$. A presença de um obstáculo ao deslocamento, como o material resistente que ocorre na linha CD, provoca uma extrusão do corpo em movimentação, com formação de um embarrigamento característico.

Figura 22 Perfil esquemático de um escorregamento translacional (Krynine e Judd, 314)

Escorregamentos translacionais de solo ocorrem, em geral, dentro do manto de alteração, ou regolito, cuja espessura está condicionada pela natureza da rocha, pelas condições climáticas, tipo de drenagem e inclinação das encostas. É fato conhecido que, no meio tropical brasileiro, o manto de alteração pode atingir espessuras muito elevadas, tendo se registrado espessuras de mais de 100 m. Assim sendo, afloramentos de rochas são bastante raros nesse meio ambiente, passando a ser comuns apenas em encostas com inclinação superior a 40°-45° (Pichler, 189, p. 70; Young, 339, p. 165), ao passo que, em inclinações inferiores, a cobertura de solo é em geral contínua.

Um perfil de substrato típico, extraído de Vargas (274, p. 16), representado na Fig. 23, mostra os vários horizontes nos quais uma rocha de tipo granítico evolui, com o avanço do processo de alteração, em condições de intemperismo de clima tropical úmido.

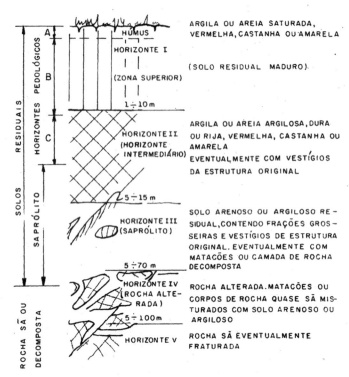

Figura 23 Perfil típico de intemperismo na região Sudeste do Brasil, em rocha de tipo granítico (Vargas, 278)

Um escorregamento translacional, que venha a ocorrer dentro de uma seção como a apresentada na Fig. 23, poderá se situar, em princípio, dentro de qualquer um dos horizontes I a IV. Pode-se elaborar, entretanto, o modelo de um talude onde se esteja iniciando um escorregamento do tipo acima, após uma exposição a um longo período de chuvas e por ocasião de uma forte precipitação, modelo esse certamente próximo da realidade, no meio ambiente tropical úmido. Nos horizontes II e III, constituídos por solo arenoso, de maior permeabilidade que o horizonte I, irá se desenvolver uma intensa rede de percolação de água, confinada pelo horizonte menos permeável de posição superior. Disso resultará o aparecimento de subpressões devidas à percolação, agindo sobre a *parede* constituída pelo horizonte I, além de uma parcela de pressões neutras resultantes do processo de ruptura. É possível observar, na prática, que freqüentemente a superfície de ruptura se estabelece ao longo dos horizontes arenosos mais permeáveis e que o horizonte I é deslocado como um todo, constituindo a parte superior da massa escorregada.

O modelo acima poderá perder sua validade quando o horizonte I for constituído por coluvião predominantemente arenoso, normalmente poroso e de maior permeabilidade, a menos que, logo abaixo dele, ocorra a seqüência normal de alteração apresentada na figura, contendo horizontes ainda mais permeáveis.

As encostas brasileiras são ricas em casos de escorregamentos translacionais, particularmente as da Serra do Mar. Pode-se considerar como translacionais grande parte dos movimentos ocorridos nas serras de Caraguatatuba e das Araras (1967). Infelizmente, movimentos tão generalizados e de caráter tão catastrófico, como

Sistemática de classificação

os dois acima, não mereceram, até o momento, por parte do meio técnico nacional qualquer estudo um pouco mais profundo que a simples observação e registro fotográfico.

Vargas (274) e Vargas e Pichler (281) descrevem um caso típico de escorregamento translacional ocorrido, ainda em Santos, na encosta da Caneleira, em 24 de março de 1956. O escorregamento se deu pela movimentação de uma faixa de material de pequena espessura nas proximidades da superfície da rocha, como se pode observar na Fig. 24. Foram mobilizados cerca de 13000 m³ de material. Ensaios sobre o material do terreno da encosta mostraram tratar-se de uma areia argilosa, semelhante à encontrada no caso do Monte Serrat. Vargas procedeu a uma análise do caso chegando a conclusões semelhantes às apontadas para o Monte Serrat quanto às causas do escorregamento.

Deve-se entender que escorregamentos translacionais de solo, em perfis de alteração como os da Serra do Mar, não se limitam ao transporte de materiais terrosos, mas envolvem, regra geral, blocos rochosos, mais ou menos alterados, contidos em tais perfis de alteração. O que define o termo é a predominância de solos nas massas transportadas bem como o estabelecimento das superfícies de ruptura dentro de horizontes de solo, ou ao longo dos planos de contato solo-rocha, planos esses (Kanji, 1972) que costumam apresentar os mais baixos índices de resistência.

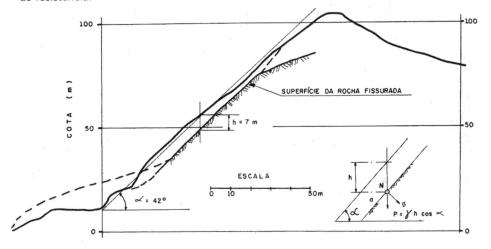

Figura 24 Características geométricas do escorregamento da Caneleira, Santos (Vargas, 274)

1.7.2.3 Escorregamentos translacionais de solo e de rocha (2.2.3)

Quando o volume de rocha passa a representar parcela significativa de uma massa em processo de escorregamento, pode-se falar em escorregamento translacional de solo e de rocha. A expressão mais representativa de tais movimentos talvez seja constituída pelas grandes massas de tálus. Massas de tálus são depósitos de sopé de escarpas, originados principalmente por efeito da gravidade sobre fragmentos soltos. Seus constituintes se dispõem de maneira caótica, sem qualquer estrutura de acamamento regular. Os blocos de rocha acham-se geralmente envolvidos por matriz terrosa, proveniente do mesmo processo de acumulação ou gerada por ulterior processo de alteração dos próprios blocos.

As leis que presidem o comportamento de tais massas, perante a movimentação, são complexas, pois não se sabe até que ponto é mobilizada a resistência exclusivamente em solo, trechos de contato solo-rocha e contato rocha-rocha, ao longo do plano de escorregamento. Esse fato se reflete nas formas de combate à movimentação de corpo de tálus que se baseiam freqüentemente no *método observacional*, fugindo, em geral, a qualquer tentativa de cálculo e previsão. O método consiste na execução de sucessivas etapas de trabalhos, onde cada etapa é dimensionada em função dos resultados obtidos nas etapas anteriores.

Como não podia deixar de ser, a Serra do Mar se constitui, novamente, no grande palco de ocorrência de tais fenômenos. Deve-se entender que a Serra do Mar, escarpa de constituição predominantemente granito-gnáissica, originada por processo de falhamento de caráter regional, apresenta, por toda parte, os efeitos de movimentos de massa do espesso manto de decomposição que resultaram nas atuais formas topográficas de detalhe. As atuais formas de relevo são, assim, o produto de um intenso e longo processo de erosão diferencial que acumulou, ao longo do tempo, grandes volumes de detritos nas encostas e em seu sopé. Quando o homem dela se aproxima e aí pretende efetuar qualquer tipo de obra, as massas de detritos, em condições precárias de estabilidade, se movimentam à procura de uma nova condição de equilíbrio. Há dois exemplos característicos, ambos no trecho paulista da Serra do Mar.

Em julho de 1946, por ocasião da execução do projeto da Usina Henry Borden, da Light Serviços de Eletricidade S.A., no sopé da serra, município de Cubatão (Cabrera; Vargas; Fox), iniciou-se um corte íngreme a fogo, com 40 m de altura e talude de aproximadamente 30°, para remoção de matacões que, na verdade, serviam como contraforte natural para uma grande massa de tálus. A escavação coincidiu com um período de alta precipitação, durante o qual a massa ficou saturada (Cabrera, 1974). A Fig. 25 mostra uma seção geológica típica do local e traz ainda indicação sobre alguns dos trabalhos de abertura de galerias lá realizados.

Com seu suporte natural removido e coesão diminuída pela saturação, o corpo de tálus começou a avançar, de início devagar e posteriormente mais rápido, até que aproximadamente um total de 500 000 m^3 de material estavam em movimento. O plano de escorregamento era constituído pelo contato entre o corpo de tálus e uma camada de xisto decomposto, sendo a superfície de contato entre os dois corpos muito nítida e polida. O movimento foi totalmente controlado por

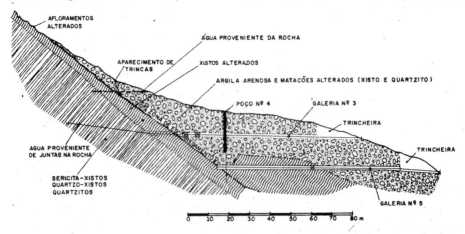

Figura 25 Seção geológica típica na área do escorregamento da usina subterrânea Henry Borden, Cubatão. São visíveis alguns dos trabalhos feitos (poço, galerias, sondagens) para investigação das condições geológicas e estabilização da área (Cabrera, 1974)

Sistemática de classificação

meio de drenagem, por túneis abertos através do material em processo de escorregamento e furos feitos com sonda rotativa, na rocha subjacente, a partir do fundo das galerias. Terzaghi participou, como consultor, dos trabalhos de paralisação do movimento e a eles se refere em um de seus artigos (334, p. 25).

O caráter de escorregamento e não de rastejo, para o movimento, está comprovado pela magnitude dos deslocamentos horizontais medidos, atingindo até mais de 20 cm por dia. A extensão total do movimento, que teve uma duração de cerca de nove meses, foi de 180 m (Fox, 300).

Um outro caso de escorregamento translacional de solo e de rocha é descrito por Teixeira e Kanji (264) e se refere à chamada cota 500 da via Anchieta, ligação rodoviária entre São Paulo e Santos. Desde 1952, quando do início da construção das obras de arte no local, haviam sido notados deslocamentos da encosta. Em fevereiro de 1957, um viaduto em estrutura de concreto de 50 m de comprimento e um muro de arrimo, misto de gravidade e *crib-wall*, tiveram que ser abandonados em virtude de sua iminente ruptura, em decorrência de escorregamentos ocorridos na época. Em 1961, um viaduto em estrutura metálica de 150 m de comprimento também teve que ser abandonado face aos grandes deslocamentos de suas fundações e ao iminente colapso. Em fins de 1964 novos movimentos foram notados, os quais colocavam novamente em risco as variantes em uso na época, ameaçando a interrupção do tráfego. Ocorrem, na área de fundação das estruturas colapsadas, dois corpos de tálus, resultantes do tombamento e do deslocamento de matacões, blocos rochosos e solo. Caracterizam-se por heterogeneidade textural de arranjo de matacões e de suas propriedades físicas, o que redunda na existência aleatória de zonas preferenciais de percolação de água e na sua precária estabilidade. Os dois corpos de tálus se apresentavam saturados de água por ocasião dos estudos (1965) com várias surgências e represamentos superficiais, a ponto de tornar difícil o próprio caminhamento. Os estudos indicaram que a espessura dos corpos de tálus variava entre 4 e 8 m, capeando um horizonte de solo residual de mica-xisto, com espessura da ordem de 35 m, este por sua vez apoiado em horizontes subjacentes de rocha com vários graus de alteração. A rocha sã era praticamente atingida em profundidade da ordem de 50 a 60 m. Considerando-se as características de plasticidade do solo residual e da rocha fortemente alterada, concluiu-se que os movimentos ocorriam não apenas próximos à superfície mas mesmo em zonas subjacentes, embora em menor escala.

Ensaios triaxiais adensados rápidos, efetuados em amostras indeformadas recolhidas em poços de inspecção, mostravam ângulos de atrito para o material da ordem de 37º, em termos de envoltória média.

A fim de se determinar a grandeza, a direção e a progressão com o tempo dos deslocamentos da superfície da encosta, foi instalada uma rede de 190 marcos de concreto, em malha quadrada, com espaçamento de 30 m. A Fig. 26 apresenta os valores dos deslocamentos verticais e horizontais, em curvas de igual intensidade, num período de seis meses. Observam-se um máximo deslocamento horizontal de 25 m e um máximo deslocamento vertical superior a 8 m neste período.

Verificou-se também variação de intensidade de movimento em função do regime de chuvas, chegando-se a observar aparente estabilização por ocasião da época de seca, quando as infiltrações de água são menores. Vinculados os movimentos à intensidade de infiltração da água, decorrente da pluviosidade na região, baseou-se o método de estabilização da encosta na execução sistemática de drenos profundos horizontais, de modo a interceptar as águas diretamente no seio do maciço, fazendo-as escoar por gravidade para fora do mesmo. No capítulo referente às formas de tratamento e prevenção de escorregamentos serão feitas novas referências ao caso da cota 500 da via Anchieta.

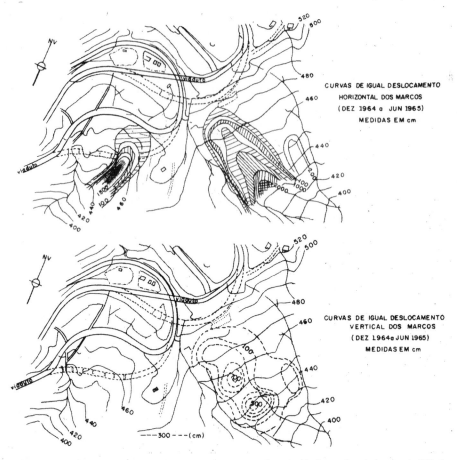

Figura 26 Plantas da área afetada por escorregamento de velocidade moderada, na cota 500 da via Anchieta ("Curva da Onça"), ligação São Paulo—Baixada Santista. As duas plantas documentam os valores dos deslocamentos horizontais e verticais medidos num período de seis meses. Os espaços tracejados indicam as áreas de maior instabilidade e permitem uma distinção das diferentes velocidades de movimentação dentro dessas mesmas áreas (Teixeira e Kanji, 264)

1.7.2.4 Escorregamentos translacionais remontantes (2.2.4)

Embora fugindo à sistemática de classificação adotada para escorregamentos translacionais, baseada no tipo de material, deve-se aqui citar a existência de *escorregamentos remontantes*, cujo conceito foi introduzido por especialistas escandinavos. São também encontrados na literatura com o nome de *sucessivos, progressivos* ou *retrogressivos*, e diferem dos demais escorregamentos por se desenvolverem em etapas sucessivas rumo a montante da encosta.

Segundo explicação da Comissão Geotécnica da Swedish State Railways (Krynine e Judd, 314, p. 644), um escorregamento remontante é constituído por uma série de escorregamentos rotacionais simples, que ocorrem sucessivamente. Supõe-se, assim, que cada escorregamento unitário afete a estabilidade da massa de material atrás de si, causando novo escorregamento. A Fig. 27, lado esquerdo, esquematiza a hipótese de formação. Embora desta forma se explique, a contento, a aparência das cunhas observadas, a hipótese não pode ser aplicada a numerosos

Sistemática de classificação 39

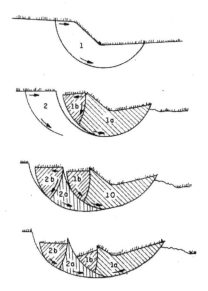

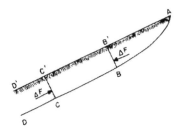

Figura 27 Dois esquemas de explicação do mecanismo de escorregamento remontante (Krynine e Judd, 314)

casos de ruptura, de tipo translacional, observados em taludes suaves, alguns dos quais praticamente horizontais (Krynine e Judd, 314, p. 644).

Uma hipótese mais realista foi aventada pelo Swedish Geotechnical Institute. Admite que, num talude (Fig. 27, lado direito), uma seção ACC' esteja no estado-limite de equilíbrio ao lado de outra seção $CDD'C'$, esta com considerável margem de segurança. Um decréscimo dos valores de ligação na porção ABB' por aumento de pressão intersticial iria aumentar a pressão em BB' de um valor ΔF. Isso provocaria uma reação igual e oposta ΔF na porção firme do talude e compressão na porção $BB'CC'$. Como resultado disso, a porção ABB' iria se mover em alguma fração. A prática tem mostrado que mesmo pequenos deslocamentos, da ordem de poucos centímetros, têm provocado rearranjos internos e perda de uma considerável parcela de resistência ao cisalhamento em materiais argilosos. Dessa forma, uma massa de argila situada acima do ponto A seria privada de seu suporte lateral e livre de escorregar. Para efeito de exemplificação, na Fig. 28, extraída de Záruba e Mencl (340, p. 59), está representada uma seqüência de escorregamentos, que se inicia, após uma escavação, por um escorregamento de tipo rotacional, seguido por uma série de escorregamentos de tipo translacional, estes condicionados pela presença de uma descontinuidade de menor resistência entre materiais diferentes.

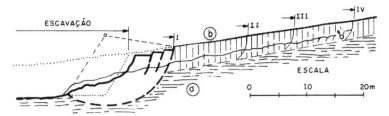

Figura 28 A escavação de um poço para fundação provocou um escorregamento rotacional do talude. O progressivo aparecimento de rupturas remontantes (I, II, III e IV) levou ao desenvolvimento de uma corrida de terra no topo das camadas argilosas. a) camadas argilosas, b) loess (Záruba e Mencl, 340)

Em climas tropicais, onde o horizonte de alteração pode ser muito espess, há possibilidade de rupturas localizadas, originadas por estruturas reliquiares da rocha mãe em taludes escavados, evoluírem para escorregamentos remontantes (Nieble, Cornides e Fernandes, 1982).

Tais escorregamentos se processam da seguinte maneira (ver figura 30):

a) Ao se atingir uma determinada cota de escavação, o talude de projeto pode vir a ser incompatível com o ângulo de atrito e atitude das descontinuidades presentes nos horizontes de saprolito ou rocha alterada. A presença do nível d'água, que ocorre freqüentemente no horizonte de saprolito, junto ao topo da rocha pouco alterada a sã, muito fraturada, pode vir a ser um desencadeador do processo.

Esta primeira ruptura, geralmente de pequeno volume, é via de regra do tipo planar ou em cunha.

b) O descalçamento do pé do talude por meio dessas rupturas planares ou em cunha, condicionadas por estruturas remanescentes da rocha matriz, além do enfraquecimento de resistência ao cisalhamento na parte mais solicitada, favorece a percolação d'água no talude, e fendas de tração e trincas já começam a ser observáveis ao longo de toda a massa.

c) A ocorrência de chuvas pode acelerar consideravelmente o processo, e dar origem a uma ruptura translacional ou rotacional de grande parte do talude.

d) Este escorregamento translacional pode dar origem a um outro, ou a escorregamentos rotacionais em solo e assim sucessivamente, como é mostrado na figura (30).

A foto n.º 29 mostra o escorregamento do talude analisado na figura já apresentada.

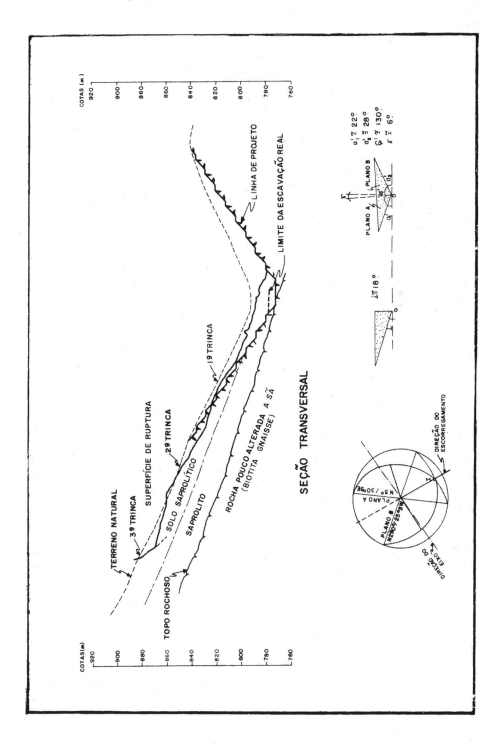

Figura 30 — Escorregamentos remontantes originados por estruturas reliquiares em saprolito

1.7.3 Queda de blocos (2.2.5)

Em penhascos verticais, ou taludes muito íngremes, blocos de rocha, deslocados do maciço por intemperismo, caem por ação da gravidade. Este é um dos mecanismos de formação de depósitos de tálus. Uma queda de blocos é assim definida por uma ação de queda livre a partir de uma elevação, com ausência de superfície de movimentação. A queda pode ser combinada com outros movimentos, quais saltos, rotação dos blocos, ações de impacto no substrato, disso resultando uma fragmentação e uma diminuição de dimensão com o progresso da movimentação.

Quedas de blocos ocorrem pela ação alternada de congelamento e degelo ao longo de fraturas e juntas, por ciclagem térmica em massas rochosas, por perda de apoio de blocos causada pela ação erosiva de veículo aquoso, por processo de desconfinamento lateral de maciços rochosos decorrente de linhas de entalhe recentes, por alívio de tensões de origem tectônica, mesmo em obras subterrâneas, por vibrações, por empuxo hidrostático ao longo de juntas verticais ou, então, por composição desses processos.

Neste grupo incluem-se, assim, movimentos das mais variadas proporções desde a queda isolada de um bloco até o colapso de enormes complexos rochosos. O processo é muito comum no avanço remontante de cachoeiras e mais comum ainda como mecanismo de destruição de penhascos de borda marítima. Os termos *tombamento* ou *basculamento* são também usados com freqüência para definir o processo, além de *desmoronamento*.

A literatura brasileira sobre o assunto é razoavelmente ampla, abordando principalmente as quedas ocorridas na Guanabara por ocasião das catástrofes de 1966 e 1967 (Akherman; Barata; Brandão; Costa Nunes; Fonseca; Fonseca e Lozeroni; Kuhn, Totis e Castelo Branco; Totis, Castelo Branco e Lamônica Filho).

1.7.4 Queda de detritos (2.2.6)

Trata-se de uma classe de importância menor, constituindo um termo de passagem entre a queda de blocos e os escorregamentos propriamente ditos. Pode ser definida como sendo a queda, relativamente livre, de reduzidas massas de fragmentos terrosos ou rochosos, inconsolidados, ou pouco consolidados, em movimentos de pequena magnitude. A Fig. 31 (Sharpe, 331, p. 67) esquematiza a idéia, mostrando ainda a ocorrência de uma outra forma de movimentação de reduzida importância, não considerada para efeito de classificação geral e que consiste no escorregamento de massas de detritos encosta abaixo.

Dentro dessa classe pode-se ainda enquadrar o fenômeno da *desagregabilidade* de massas rochosas. Trata-se de um processo de proporções limitadas, que não atinge o noticiário dos jornais por não ter efeito catastrófico mas que produz contínuos efeitos nocivos a obras de drenagem de rodovias e estradas de ferro, bem como à sua própria manutenção. Consiste no destaque contínuo de frag-

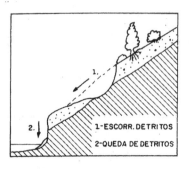

Figura 31 Representação esquemática de queda de detritos e escorregamento de detritos (Sharpe, 331)

mentos rochosos provocados por fenômenos de secagem e saturação sucessivas em rochas de baixa resistência expostas ao longo de cortes artificiais. O processo de ciclagem do material é acelerado pelo efeito da variação diurna de temperatura. A desagregação é típica de rochas sedimentárias quais siltitos, folhelhos, arenitos ou rochas de baixo teor de metamorfismo, quais ardósias, filitos, podendo também ocorrer em rochas particularmente suscetíveis à desagregação, como alguns basaltos.

Os fragmentos produzidos por desagregação atingem alguns centímetros de dimensão média e, em rochas homogêneas, apresentam aspecto conchoidal e formas subarredondadas. No pé dos taludes acabam assim se acumulando volumes de material incoerente, com a clássica forma de depósito de sopé de montanha, apenas em escala reduzida. O processo é também chamado *empastilhamento*.

Sua concentração, ao longo de planos alternados de maior suscetibilidade à desagregação, conduz ao aparecimento, como pode ser visualizado na Fig. 32 de fenômeno de descalçamento de camadas rochosas de posição superior, po-

Fig. 32 Exemplo de desagregação diferencial em rochas sedimentares. Formação Morro Pelado, BR-116, em Santa Catarina. Alternância de camadas arenosas, siltosas e argilosas, com diferentes graus de litificação e resistência ao intemperismo

dendo assim provocar o colapso de grandes massas rochosas. É nesses casos que o processo de desagregabilidade atinge sua expressão mais perigosa.

Exemplos brasileiros podem ser encontrados nos trabalhos de Fernandes, Teixeira, Cadman e Barroso (61) e Santos (1967).

Finalizando o capítulo de escorregamentos, é digno de menção um caso de difícil enquadramento constituído pela presença, em taludes em solo, de um grande número de degraus de pequenas dimensões cobrindo às vezes as encostas de uma região inteira. Recebem, em inglês, a denominação de *terracettes*, mas são também chamados *sheep-tracks* ou *cattle terraces*, traduzindo a presença de ação de gado em sua origem. Em português, talvez se possa falar em *encosta em degraus* ou em *trilha de gado*, dependendo do caso.

Sob a denominação genérica de *encosta em degraus*, está se agrupando uma feição resultante, provavelmente, de processos variados e diversos. O assunto é bem desenvolvido por Sharpe (331, p. 70), que apresenta quatro formas de ocorrência, visualizadas na Fig. 33: em A, o solo, constituído por material inconsolidado, em encostas bastante íngremes, se move devido à remoção do pé do talude por parte de um curso de água. Não está aí caracterizada uma superfície de escorregamento, o que reflete observações feitas na prática neste tipo de encostas; em B, observa-se a clara formação de sucessivos escorregamentos rotacionais de pequena profundidade; em C, os degraus são o reflexo de escorregamentos de blocos ao longo de um plano único de fraqueza ou ao longo de uma região de rastejo; finalmente, em D, há um típico movimento de escorregamento rotacional ao longo de uma superfície única.

Em encostas desse tipo se encontram, muitas vezes, claros indícios de que o gado, percorrendo sistematicamente as mesmas trilhas, pode provocar um adensamento do solo e, até mesmo, o desenvolvimento de pequenos planos de escorregamento.

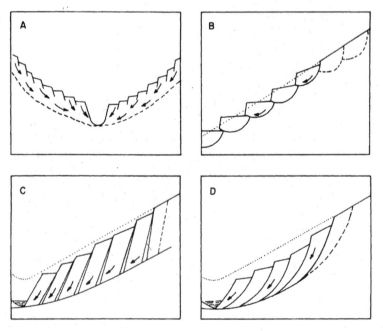

Figura 33 Quatro formas de ocorrência de *encosta em degraus* (*terracetes*) ou *trilha de gado* (*sheep-tracks, cattle terraces*) (Sharpe, 331)

Sistemática de classificação   45

O fenômeno é facilmente observável em muitas regiões brasileiras, em áreas de relevo ondulado destinadas a pasto e onde a cobertura vegetal original foi removida, apenas restando uma vegetação rasteira de grama ou capoeira. Regra geral, em ausência de estruturas favoráveis de escorregamento, o microterraceamento observado é uma indicação do lento movimento, em direção ao fundo do vale, dos mantos de alteração ou coluvionamento que recobrem as encostas.

1.8 SUBSIDÊNCIAS (3)

A rigor, subsidências pouco têm a ver com estabilidade de taludes naturais. Sua inclusão neste livro ocorre apenas porque, num conjunto mais amplo, as subsidências também representam movimentos de massas ou movimentos coletivos de solo e de rocha.

Nos itens anteriores foram abordadas as mais variadas formas de movimentos de massas, todas elas envolvendo componentes horizontal e vertical de movimentação, e todas elas possuindo uma frente livre, em direção à qual o deslocamento podia se efetuar. Ao se lidar com subsidências, está-se tratando de movimentos para os quais não há frente livre e nos quais o deslocamento, vertical, se efetua com componente horizontal nula ou praticamente nula (Sharpe, 331, p. 88). Está-se também tratando apenas das chamadas subsidências exógenas, cuja origem se situa na superfície da terra, ou próximo dela, e onde a ação humana desempenha, via de regra, um papel importante, deixando de considerar as chamadas subsidências endógenas, relacionadas a processos genéticos que ocorrem no interior da Terra, como epirogênese, falhamentos, deriva continental (Prokopovich, 328, p. 45).

O termo subsidência (tipo), dentro da sistemática de Freire, englobà, *lato sensu*, também fenômenos, como recalques e desabamentos (subtipos).

1.8.1 Subsidências (propriamente ditas) (3.1)

Subsidências são a expressão, em superfície, do efeito de adensamento ou afundamento de camadas, conseqüências da remoção de alguma fase sólida, líquida ou gasosa do substrato. Esta remoção pode ocorrer por processos naturais ou ser produto de atividade humana. Afetam geralmente regiões relativamente extensas, apesar de isso não ser condição necessária, e se diferenciam dos desabamentos pela ausência de estruturas de colapso (abatimentos, furos etc).

Entre as causas geradoras podem-se citar: ação erosiva de águas subterrâneas, bombeamento de águas subterrâneas, exploração de depósitos petrolíferos e de gás, trabalhos de mineração, efeito da alteração de sedimentos turfosos em condições anaeróbias, efeito de fusão de massas de gelo enterradas, ação de vibrações sobre sedimentos inconsolidados.

De um ponto de vista ambiental, a subsidência representa a alteração das condições naturais e pode ser, por isso, considerada como uma forma de poluição. Na maioria dos casos, de fato, tais alterações resultam no aparecimento de fatores negativos, como danificação de estruturas, surgimento de áreas alagadiças, vulnerabilidade a inundações, mudanças nas condições de drenagem superficial. Uma vez que o fenômeno está vinculado a uma exploração intensa dos recursos do subsolo, a subsidência aparece com freqüência em regiões densamente povoadas e de elevado nível de desenvolvimento. É em países como os EUA e o Japão e alguns europeus que se registram os maiores índices de ocorrência. Não se tem conhecimento de casos de subsidência registrados no Brasil.

1.8.2 Recalques (3.2)

Recalques são definidos como sendo movimentos verticais de uma estrutura provocados pelo próprio peso ou pela deformação do subsolo por outro agente. Recalques se diferenciam das subsidências propriamente ditas por envolverem, via de regra, áreas substancialmente menores e pelo fato de as áreas de subsidência não serem necessariamente portadoras de edificações capazes de provocar deformações verticais.

O estudo dos recalques forma um dos grandes capítulos de aplicação da Mecânica dos Solos. As principais causas que conduzem ao aparecimento de recalques, além da ação do peso próprio, são: remoção de confinamento lateral por escavações nas proximidades de estruturas, efeito de bombeamento de água em escavações próximas, efeito do rebaixamento generalizado do lençol freático. Não serão aqui tecidas maiores considerações sobre o assunto, podendo-se recorrer, para uma análise aprofundada do problema, a Vargas (276) e Vargas e Nápoles Neto (1968).

1.8.3 Desabamentos (3.3)

São formas de subsidência bruscas, envolvendo colapso na superfície, provocadas pela ruptura ou remoção total, ou parcial, do substrato. Envolvem áreas reduzidas, mas podem ter efeitos catastróficos por ocorrerem, na maior parte das vezes, em áreas povoadas. Sua principal origem é associada a trabalhos subterrâneos de mineração. Podem, entretanto, acontecer por processo natural de dissolução de rochas e substâncias como calcários, dolomitos, gipsita, sal. Podem então se formar extensas regiões pontilhadas por dolinas e uvalas. No Brasil, não há referência a desabamentos provocados pela ação humana, mas tão-somente a casos do segundo tipo, por processo natural. Nos arredores de Ponta Grossa (PR) ocorrem algumas depressões dessa natureza, sendo que uma delas possui 110 m de profundidade e cerca de 100 m de diâmetro. Embora não ocorram rochas calcárias na região, explica-se a formação dessas dolinas (Leinz e Amaral, 1966, p. 118) pela dissolução do calcário do embasamento cristalino situado no fundo e não observável diretamente.

1.9 FORMAS DE TRANSIÇÃO OU TERMOS DE PASSAGEM (4)

O processo de desencadeamento de movimentos coletivos de solos e rochas é, como foi visto, extremamente complexo. Nos capítulos anteriores, para efeito de sistematização e didática, procurou-se caracterizar tipos e subtipos elementares, isolando-se uns dos outros e procurando definir as feições que lhes são exclusivas.

Na verdade, os movimentos de massas podem ocorrer dentro de quadros complexos, em diversas associações causais e de formas de expressão. Em função disso, Sharpe (331, p. 101) considerou o inter-relacionamento dos principais agentes de transporte traduzindo, no quadro da Fig. 34, os diversos níveis de gradação nos quais esses agentes podem participar.

Apesar de o meio ambiente brasileiro não contar com efeitos sensíveis da ação do agente gelo, o diagrama de Sharpe vale como exemplo das formas de gradação.

A primeira consideração do diagrama triangular diz respeito à proporção de solo e rocha com relação à água e ao gelo. Cada um dos três espaços, em forma de cunha, que se acham nos vértices do triângulo, representa um dos três tipos de material com que se está tratando. Neles, cada agente participa com 100% do

Sistemática de classificação

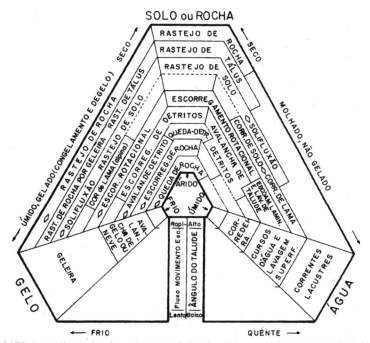

Figura 34 Diagrama ilustrativo da variação gradativa dos processos de transporte pelos três agentes: gelo, água e solo ou rocha (Sharpe, 331)

material. Nos segmentos de maior largura, situados ao longo dos dois lados e base do triângulo, estão representadas as condições gradacionais em que participam, em todas as possíveis proporções, solo ou rocha e gelo, ou solo ou rocha e água. A segunda consideração importante diz respeito ao caráter do movimento do material envolvido, ou seja, seu tipo e velocidade: formas vagarosas de movimentação, geralmente do tipo rastejo, aparecem colocadas do lado externo, ao passo que formas rápidas de movimentação, do tipo corrida, ou escorregamento, são colocadas na parte central do diagrama. Isso implica também a gradação de encostas suaves, lado externo, até quedas verticais, situadas no meio.

Solos e rochas, que ocupam o vértice do diagrama, envolvem desde lentos movimentos de rastejo, na parte externa, até quedas livres de rocha, no centro. Da mesma forma, movimentos de água e de gelo se tornam acelerados da periferia para o centro do triângulo. No pequeno espaço central são sugeridas condições climáticas genéricas.

A gradação lateral dos processos de transporte é bem ilustrada pelo *rastejo de tálus*, que ocorre no campo dos movimentos lentos, com reduzido conteúdo de água e que, para a esquerda, passa gradualmente para *rastejo de detritos por geleira* ao aumentar o conteúdo em gelo, terminando num movimento puro de *geleira*. Do lado direito do diagrama, observa-se que o rastejo de tálus termina antes que se atinja um conteúdo elevado em água. Isso ocorre porque um tálus típico não pode reter muita água, a não ser que esteja submerso (Sharpe, **331**, p. 103).

À direita, o espaço entre *solifluxão, rastejo de tálus, rastejo de rocha* e *correntes lacustres* permanece em branco, porque correntes de água de tão baixa velocidade são incapazes de transportar apreciáveis volumes de detritos Somente material em solução e suspensão poderá ser carregado em tais condições.

Sharpe, ao apresentar o diagrama, chama a atenção para o fato de que sua própria intenção de mostrar o caráter gradacional dos movimentos de massas se acha prejudicada pela necessidade, para fins demonstrativos, de traçar linhas entre os vários processos, linhas estas que não existem na natureza.

O diagrama anterior complementa a sistemática de classificação apresentada por Sharpe na Fig. 1.

Movimentos coletivos de solos e de rochas, enquadrados nesta classe de *formas de transição e termos de passagem*, não são passíveis de divisão em subclasses, devendo-se proceder à análise de cada caso individualmente.

1.10 MOVIMENTOS COMPLEXOS DE MASSA (5)

Resultam de uma combinação das formas vistas anteriormente e se caracterizam por movimentos múltiplos, ou complexos, e pela ação de vários agentes simultâneos ou sucessivos.

A denominação *movimentos complexos de massa* substitui a de *escorregamentos mistos* da classificação de Freire (73).

Esta classe abrange todos os fenômenos de movimentação onde, durante sua manifestação, ocorra uma mudança de características morfológicas, mecânicas ou causais. É o caso, por exemplo, de rastejos de detritos de tálus, que, com o aumento do teor de água, passam a avalancha de detritos, ou de corridas, que, por diminuição do teor de água passam a rastejos, ou ainda de rastejos, que, por variação da inclinação da encosta, passam a escorregamentos e assim por diante.

Dentro da conceituação da classe acima expressa, outras formas, que não as já descritas anteriormente, podem nela se enquadrar.

É o caso das intensas formas de erosão conhecidas sob o nome de *boçorocas* (voçorocas) e tão comuns entre nós, afetando particularmente o noroeste do Estado do Paraná, oeste de São Paulo e sudeste do Mato Grosso. O nome vem de uma expressão tupi-guarani, que significa *terra rasgada* (*ibi*, terra, chão + *çorog*, rasgar, romper). Típica de regiões climáticas subtropicais, as boçorocas são o resultado de profundas modificações das condições de equilíbrio naturais introduzidas pela ação do homem em tais regiões. Elas se originam ao longo das linhas de drenagem superficiais, resultando inicialmente na formação de ravinas no solo com seção típica em *V*. Com o avançar do entalhe inicial, atinge-se o lençol freático, quando então passa a existir uma contribuição das águas subterrâneas no avanço do processo erosivo. Em solos coluviais e porosos, de baixa coesão, a ação das águas pluviais e do lençol acelera o fenômeno de erosão e a recém-formada boçoroca passa a adquirir seção em *U*, alargando-se e avançando rumo a montante da encosta. Há registro de boçorocas com 40 a 50 m de profundidade, algumas centenas de metros de largura e poucos milhares de metros de extensão.

O principal agente no desencadeamento do processo é a água, que atua das seguintes formas: a) entalhe superficial; b) erosão por arraste de partículas, num processo de *piping*, por parte do lençol freático, nas paredes laterais e no pé da boçoroca (O termo *piping* foi traduzido por *sifonamento*, ou *entubamento*, mas essas versões são pouco utilizadas. Permanece a tendência a utilizar o termo em inglês. Uma definição de *piping* é encontrada no item 2.3.4); c) transporte, de caráter fluvial, de partículas recém-descalçadas de sua posição original, por parte de filetes de água, ou córregos, que passam a percorrer o fundo da boçoroca; tais córregos resultam da participação de águas do lençol aflorante bem como da coleta de águas de chuva.

As formas (b) e (c) de atuação da água provocam (d), a queda de consideráveis massas de solo, por descalçamento, ou perda de apoio. A forma (c) se

Sistemática de classificação

encarrega de remover, por sua vez, as massas recém-caídas. A Fig. 35 fornece uma visão parcial do processo erosivo descrito.

Note-se que o solo raramente cede por escorregamento rotacional ao longo de uma superfície circular mas, sim, por massas de faces paralelas, achatadas, em taludes sempre íngremes, com inclinação entre 60° e 80°. O fenômeno foi primeiramente estudado por Pichler (187) e, mais recentemente por Prandini (200) e Prandini, Cruz, Guidicini e Santos (201), no Brasil.

Figura 35 Vista parcial de uma voçoroca ativa. Seu processo de desencadeamento e evolução é complexo, concorrendo diversos agentes e causas

Como vemos, a boçoroca envolve mecanismos de *piping*, desconfinamento lateral, descalçamento basal, queda de cunhas, transporte fluvial, erosão superficial.

Trata-se de um fenômeno *sui generis* que justifica sua inclusão na classe de movimentos complexos de massa.

É desnecessário frisar a natureza destruidora da boçoroca, que ceifa vidas, destrói pastos e áreas cultivadas, interrompe o tráfego em rodovias e penetra, por erosão remontante, em áreas urbanas desorganizando-as totalmente.

O problema de contenção das voçorocas, apesar do interesse que desperta em largas áreas do território brasileiro (noroeste do Estado do Paraná, oeste de São Paulo, sudeste de Mato Grosso e sul de Minas Gerais), não foi ainda devidamente enfrentado. Existem, nestes meados da década de 70, campos experimentais de contenção com trabalhos em andamento. As referências ao problema na literatura nacional são escassas nem foram encontradas na internacional. Referências ao equacionamento do problema podem ser encontradas nos trabalhos de Prandini (203) e Prandini, Cruz, Guidicini e Santos (201).

CAPÍTULO 2

AGENTES E CAUSAS DE MOVIMENTOS DE MASSAS

"O problema da estabilidade das encostas naturais é uma das grandes questões da ciência e da técnica dos solos aplicado à engenharia"

Milton Vargas, "Mecânica dos Solos", in *Manual do Engenheiro*, Editora Globo, Porto Alegre, 1957

A sistemática de classificação adotada por Freire, na discriminação das causas de movimentos de massas, constitui a linha mestra para o desenvolvimento deste capítulo, tendo entretanto sofrido algumas modificações.

Baseou-se, inicialmente, aquele Autor no elenco de causas que Terzaghi relacionou em seu trabalho "Mechanism of Landslides" e, utilizando o mesmo critério, estendeu seus conceitos aos demais tipos de movimentos coletivos.

A análise causal não deverá seguir necessariamente a ordem estabelecida na sistematização do Quadro I (escoamentos, escorregamentos, subsidências), somente o fazendo na medida do possível. Deve-se considerar, de fato, que um mesmo agente, ou uma mesma causa, pode ser responsável por diferentes formas de movimentos coletivos de solo e de rocha, o que resulta em certa dificuldade de se seguir à risca a sistemática de classificação adotada ao longo desta exposição.

Chama-se a atenção para as condições próprias aos termos *agente* e *causa*. Entende-se por causa o modo de atuação de determinado agente ou, em outros termos, um agente pode se expressar por meio de uma ou mais causas. É o caso, por exemplo, do *agente* água, que pode influir na estabilidade de uma determinada massa de material das mais diversas formas: no desencadeamento de um processo de solifluxão, o encharcamento do material, provocado por degelo, será a *causa* do movimento, ao passo que, no caso de liquefação espontânea, a causa será o aumento de pressão neutra.

Dentro da conceituação de agentes, pode-se fazer uma primeira distinção entre agentes *predisponentes* e *efetivos*.

Chama-se de *agentes predisponentes* ao conjunto de condições geológicas, geométricas e ambientais em que o movimento de massa irá ter lugar. Representam o "pano de fundo" para a ação que será desfechada. Trata-se de um conjunto de características intrínsecas, função apenas de condições naturais, nelas não atuando, sob qualquer forma, a ação do homem.

Podem-se distinguir:

a) *complexo geológico* — natureza petrográfica, estado de alteração por intemperismo, acidentes tectônicos (falhamentos, dobramentos), atitude das camadas (orientação e mergulho), formas estratigráficas, intensidade de diaclasamento etc.

b) *complexo morfológico* — inclinação superficial, massa, forma de relevo

Agentes e causas de movimentos de massas

c) *complexo climático-hidrológico* — clima, regime de águas meteóricas e subterrâneas
d) *gravidade*
e) *calor solar*
f) *tipo de vegetação original*

Chama-se de *agentes efetivos* ao conjunto de elementos diretamente responsáveis pelo desencadeamento do movimento de massa, neles se incluindo a ação humana. Podem atuar de forma mais ou menos direta, requerendo assim nova subdivisão, em função de sua forma de participação, em *preparatórios* e *imediatos*. Entre os *agentes efetivos preparatórios* citam-se: pluviosidade, erosão pela água ou vento, congelamento e degelo, variação de temperatura, dissolução química, ação de fontes e mananciais, oscilação de nível dos lagos e marés e do lençol freático, ação humana e de animais, inclusive desflorestamento. Entre os *agentes efetivos imediatos* citam-se: chuva intensa, fusão de gelo e neve, erosão, terremotos, ondas, vento, ação do homem etc.

As causas, por sua vez, podem ser separadas dependendo de sua posição com relação ao talude (Terzaghi, 377). Distinguem-se, assim: *causas internas*, que são as que levam ao colapso sem que se verifique qualquer mudança nas condições geométricas do talude e que resultam de uma diminuição da resistência interna do material (aumento da pressão hidrostática, diminuição de coesão e ângulo de atrito interno por processo de alteração); *causas externas*, que provocam um aumento das tensões de cisalhamento, sem que haja diminuição da resistência do material (aumento do declive do talude por processos naturais ou artificiais, deposição de material na porção superior do talude, abalos sísmicos e vibrações); *causas intermediárias*, que resultam de efeitos causados por agentes externos no interior do talude (liquefação espontânea, rebaixamento rápido, erosão retrogressiva).

Para efeito de clareza, a análise causal que se segue será feita na ordem acima exposta, apresentando-se os três grupos pela ordem (internas, externas e intermediárias), fugindo-se um pouco à sistemática que consta do Quadro I. Referência aos agentes será feita de maneira implícita à medida que cada causa estiver sendo abordada.

2.1 CAUSAS INTERNAS

2.1.1 Efeito de oscilações térmicas

Oscilações térmicas diárias ou sazonais provocam variações volumétricas em massas rochosas, podendo conduzir a destaque de blocos. O fenômeno atinge sua expressão máxima em condições climáticas com predominância do intémperismo físico sobre o químico. Da mesma forma, a variação diurna de temperatura é apontada como uma das principais causas no desencadeamento de processos de rastejo. Num bloco de material colocado sobre um plano horizontal, contrações e dilatações de origem térmica ocorrem simetricamente em relação a seu eixo e simetricamente se distribuem também as tensões de cisalhamento na superfície de contato com o plano (Nascimento, 319, p. 9), portanto o bloco não se deslocará. Se, porém, o bloco estiver sobre um plano inclinado (Fig. 36), a componente tangencial de peso tornará assimétricas as solicitações sobre o bloco, podendo daí resultar sua movimentação, quer ele se contraia, quer se dilate. Se as variações de comprimento forem muito pequenas, pode não haver qualquer deslocamento, se delas resultarem tensões de cisalhamento inferiores à tensão de fluência; se esta tensão for ultrapassada, haverá deslocamento por rastejo, e, se a resistência ao cisalhamento for ultrapassada, haverá deslocamento por escorregamento.

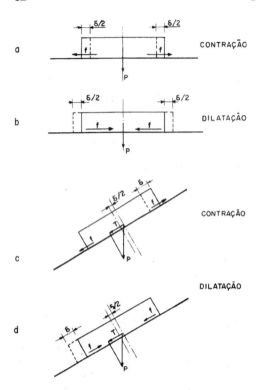

Figura 36 Efeito de oscilações térmicas em blocos apoiados sobre superfícies horizontal e inclinada (Nascimento, 319)

2.1.2 Diminuição dos parâmetros de resistência por intemperismo

O processo de alteração por intemperismo leva a um enfraquecimento gradual do meio rochoso, ou terroso, no qual ocorre, pela remoção dos elementos solúveis constituintes dos próprios minerais, pela dissolução dos elementos com função de cimentação em solos ou rochas sedimentares, pelo desenvolvimento de uma rede de microfraturas num meio rochoso que não as possuía. Este enfraquecimento se traduz numa diminuição dos parâmetros de resistência, a saber, coesão e ângulo de atrito interno. Um claro exemplo do processo é apresentado na Fig. 37, onde tais parâmetros estão correlacionados com um índice de alteração, representado pelo teor de absorção de água.

Os resultados foram obtidos em ensaios de cisalhamento feitos no Laboratório Nacional de Engenharia Civil de Lisboa e estão relacionados no trabalho de Serafim (1965). Observa-se, com o aumento do índice de alteração, uma clara diminuição de coesão e de ângulo de atrito das rochas graníticas ensaiadas. Este é, em linhas gerais, o processo que ocorre na natureza, acarretando, mesmo em taludes estáveis há tempos imemoráveis, uma gradual diminuição do fator de segurança até que se atinja um limite crítico de equilíbrio e, conseqüentemente, o colapso.

Deve-se, nesse aspecto, considerar que um processo de alteração que ocorra em solo terá efeitos bem mais reduzidos que num meio rochoso. De fato, um processo de alteração que ocorra em solo poderá resultar, às vezes, num seu maior adensamento, ou numa cimentação secundária, aumentando suas características de resistência. Isso não ocorre com rochas, onde a alteração avança produzindo elevadas quedas dos parâmetros de resistência, deformabilidade e permeabilidade, acabando por desenvolver um complexo arranjo tridimensional (Patton e Deere, 323, p. 38) de solo residual, saprólito, rocha alterada, rocha sã.

Agentes e causas de movimentos de massas

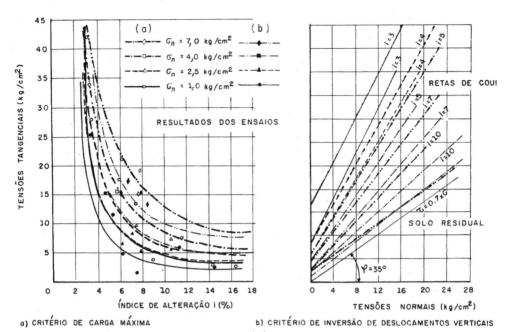

Figura 37 Exemplo de diminuição dos parâmetros de resistência, em rocha granítica, com o aumento do índice de alteração da rocha (Serafim, 1965).

O processo de alteração em rochas tende, ainda, a formar zonas de materiais com características de permeabilidade bem diferenciadas, normalmente dispostas paralelamente à superfície do talude. Já foi verificada a ocorrência desse processo em perfis característicos de alteração de rochas graníticas, em condições climáticas tropicais, conforme vimos no capítulo anterior, podendo ser extrapolado para outros tipos de rochas e de meios climáticos. A presença de camadas menos permeáveis, capeando camadas de maior permeabilidade, em posição paralela à superfície do talude poderá resultar no aparecimento de artesianismo e no desenvolvimento de elevadas pressões neutras nesses taludes alterados, favorecendo a instabilidade das encostas. O assunto é muito extenso e recomenda-se a leitura do trabalho de Deere e Patton (297) para um maior aprofundamento.

2.2 CAUSAS EXTERNAS

2.2.1 Mudanças na geometria do sistema

Uma das causas mais comuns e óbvias no desencadeamento de condições de instabilidade consiste em modificar as condições geométricas da massa terrosa, ou rochosa, que esteja sendo analisada, acrescentando-lhe uma sobrecarga em sua porção superior, ou, então, retirando parte de sua massa na porção inferior. O próprio retaludamento, executado para aumentar a estabilidade da massa, pode vir a reduzir não só as forças solicitantes, que tenderão a induzir a ruptura, mas também a pressão normal atuante no plano potencial de ruptura e, conseqüentemente, a força de atrito resistente.

Um dos erros mais freqüentes consiste, no entanto, na remoção de porções inferiores do talude, principalmente quando algum movimento já se verificou. A Fig. 38 (lado esquerdo) mostra um caso comum (Vargas, 276, p. 23), onde se tem

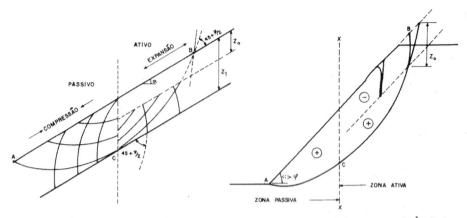

Figura 38 Á esquerda: distribuição esquemática de empuxos em talude com $\alpha > \phi$. À direita: representação esquemática de um caso real de ruptura. O sinal + assinala zonas de empuxo passivo, sujeitas à compressão. O sinal — marca zonas de empuxo ativo, sujeitas à tração Vargas, 276)

um talude terroso coesivo onde $\alpha > \phi$, ou seja, o ângulo de inclinação do talude é maior que o ângulo de atrito interno do material, evidenciando a existência de empuxo passivo na região inferior do talude.

Na prática (Fig. 38, lado direito), na parte superior do talude, aparecem fendas de tração (na região de empuxo ativo) enquanto na região do pé do talude o material está sofrendo compressão e representa o elemento mais importante no escorregamento.

2.2.2 Efeitos de vibrações

Agentes, como terremotos, o bater das ondas, explosões, tráfego pesado, cravação de estacas e operação de máquinas pesadas, transmitem, invariavelmente, vibrações ao substrato. Máquinas pesadas induzem, nos solos que lhes servem de fundação, vibrações de alta freqüência. Como a aceleração, fator principal da força nociva resultante das vibrações, é proporcional ao quadro da freqüência ($a = 4\pi^2 f^2 A$, onde a, aceleração; f, freqüência; e A, amplitude de vibração), pode atingir assim valores consideráveis. Nos abalos sísmicos, ao contrário, a freqüência é baixa e predomina na aceleração do movimento a amplitude da vibração, podendo eles se tornarem desastrosos quando a amplitude ultrapassa certos limites.

Um dos maiores especialistas no assunto é H. B. Seed, que tem se dedicado especialmente à análise do comportamento de solos sujeitos ao efeito de terremotos. Durante um terremoto (Seed, 330, p. 1 059), um elemento de solo dentro de um talude está sujeito a uma série de tensões cisalhantes alternadas, que variam em magnitude de uma maneira um tanto fortuita. Acrescente-se a isso o fato de que este elemento de solo, situado abaixo da superfície do talude, está sujeito a um estado inicial de tensões cisalhantes, provenientes da própria posição que ocupa no interior do talude. Assim, dependendo da magnitude relativa das tensões iniciais e das tensões cíclicas introduzidas pelo terremoto, o elemento de solo estará sujeito a um determinado tipo de carregamento. Se uma fração de areia saturada estiver sujeita a condições de carregamento cíclico, poderá permanecer estável por um certo número de ciclos enquanto as pressões neutras no interior do solo crescem progressivamente e então perdem bruscamente toda sua resistência, com o desenvolvimento concomitante de pressões neutras tão elevadas quanto a pressão de

Agentes e causas de movimentos de massas

confinamento correspondente. Esta perda de resistência total e a capacidade de a areia se movimentar como um fluido são conhecidas como* *liquefação*.

Como já foi visto no item 1.5.2.2, o processo de liquefação não é exclusivo de abalos sísmicos, podendo resultar de uma série de outros fatores. Os materiais mais sensíveis à liquefação são os não-coesivos, em particular areias finas e siltes, quando saturados ou submersos. Dados laboratoriais parecem indicar que um aumento na fração argilosa de um solo reduz as possibilidades de ocorrências da liquefação. De fato, os materiais mais estáveis quanto à liquefação são as argilas plásticas de baixa sensibilidade, areias densas situadas acima ou abaixo do nível do lençol freático e areias soltas acima do lençol. Para areias saturadas, o possível desenvolvimento do processo de liquefação sob condições de carregamento cíclico, depende: 1) da magnitude das tensões, ou deformações, cíclicas; 2) do número de ciclos de tensão ou deformação; 3) da densidade inicial; 4) da pressão de confinamento; 5) do estado inicial de tensões de cisalhamento. Como era de esperar, quanto maior a magnitude das tensões cíclicas aplicadas, menor o número de ciclos necessários à indução da liquefação. Entretanto, essa magnitude necessária a desfechar o fenômeno aumenta rapidamente com o aumento da densidade inicial da areia. Isso quer dizer que, quanto maior for a pressão de confinamento e maior a densidade da areia, mais difícil será o desencadeamento do processo de liquefação. Como regra prática, Seed julga que dificilmente o processo possa ocorrer em profundidades superiores a 30 m. Provavelmente, a liquefação iria inicialmente se desenvolver em profundidades menores e se propagar em maiores profundidades, como resultado de um mecanismo de ruptura progressiva.

Finalmente, ensaios de laboratório mostram (Seed, 330, p. 1 063) que, quanto maior for a relação inicial entre tensões cisalhantes e pressões de confinamento atuando numa superfície horizontal de um elemento de solo, maior deverá ser a tensão cíclica de cisalhamento horizontal necessária a induzir liquefação, dentro de um certo número de ciclos.

2.2.3 Mudanças naturais na inclinação das encostas

Há, na crosta terrestre, processos orogenéticos onde cadeias montanhosas sofrem lentas e contínuas mudanças estruturais. As formas mais evidentes resultam de movimentos tectônicos que mobilizaram corpos de estruturas dobradas, conduzindo-os muitas vezes a fenômenos de desequilíbrio (Záruba e Mencl, 340, p. 86). As formas mais conhecidas são cadeias montanhosas, como os Andes, os Alpes, os Apeninos, o Himalaia, os Cárpatos. Outras ocorrências há, de menor grau de evidência, que interessam de perto o território brasileiro. Trata-se de evidências de tectonismo recente na Serra do Mar, observadas por Fúlfaro e Ponçano (32). Sob tais condições, as encostas montanhosas sofrem contínuas mudanças de inclinação, o que resulta no aparecimento de fenômenos de instabilidade.

A Fig. 39 (Giannini, *in* Záruba e Mencl, 340) apresenta o exemplo de um escorregamento translacional, também chamado *escorregamento gravitacional*, ocorrido nos Apeninos, onde um complexo arenítico do Oligoceno deslizou ao longo de uma camada de argilas variegadas.

2.3 CAUSAS INTERMEDIÁRIAS

2.3.1 Elevação do nível piezométrico em massas "homogêneas"

Numa massa saturada de rocha intensamente fraturada, solo ou sedimento, a água que ocupa os vazios se acha sob pressão. Trata-se de massas com certo

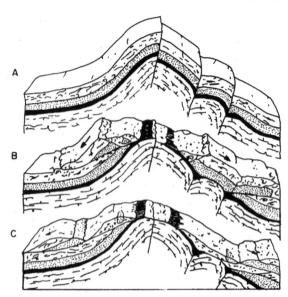

Figura 39 Desenvolvimento de um escorregamento gravitacional; seqüência estratigráfica da superfície para o interior: argilas estratificadas, arenitos, argilas vermelhas e calcários silicosos. (A) soerguimento de uma dobra falhada; (B) escorregamento gravitacional da parte superior da dobra ao longo da camada argilosa; (C) estágio final, após desnudamento parcial (Giannini, *in* Záruba e Mencl, 340)

caráter de homogeneidade e este caráter, no caso da massa rochosa, é fornecido pelo grau intenso de fraturamento. Consideremos (Terzaghi, 334, p. 9):

p = pressão num ponto P da superfície potencial de escorregamento, devida ao peso dos sólidos e da água acima da superfície
h = altura piezométrica neste ponto
γ_a = peso específico da água
ϕ = ângulo de atrito na superfície de escorregamento

Considerando a relação entre essas quatro quantidades, a Mecânica dos Solos conduz às seguintes conclusões: se a superfície potencial de escorregamento se situa numa camada de areia ou silte, a resistência ao cisalhamento s por unidade de área, no ponto de observação, será igual a:

$$s = (p - \gamma_a h) \, \text{tg} \, \phi$$

portanto, se a superfície piezométrica se eleva, o valor h cresce e a resistência ao cisalhamento s decresce, podendo até se tornar igual a zero. A ação da pressão da água $\gamma_a h$ pode ser comparada à de um macaco hidráulico. Quanto maior for $\gamma_a h$, maior será a parcela de peso total do material sobrejacente "carregado" pela água, e, no instante em que $\gamma_a h$ se tornar igual a p, o material de recobrimento passará a "flutuar". Se o material possuir coesão c por unidade de área, sua resistência ao cisalhamento será igual à soma de s com o valor da coesão, donde

$$s = c + (p - \gamma_a h) \, \text{tg} \, \phi$$

O princípio aqui expresso de maneira simples pode ser aplicado a massas de permeabilidade relativamente elevada, capazes de apresentar uma subida relativamente uniforme da linha piezométrica em seu interior, durante períodos de elevada pluviosidade.

Agentes e causas de movimentos de massas

2.3.2 Elevação da coluna de água em descontinuidades

Blocos ou massas rochosas de baixa permeabilidade intrínseca, separados por juntas, diáclases, planos de fraqueza, de razoável continuidade lateral, sofrem, por sua vez, o efeito de elevação da coluna de água. A diferença com o caso anterior é que o processo, devido ao caráter impermeável da rocha, se passa no exterior da massa. A pressão da água no maciço rochoso age perpendicularmente aos planos das descontinuidades. Quando o maciço rochoso é intensamente fraturado, em diversas direções, a pressão da água no interior da massa rochosa pode ser tratada de maneira análoga à utilizada no caso de massas de solo, reconhecendo-se nela certa continuidade e regularidade. Entretanto, no caso de maciços rochosos pouco fraturados, a distribuição de pressões da água se fará aleatoriamente ao longo das descontinuidades. A Fig. 40 (Patton e Deere, 323, p. 35) mostra as possíveis diferenças de pressão existentes no interior de um talude deste tipo: a magnitude da força P_b, devida à pressão hidrostática sobre a junta *bb*, é muitas vezes maior que a força P_a, que age sobre a junta *aa*. A figura ilustra também as dificuldades encontradas na obtenção de dados representativos em meios rochosos.

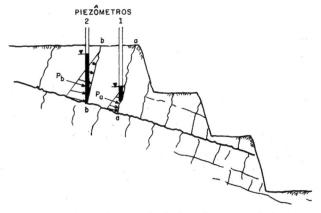

Figura 40   No interior do maciço rochoso, a distribuição de pressões da água, mesmo em continuidades contíguas, pode ser totalmente aleatória (Patton e Deere, 323)

O nível de água subterrâneo sofre flutuações muito mais bruscas em meios rochosos contíguos a taludes do que em meios terrosos, em virtude da baixa porosidade da matriz rochosa. A Fig. 41 mostra os efeitos (Patton e Deere, 323, p. 35), sobre o lençol subterrâneo, de uma chuva de 25 mm que se infiltre totalmente no interior de um talude, seja no meio poroso de solo, seja no meio rochoso.

No solo, a chuva provocará uma elevação do lençol subterrâneo de 75 a 250 mm, admitindo porosidades de 33% e 10%, respectivamente. Entretanto, a mesma chuva, num talude rochoso, provocará uma elevação do lençol freático da ordem de metros ou, até mesmo, de dezena de metros.

A pressão da água ao longo de uma descontinuidade cresce linearmente com a profundidade e a força total V, devida a essa pressão sobre a face montante do bloco, ou da massa rochosa, atua ao longo do eventual plano inclinado de apoio. A Fig. 42 (Hoek e Bray, 340, p. 26) ilustra o caso. Admitindo que a pressão da água se transmita ao longo da base da massa, disso resultará uma força de subpressão, que reduzirá a força normal que atua sobre esta base. O processo é análogo ao que se passa na massa de solo vista anteriormente. As condições de equilíbrio-limite da massa de peso P, neste caso, são definidas pela equação:

$$P \operatorname{sen} i + V = cA + (P \cos i - U) \operatorname{tg} \phi$$

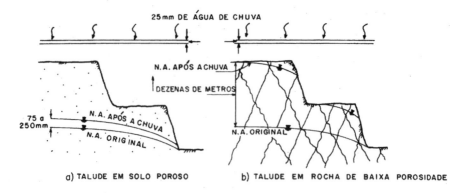

Figura 41 Comparação dos efeitos sobre o lençol de água subterrâneo de uma chuva sobre um maciço terroso (lado esquerdo) e rochoso (lado direito) (Patton e Deere, 323)

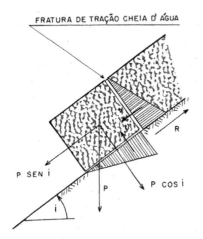

Figura 42 Hipóteses de transmissão de pressão da água ao longo de fendas de tração e ao longo da base da massa rochosa. Os triângulos hachurados representam os diagramas de distribuição de tais pressões (Hoek e Bray, 308)

Observe-se que as duas forças U e V, resultantes de um aumento da coluna de água a montante da massa rochosa, tendem a diminuir sua estabilidade. Mesmo que as pressões da água envolvidas sejam reduzidas, podem atuar sobre grandes áreas, resultando em forças elevadas.

Detalhes geológicos aparentemente pouco significativos podem ter efeitos apreciáveis sobre a distribuição de pressões da água nas descontinuidades e, conseqüentemente, sobre a estabilidade do talude. Dentro de um mesmo modelo geométrico, variações locais de permeabilidade podem ser determinantes. A Fig. 32, geométrico, variações locais de permeabilidade podem ser determinantes. A Fig. 43, por exemplo (Patton e Deere, 323, p. 145), mostra dois diagramas onde a única embaixo do primeiro bloco (1) na figura da esquerda e é relativamente estanque na figura da direita. Isso provoca relevantes diferenças na distribuição de pressões hidrostáticas sobre os blocos. Os dois autores avaliaram as condições de estabilidade das duas situações, admitindo os seguintes parâmetros básicos: ângulo de atrito ao longo do plano PQ igual a 35°; peso específico da rocha igual a 2,56 g/cm^3; plano de movimentação (PQ) com inclinação de 20°; distribuição de pressões conforme mostram as duas figuras. Os blocos rochosos foram analisados, ora isolados, ora em conjunto, resultando nos fatores de segurança visíveis abaixo das figuras.

Agentes e causas de movimentos de massas

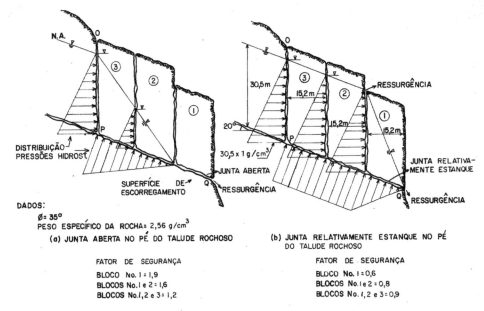

Figura 43 Detalhes geológicos secundários podem induzir grandes diferenças no comportamento de maciços: na figura, as variações na estanqueidade de uma junta ocasionam diagramas diferentes de desenvolvimento de subpressões (Patton e Deere, 323)

A figura da direita mostra, entre outras coisas, que, em casos de relativa estanqueidade de descontinuidades em posições críticas, aos efeitos do desenvolvimento de subpressões, as hipóteses de cálculo podem se afastar sensivelmente das convencionais. Observa-se, de fato, como o diagrama de subpressões, geralmente representado por uma distribuição triangular, passa a se desenvolver segundo uma forma trapezoidal, só vindo a cair nas proximidades do afloramento da junta, lado jusante.

2.3.3 Rebaixamento rápido do lençol freático

A expressão se refere a abaixamentos de água numa razão de pelo menos 1 m por dia, caso comum em reservatórios de barragens ou nas margens fluviais após uma enchente. A Fig. 44 ilustra o mecanismo de desenvolvimento do fenômeno descrito por Terzaghi (334, p. 15). Se o nível de uma massa de água sofre rebaixamento lento, no interior de um talude, o lençol de água permanecerá aproximadamente horizontal. Em (b) está representada esta condição de rebaixamento lento, com superfície piezométrica próxima à base do talude. A resistência média ao cisalhamento s do material, nas proximidades da superfície potencial de escorregamento ac, é dada por:

$$s = c + \Sigma (p_i - \gamma_a h_i) \, \text{tg} \, \phi.$$

sendo $(p_i - \gamma_a h_i)$ a pressão efetiva atuante em cada elemento de espessura unitária da superfície de ruptura.

Por outro lado, se o rebaixamento for rápido, a descida da superfície piezométrica não acompanhará a do nível de água livre e, ao fim do processo, esta superfície estará acima do pé do talude, como indicado em (c), interceptando a superfície potencial de escorregamento num ponto muito acima do ponto d da figura (b).

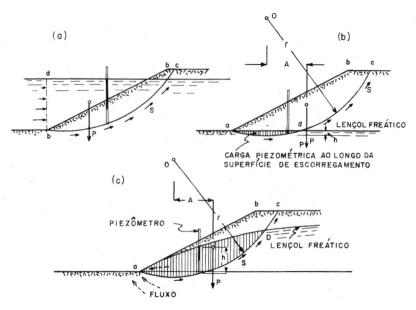

Figura 44   Diagramas mostrando o efeito do rebaixamento rápido do nível de água sobre a estabilidade de taludes temporariamente submersos (Terzaghi, 334)

As áreas hachuradas em (b) e (c) equivalem à pressão total da água que atua sobre a superfície de escorregamento *ac* nos dois casos. Como a pressão total da água no caso do rebaixamento rápido é muito maior que no caso do rebaixamento lento, a pressão efetiva atuante será menor, diminuindo assim as forças resistentes ao escorregamento e, conseqüentemente, o fator de segurança do mesmo. Isso significa que, mesmo que um talude tenha se conservado estável com grande número de rebaixamentos lentos, poderá sofrer colapso após um rápido. Escorregamentos provocados por rebaixamentos rápidos são muito comuns e afetam principalmente sedimentos compreendidos entre areias e argilas.

2.3.4   Erosão subterrânea retrogressiva (*piping*)

A água que percola no interior de um talude exerce, em virtude de sua viscosidade, uma pressão sobre as partículas de solo, conhecida como *pressão de percolação*. Esta pressão atua na direção do fluxo e sua intensidade cresce proporcionalmente à velocidade de percolação (Terzaghi, 334, p. 18).

No interior da massa, o fenômeno se processa da forma exposta a seguir. Admitindo-se um fluxo de água num meio arenoso, conforme mostra a Fig. 45, a percolação desta água, por entre os vazios intergranulares, se fará superando uma resistência devida a sua própria viscosidade. Disso resulta uma redução da carga piezométrica Δh (Záruba e Mencl, 340, p. 56) e a diferença de pressão será transferida aos grãos do solo. Se o percurso na direção do fluxo for Δl (cm) e a queda da altura piezométrica, Δh (cm), o fluxo de água exercerá sobre os grãos uma pressão $\Delta h/\Delta l$ (g/cm^2) por volume unitário de solo, onde esta relação é o gradiente hidráulico na direção do fluxo. Desta relação, é evidente que a pressão resultante da percolação da água sobre o solo será proporcionalmente maior quanto maior for a diferença de carga numa certa distância horizontal. No pé de um talude, a velocidade de percolação e a pressão de percolação correspondente são muito

Figura 45 Representação da pressão atuante sobre partículas de solo arenoso num meio sujeito a um fluxo de água (Záruba e Mencl, 340)

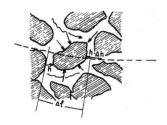

maiores que na parte superior do talude e a pressão de percolação tenderá a provocar a movimentação de partículas de solo com maior intensidade ao longo das linhas de fluxo que se dirigem para o pé do talude.

A tendência ao arraste de partículas é obviamente maior em solos desprovidos de coesão, ou de baixa coesão. Entre esses, as areias finas são mais sensíveis que areias grossas ou pedregulhos. Nestes últimos materiais, o arranjo entre grãos, com presença de grandes vazios, favorece o fluxo de água e impede que se estabeleçam gradientes elevados, resultando daí menor tendência ao arraste de partículas.

Como conseqüência deste processo, no pé do talude se atinge mais facilmente uma situação de desequilíbrio, por arraste de partículas, do que nas partes superiores, mas, uma vez que a base do talude tenha entrado em colapso, a parte superior cederá por perda de apoio. Se o colapso do talude não for imediato, poderá se desenvolver, inclinando-se na base do talude, uma cavidade alongada de seção circular resultante do avanço do processo de erosão retrogressivo. Este mecanismo aparecerá, com maior freqüência, em pontos de concentração das linhas de fluxo, devido à existência de heterogeneidades no interior do talude ou em sua base.

Esquematicamente, pode-se representar a ocorrência de um caso de erosão subterrânea retrogressiva pela Fig. 46, extraída de Záruba e Mencl (340, p. 57).

Ao longo de uma estrada de ferro, um corte em talude natural expôs uma camada de areia, testemunho da existência de um terraço fluvial posteriormente soterrado por uma camada impermeável argilosa. De início, apareceram algumas ressurgências de água na camada de areia aflorante no corte. Após algum tempo, um entalhe de camada argilosa superior, feito para construção de uma nova estrada e desprovido de sistema de drenagem, provocou após uma pesada chuva infiltração de água nas areias, acabando por removê-las e depositando-as em forma de leque dentro do corte inferior.

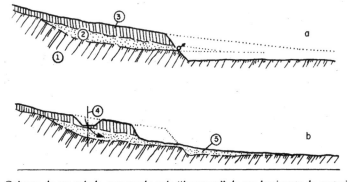

Figura 46 Colapso de um talude provocado pela "lavagem" de um horizonte de material arenoso: 1) folhelhos, 2) areias finas, 3) margas, 4) corte para uma rodovia, 5) areias finas depositadas em leque. O estágio (a) permaneceu estável por dois anos até que a camada de margas foi cortada pela escavação (b) (Záruba e Mencl, 340)

2.3.5 Diminuição do efeito de coesão aparente

A presença de água intersticial em solos, mesmo em materiais perfeitamente não-coesivos, como as areias finas e limpas, pode conferir, por efeito de pressão capilar, características de materiais coesivos (Terzaghi e Peck, 336, p. 148). Como a coesão de tais solos desaparece completamente após imersão, ou após secagem, ela é chamada de coesão aparente.

Nessas condições, uma areia siltosa, fina e um pouco úmida pode formar taludes verticais, estáveis, em alturas superiores a 10 m, fato este observável em muitas cavas de areia. A estabilidade desses taludes requer a existência, no material que o constitui, de uma grande área de contato entre ar e partículas de água constituintes dos meniscos que fornecem a coesão aparente ao solo (Terzaghi, 334, p. 18). A experiência mostra que a água que percola ao longo de encostas íngremes, durante chuvas pesadas, não desloca suficiente quantidade de ar de modo a destruir a coesão aparente de areias e siltes. Se, entretanto, a água passar a percolar em grande quantidade e sem interrupção na massa de solo, o ar será quase completamente expulso, a coesão aparente eliminada e o talude entrará em colapso. Um caso de ruptura semelhante ocorre quando taludes íngremes de areia fina ou silte são submersos, pela primeira vez, por ocasião do enchimento de reservatórios artificiais.

2.4 ATUAÇÃO DA COBERTURA VEGETAL

2.4.1 Ação específica dos componentes da floresta

Existe um consenso generalizado de que as florestas desempenham um importante papel na proteção do solo e de que o desmatamento pode propiciar não somente o aparecimento de erosão, mas também de movimentos coletivos de solos. Tal senso comum encontra-se nas opiniões da maioria quase absoluta de autores consultados e também de populações cuja atividade esteja ligada à exploração ou ocupação de encostas.

De um modo global, a atuação da floresta se dá no sentido de reduzir a intensidade da ação dos agentes do clima no maciço natural, assim favorecendo a estabilidade das encostas. Ver, a propósito, o trabalho de Prandini e outros (202).

A ação específica dos diversos componentes da cobertura florestal pode ser exposta como segue:

1. O conjunto das copas e demais partes aéreas da floresta atua de três modos principais:

a) interceptando e defendendo o maciço da ação dos raios solares, dos ventos e da chuva. Os efeitos diretos desta proteção se dão no sentido de evitar bruscas variações na umidade e temperatura do solo da encosta, com claras vantagens do ponto de vista da estabilidade,

b) retendo substancial volume d'água da chuva, através do molhamento da ampla superfície de folhagem, galhos, troncos e epífitas associadas. A eliminação desta água retida, na forma de vapor, equivale, na prática, a uma redução de igual volume na pluviosidade da área, em termos de volume de água que atinge o terreno,

c) eliminando, na forma de vapor, grande volume d'água excedente do metabolismo vegetal, por meio da evapotranspiração. A parcela assim subtraída da água de infiltração reduz de modo benéfico a infiltração efetiva no maciço.

2. Os detritos vegetais, em contínua acumulação no terreno da floresta, atuam hidraulicamente sob três modalidades principais:

a) imobilizando boa parte da água que atinge o terreno, através de sua alta capacidade de retenção, sendo este efeito tanto mais significativo quanto mais espessa for a camada,

b) promovendo, juntamente com o sistema radicular de desenvolvimento superficial, o escoamento hipodérmico, graças a sua estrutura acamada, resultante da suave deposição de fragmentos planares e alongados,

c) frenando o escoamento superficial, em condições de máxima pluviosidade, permitindo assim a adução desta parcela de água para o regime de escoamento hipodérmico, e evitando os efeitos erosivos que poderiam comprometer a estabilidade. Nesta atuação, a camada de detritos alia-se à presença dos troncos e porções superficiais de raízes reptantes e tabulares.

3. O sistema radicular promove a estabilização das encostas atuando sob dois aspectos principais, mecânico e hidráulico:

a) o aspecto mecânico pode se manifestar, diretamente, através da estruturação do solo, conferindo a este um acréscimo substancial de resistência ao cisalhamento e, indiretamente, através da continuidade de sua estrutura, verdadeira malha, que distribui na encosta as tensões originadas em pontos críticos.

b) o aspecto hidráulico pode se manifestar, diretamente, através do estabelecimento de escoamento hipodérmico, que desvia e/ou reduz a intensidade da infiltração efetiva no maciço. Indiretamente, como parte da ação biológica, o sistema promove a sucção, com dois efeitos benéficos: criação de pressões neutras negativas, aumentando, assim, a coesão do solo e, finalmente, subtraindo, por sua vez, parte da água destinada à infiltração efetiva no maciço.

Para possibilitar uma visualização dos efeitos específicos dos componentes da cobertura vegetal, procura-se representar, na figura 47, os elementos que integram o balanço hídrico de uma encosta florestada.

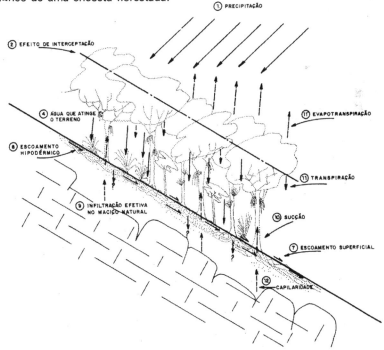

Figura 47 — Principais componentes do balanço hídrico de uma encosta florestada (Prandini e outros, 202)

64 *Estabilidade de taludes naturais e de escavação*

A infiltração efetiva no maciço que, percolando-o no sentido descendente e tendendo a saturá-lo, em última análise, é responsável pela estabilidade do próprio maciço, pode ser definida pela relação paramétrica $9 = 5 - 8 - 11$, onde 5 é a infiltração total, 8 é o escoamento hipodérmico e 11 é a evapotranspiração. Por sua vez, a chamada infiltração total pode ser compreendida como sendo $5 = 4 - 7$, isto é, a água que atinge o terreno, diminuída da parcela de escoamento superficial. Como admite a quase-totalidade de autores consultados, o escoamento superficial é desprezível nas condições de florestas pluviais de encosta; logo, pode-se admitir como de infiltração toda a água que atinge o terreno. Destaca-se, deste modo, o importante efeito de interceptação exercido pela floresta.

Segundo Sternberg (258) o dossel de folhas intercepta, em média, 10 a 25% da precipitação e, durante chuviscos de pequena duração, chega a deter 100 por cento da chuva caída. Esta água é diretamente evaporada, não atingindo o solo, o que equivale a reduzir a pluviosidade de uma região de uma idêntica proporção.

A cobertura vegetal tem sido considerada como fator de estabilização de encostas não somente em relação à consumação de grandes escorregamentos, como também em relação a movimentos lentos de rastejo.

Um outro efeito benéfico da cobertura vegetal é a limitação da área atingida por escorregamentos, através da retenção da massa escorregada. O seu efeito frenador e dissipador de energia do material em deslocamento circunscreve a área afetada, minimizando os danos em terrenos situados a jusante do escorregamento. O efeito protetor da floresta, neste caso, se manifesta não só defendendo do impacto estruturas, obras civis ou ocupação agrícola a jusante, como também minimizando o assoreamento dos talvégues, através da fixação dos materiais deslocados. A eficiência do efeito de retenção nem sempre é total, como, por exemplo, no caso de avalanches, quando são ultrapassados os limites críticos de declividade, por força da grande energia do movimento.

2.4.2 Efeitos de desmatamento

O desmatamento de uma encosta implica numa série de fatores que tendem a reduzir o coeficiente de segurança desta mesma encosta. Tais fatores são, resumidamente:

a) cessação imediata do efeito estabilizador da floresta, como um todo, sobre as variações térmicas e climáticas, com evidentes reflexos negativos no comportamento dos solos frente às novas taxas de trabalho,

b) cessação imediata de todos os efeitos das partes aéreas: interceptação, retenção e evapotranspiração, com evidentes acréscimos na quantidade de água que atinge o terreno e na de infiltração,

c) perda, a curto prazo, por calcinação e erosão, dos efeitos da camada superficial de detritos (retenção, indução no escoamento hipodérmico e retardamento do escoamento superficial), incrementando a erosão e facilitando a infiltração,

d) elevação do lençol freático, como consequência da eliminação da atividade de evapotranspiração da cobertura vegetal, com possíveis reflexos no grau de saturação do solo superficial e aumento do peso,

e) perda, a médio prazo, dos efeitos mecânicos do sistema radicular, por deterioração dos tecidos vegetais, terminando por reduzir grandemente a coesão aparente induzida e, conseqüentemente, a própria resistência ao cisalhamento do maciço em questão.

O vínculo entre desmatamento e movimentos de massas tem sido objeto de diversos estudos e ensaios efetuados em condições climáticas temperadas, sendo escassas as observações em meio tropical. Bishop e Stevens (in Gray, 302) ao investigarem áreas no sudeste do Alaska, verificaram um grande aumento na freqüência dos escorregamentos e na área por eles afetada, após a derrubada de árvores, como mostra a figura 48.

Os dois autores creditam a aceleração na frequência dos escorregamentos à deterioração e destruição gradual do sistema de raízes entrelaçadas. Em apoio a esta afirma-

Agentes e causas de movimentos de massas

tiva, citam o lapso de tempo decorrido entre a derrubada de àrvores e os escorregamentos. Observaram também que (lado inferior da figura 48), apesar de elevado grau de correlação direta entre escorregamentos e intensidade de chuvas, houve menos escorregamentos em 1959, quando a pluviosidade foi elevada, do que em 1961, quando ela foi baixa.

Soares e outros (254) e Ponçano e outros (196) observaram fatos semelhantes ocorridos na Serra de Maranguape, Ceará, por ocasião de escorregamentos catastróficos em abril/maio de 1974). Apesar do elevado índice de pluviosidade registrado por ocasião dos escorregamentos, os registros indicam terem ocorrido, nos anos de 1912, 1917 e 1949, precipitações maiores sem que, contudo, naquelas ocasiões fossem registrados escorregamentos. Grande desmatamento ocorreu naquelas encostas na década de 60 e início da

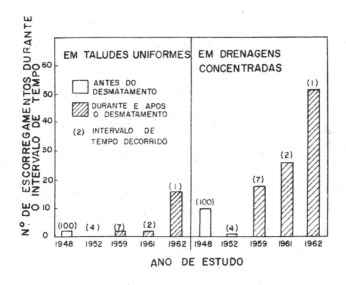

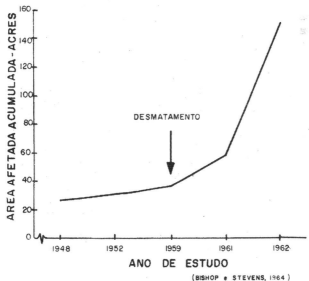

Figura 48 — Correlação entre desmatamento de encostas e a ocorrência de escorregamentos (Bishop e Stevens in Gray, 302)

década de 70. Os grandes eventos de escorregamentos (1974) estariam ligados à destruição do sistema radicular desenvolvido pela antiga mata.

O sistema radicular das matas das encostas faz com que os vazios entre os blocos de rocha, que compõem os solos superficiais, sejam literalmente preenchidos por raízes, que os envolvem e mergulham para níveis inferiores.

Evidencia-se, assim, uma verdadeira malha de tecido lenhoso que amarra os blocos e estrutura os solos coluviais, mas que irá se desintegrar, ao cabo de um curto espaço de tempo, com o desaparecimento da floresta.

Uma linha experimental sobre o reforço mecânico pelo sistema de raízes tem sido seguida por Endo e Tsuruta, que determinaram seu efeito de reforço sobre a resistência de solos através de ensaios de cisalhamento "in situ", em blocos moldados em solos contendo raízes vivas. Os resultados obtidos mostraram um incremento de resistência diretamente proporcional à densidade de raízes existentes. O aumento de resistência é atribuído a um aumento da coesão aparente do solo. O ângulo de atrito interno não resultou sensivelmente afetado nos ensaios realizados. A figura 49 mostra os resultados obtidos pelos dois autores.

Observam-se, aí, aumentos percentuais de resistência muito elevados, para valores baixos de tensão normal.

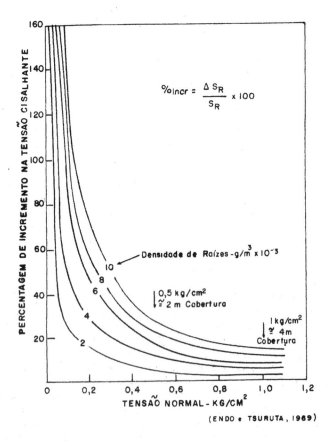

Figura 49 — Influência do sistema radicular na resistência ao corte de massas de solo (Endo e Tsuruta, in Gray, 302)

Agentes e causas de movimentos de massas

Manbeian (in Gray, 302) investigou, de modo semelhante, o efeito de raízes na resistência do solo, desta vez em laboratório, em amostras também portadoras de sistemas de raízes vivas. Seus resultados mostram que as resistências de pico e residual foram, em geral, aumentadas de duas a quatro vezes, respectivamente, pela presença de raízes. Tais resultados se referem exclusivamente à ação de reforço mecânico, pois qualquer aumento de resistência atribuível à sucção em solos foi eliminado, saturando-se as amostras antes dos ensaios. Manbeian conclui, a partir de suas experiências, que a intensidade da contribuição das raízes à resistência é função dos efeitos combinados de densidade de raízes, seu tamanho, resistência à tração das próprias raízes, forma das mesmas e tipo de vegetação.

Com relação ao tempo de deterioração do sistema radicular após o desmatamento, os diversos autores indicam intervalos diferenciais. Isto deve-se, provavelmente, entre outras variáveis, à composição florística em questão, ao clima reinante e às evidências utilizadas na análise da questão. Segundo Bishop e Stevens (in Gray) o prazo ao cabo do qual o sistema de raízes se decompõe, de forma que os taludes atinjam seu ponto crítico de resistência, é da ordem de quatro a cinco anos. Rice e Krammes (in Gray) sugerem uma taxa de deterioração mais lenta, da ordem de uma quinzena de anos, apoiando seu ponto de vista em observações em áreas na costa da Califórnia. Soares e outros (254) e Ponçano e outros (196) verificaram, na serra de Maranguape, a ocorrência de períodos de cerca de três anos entre a fase de desmatamento e o desencadeamento de movimentos de massas em algumas áreas.

2.4.3 A Legislação brasileira e a proteção das encostas

As relações entre a cobertura vegetal e a estabilidade das encostas são, entre outras preocupações de ordem conservacionista, motivo de dispositivos legais contidos na Legislação Florestal Brasileira. Assim, o novo Código Florestal Brasileiro (Lei n.º 4771 de 15/09/65, institui, no seu 2.º Artigo, como "de preservação permanente, pelo só efeito desta Lei, as florestas e demais formas de vegetação natural situadas": "no topo de morros, montes, montanhas e nas encostas ou partes destas com declividade superior a 45°" (alíneas d e e). Mais genericamente, a referida Lei, no seu 3.º Artigo, institui como de "preservação permanente, quando assim declaradas por ato do Poder Público, as florestas e demais formas de vegetação natural destinadas": "a atenuar a erosão de terras"; "a assegurar condições de bem-estar público" (alíneas a e h). A mesma Lei, no seu Artigo 10, proíbe a derrubada de florestas "em áreas de inclinação entre 25 e 45 graus, só sendo nelas tolerada a extração de toros, quando em regimes de utilização racional".

Quanto à propriedade privada da terra, além da obrigatoriedade de conservação das florestas que estejam sujeitas a regime de preservação permanente, a referida Lei estabelece que, sendo "necessário o florestamento ou reflorestamento de preservação permanente, o Poder Público Federal poderá fazê-lo sem desapropriá-las, se não o fizer o proprietário".

Para diversas regiões brasileiras, o código florestal especifica porcentagem em área de propriedades privadas, onde a manutenção da floresta é obrigatória.

No tocante à ocupação urbana ou outras obras civis de encostas, morros e demais terrenos inclinados, cabe dizer que no antigo Estado da Guanabara (ex-Distrito Federal), o Poder Público, motivado pelos tradicionais escorregamentos dos morros cariocas, tem acumulado extensa legislação sobre a matéria. Tal regulamentação procura reduzir ao menor número possível os acidentes a que estão sujeitas edificações e obras públicas, construídas em aclives. A lei estabelece normas para movimentação de terra, arrimo e consolidação de encostas e institui um organismo responsável pela orientação, fiscalização e, em certos casos, execução de obras, onde a instabilidade dos terrenos possa ameaçar a vida humana ou o acervo paisagístico de modo geral. Como medida preventiva genérica, são estabelecidas inúmeras áreas "non aedificandi" em reservas florestais, tanto na zona urbana e suburbana quanto na rural. Além dos critérios preservacionistas que defendem a conservação da floresta marginal a cursos d'água em geral, a posição topográfica e o declive dos terrenos são critérios usados na fixação de reservas florestais. Assim, na zona rural (mesmo em sua porção sujeita à expansão urbana), fica fixada como reserva florestal "toda área situada acima da curva de nível de 80,00 m..., nas elevações menores que a referida cota de 80,00 (oitenta metros) e de declividade superior a 15% (8°31')..., toda área de cumeada acima da cota definida pelo ponto situado sobre a linha de maior declive e que diste do cume uma distância equivalente a 1/3 (um terço) da cota desta ao nível do mar" (Alínea A do art. 23 de Lei 948/59 do Governo da Guanabara). Nas zonas urbana e suburbana, a mesma Lei determina inúmeras reservas florestais, usando como critério básico a preexistência de matas em terrenos de difícil acesso nos morros cariocas.

CAPÍTULO 3

FATORES GEOLÓGICOS E GEOMECÂNICOS SIGNIFICATIVOS

"There is one major advantage to *in situ* shear testing which should not be overlooked and this is that the engineers and geologists responsible for carrying out the test are forced into long and intimate contact with the rock. There is no better classroom in which to learn practical rock engineering than the field and a few weeks spent carrying out *in situ* shear tests is worth a year spent in the laboratory"

Evert Hoek e John Bray, *in Rock Slope Engineering*, p. 89, 1974

Em geral, maciços rochosos apresentam anisotropia, em suas características de resistência, permeabilidade e deformabilidade, em muito maior grau do que maciços terrosos. Dois grandes grupos de fatores geológicos diferenciam, assim, os problemas de estabilidade em solos daqueles em rochas: um grupo diz respeito à inevitável presença de "defeitos" estruturais contidos nas massas rochosas, que resultam em problemas de resistência; outro grupo diz respeito às condições de percolação da água no interior de massas rochosas, muito mais irregulares que no interior de massas terrosas. Observe-se que tais condições críticas de percolação da água são um reflexo dos defeitos estruturais contidos no primeiro grupo.

A análise de fatores geológicos e geomecânicos significativos no estudo de movimentos de massas se acha assim voltada, em maior intensidade, para a compreensão do comportamento de massas rochosas.

3.1 ÂNGULO DE ATRITO E COESÃO

As propriedades mais significativas dos materiais, na discussão de problemas de estabilidade, são o ângulo de atrito e a coesão de solos e de rochas.

Ângulo de atrito e coesão são mais facilmente definidos se se acompanhar o que se passa na Fig. 50, que correlaciona tensões normais e tensões tangenciais, num ensaio de cisalhamento direto (Hoek e Bray, 308, p. 22). Visualizam-se aí, esquematicamente, os resultados obtidos numa amostra de rocha que contenha uma descontinuidade e que esteja sendo ensaiada ao longo desta continuidade. A tensão cisalhante τ, necessária para provocar deslizamento, aumenta com o aumento da tensão normal σ. A inclinação da linha que relaciona as duas tensões, normal e cisalhante, define o ângulo de atrito ϕ. Se a descontinuidade for selada,

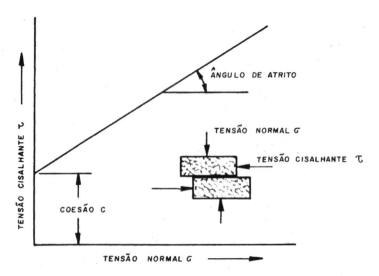

Figura 50 Correlação entre a tensão de cisalhamento τ necessária para produzir escorregamento ao longo da descontinuidade e a tensão normal σ, que atua ao longo da mesma (Hoek e Bray, 308)

ou rugosa, quando a tensão normal for igual a zero, será necessário um determinado valor da tensão cisalhante para provocar movimentação. Este valor inicial da tensão de cisalhamento define a coesão no plano de descontinuidade.

A relação básica entre as duas tensões pode ser definida, para rochas ou solos, como sendo:

$$\tau = c + \sigma \,\mathrm{tg}\, \phi$$

Valores típicos de coesão e ângulo de atrito de solos e rochas se acham relacionados nas tabelas das páginas seguintes. A primeira tabela contém também valores de peso específico.

Muitos fatores provocam mudanças na relação de dependência linear entre tensões normal e cisalhante, indicada na Fig. 50. Esses fatores serão vistos adiante.

A coesão de uma amostra de rocha intata é cerca de duas vezes superior à resistência à tração desta mesma rocha (Hoek e Bray, 308, p. 91). Esta resistência deve ser atribuída às ligações intergranulares e à cimentação dos grãos de origens variadas e pode-se admitir, em cálculos de estabilidade de taludes, que dificilmente esta resistência venha a ser superada. Em massas rochosas, os mais baixos valores de coesão são encontrados ao longo de descontinuidades preexistentes e estes serão, invariavelmente, os parâmetros de maior interesse na análise da estabilidade. Em casos extremos, o valor de coesão poderá chegar a zero e a resistência ao cisalhamento ao longo de descontinuidades dependerá exclusivamente das características de atrito. Nessas condições extremas, o deslizamento de uma massa poderá acontecer tão logo o ângulo de inclinação do plano de apoio i supere o ângulo de atrito ϕ. Os valores lançados nas tabelas das páginas seguintes dão uma idéia da ordem de grandeza que pode ser considerada aos efeitos de avaliações preliminares das condições de estabilidade de um talude, mesmo em materiais não-coesivos. Note-se ainda que, para rochas, se deve assinalar a existência de diferenças significativas no ângulo de atrito, conforme se esteja trabalhando com rocha intata em zona de junta ou, ainda, em zonas já cisalhadas.

Fatores geológicos e geomecânicos significativos

Tabela 1 Valores típicos de ângulo de atrito e coesão obtidos a partir de ensaios de cisalhamento em diversos tipos de rocha e solo (Hoek e Bray, 308)

		PROPRIEDADES TÍPICAS DE SOLOS E ROCHAS					
		PESO ESPECÍFICO	ÂNGULO DE ATRITO				COESÃO
TIPO	MATERIAL	g/cm³	MATERIAL	GRAU	MATERIAL	kg/cm²
NÃO-COESIVO — AREIA	Grossa seca	1,44	Compacto, bem graduado, uniforme	40-45		
	Fina seca	1,60				
	Úmida	1,84	Uniforme, graúda, areia fina ou solta	35-40		
	Muito úmida	1,92	Areia solta, bem graduada	35-40		
			Areia fina seca	30-35		
NÃO-COESIVO — PEDREGULHO	Comum misto	1,76	Comum misto	35-40		
	Fluvial	2,24	Pedregulho	40		
	Solto	1,84	Compacto arenoso	40-45		
	Arenoso	1,92	Solto arenoso	35-40		
NÃO-COESIVO — ROCHA SOLTA	Granito	1,60	Pedra britada ou em fragmentos	35-45		
		2,00				
	Basalto e dolerito	1,76	Giz fragmentado	35-45		
		2,24	Folhelho fragmentado	30-35		
	Calcário e arenito	1,28				
		1,92				
	Giz	1,00				
		1,28				
	Folhelho	1,60				
		2,00				
COESIVO — ARGILA	Seca	1,76	Bloco de argila seca	30	Bloco de argila muito rijo	1,75
	Úmida	1,84	Bloco de argila úmida	40		
	Molhada	1,92	Argila rija	10-20	Argilito rijo	1,50
	Marga arenosa	1,60	Argila mole	5-7	Argila rija	1,00
	Marga	1,76	Preenchimento argiloso	10-20	Argila média	0,50
	Com pedregulho	2,00	Material calcítico de zona de cisalhamento	20-27		
			Material de falha em folhelho	14-22		
COESIVO — COBERTURA	Solo superficial	1,36				
	Solo seco	1,44				
	Solo úmido	1,60	Solo de cobertura	30-35	Solo de cobertura	0,05
	Solo molhado	1,68				0,50
COESIVO — MACIÇO ROCHOSO	Granito	2,61	Granito	30-50	Maciço rochoso de rochas	1,00
	Quartzito	2,61	Quartzito	30-45	duras (granito, pórfiro etc)	3,00
	Arenito	1,95	Arenito	30-45	Maciço de arenito ou	0,50
	Calcário	3,17	Calcário	30-50	calcário	1,50
	Pórfiro	2,58	Pórfiro	30-40	Maciço de folhelho ou	0,25
	Folhelho	2,40	Folhelho	27-45	rochas brandas	1,00
	Giz	1,76	Giz	30-40		

A segunda tabela apresentada mostra essas diferenças no ângulo de atrito para alguns materiais rochosos (Hoek, 307, p. 7). Note-se que, em ambas as tabelas, os ângulos de atrito variam comumente entre 10° e 45°, sendo bastante discutíveis os valores muito discrepantes em relação a esta faixa. Valores discrepantes podem eventualmente resultar da aplicação inadequada de determinadas técnicas de ensaio e critérios interpretativos. A experiência em taludes rochosos mostra que, na maioria das vezes, estes apresentam alguma forma de coesão, real ou aparente, e este fato, por si só, requer um bom conhecimento dos fatores que afetam o parâmetro coesão, pois seu emprego em cálculos de estabilidade influi profundamente nos resultados do coeficiente de segurança.

3.2 INFLUÊNCIA DE IRREGULARIDADES NO CISALHAMENTO

A influência de irregularidades em superfícies de cisalhamento pode ser compreendida visualizando o esquema da Fig. 51 (Hoek e Bray, 308, p. 82). Num corpo de prova contendo um conjunto de dentes, sujeito a um ensaio de cisalhamento, somente poderá haver movimentação se a parte superior do corpo de prova se deslocar, em relação à inferior, ao longo dos planos formados pelos dentes, ou se houver ruptura dos mesmos por cisalhamento. No primeiro caso, a movimentação inicial não será paralela ao plano de aplicação da força cisalhante, mas se efetuará ao longo de uma linha com inclinação i, a inclinação dos dentes. Conseqüentemente,

Tabela 2 Valores de atrito em rochas típicas. Observam-se as diferenças significativas que existem entre rocha intata, juntas e zonas já cisalhadas por ensaios anteriores (Hoek, 307)

Ângulos de atrito aproximados para rochas típicas

Típo de rocha	Rocha intacta ϕ	Junta ϕ	Residual ϕ
Andesito	45°	31-35°	28-30°
Basalto	48-50	47	
Gesso		35-41	
Diorito	53-55		
Granito	50-64		31-33
Grauvaca	45-50		
Calcário	30-60		33-37
Monzonito	48-65		28-32
Pórfiro		40	30-34
Quartzito	64	44	26-34
Arenito	45-50	27-38	25-34
Xisto	26-70		
Folhelho	45-64	37	27-32
Siltito	50	43	
Ardósia	45-60		24-34

Outros materiais	Valores aproximados de ϕ
Argila de preenchimento	10-20°
Zona de cisalhamento com material calcítico	20-27
Material de falha em folhelho	14-22
Brecha dura	22-30
Agregado de rocha dura compactado	40
Enrocamento de rocha dura	38

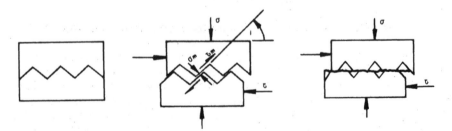

Figura 51 Representação esquemática da influência de irregularidades ao longo de superfícies de cisalhamento (Hoek e Bray, 308)

as tensões normais e cisalhantes podem ser expressas pelas seguintes relações:

$$\tau_m = \tau \cos i - \sigma \, \text{sen} \, i$$
$$\sigma_m = \sigma \cos i + \tau \, \text{sen} \, i$$

Se as tensões normais e cisalhantes mantêm entre si a seguinte relação

$$\tau_m = \sigma_m \, \text{tg} \, \phi,$$

onde ϕ é o ângulo de atrito do material, em ausência do fator coesão, chega-se à expressão

$$\tau = \sigma \, \text{tg} \, (\phi + i)$$

Deve-se a Patton (1966) um estudo aprofundado do assunto, que demonstrou o significado prático desta relação, primeiramente através de ensaios em modelos e a seguir com medidas do ângulo médio de inclinação i a partir de exame de fotografias dos planos de acamamento de taludes instáveis de calcário.

À medida que as tensões normais forem se elevando, o movimento ao longo das irregularidades com inclinação i poderá não mais ocorrer, pois se terá atingido um ponto no qual o movimento passa a se efetuar pela ruptura dos próprios dentes. O processo implica, assim, rupturas da rocha intata e isso introduz um fator que pode ser chamado de intercepto de coesão. A Fig. 52 mostra o comportamento, de maneira esquemática, de um corpo de prova sujeito a um ensaio de cisalhamento nessas condições. Acima de um certo valor das tensões normais, no trecho de reta definido por B, o comportamento perante a ruptura passa a ser definido por:

$$\tau = c + \sigma \, \text{tg} \, \phi$$

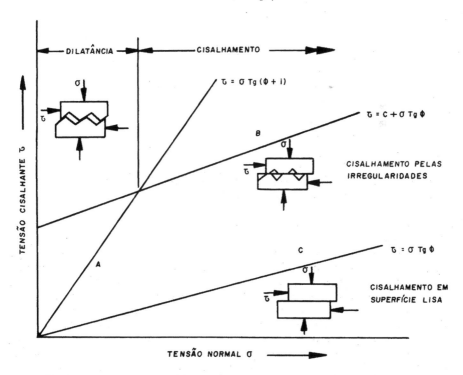

Figura 52 Comportamento esquemático, no ensaio de cisalhamento, de um corpo de prova possuindo irregularidades na superfície de movimentação (Hoek e Bray, 308)

Evidencia-se, assim, a importância de medidas de campo que levem em consideração as irregularidades ao longo de planos de fraqueza estruturais. Distinguem-se, assim, irregularidades de primeira e segunda ordens, em função de sua continuidade. As de primeira ordem, também chamadas *ondulações*, são as de maior continuidade (Fig. 53) e são consideradas como de maior importância do ponto de vista prático, apesar de as de segunda ordem, chamadas *rugosidades*, também desempenharem seu papel em processos de ruptura. Segundo Barton (312), em tensões normais baixas, são as irregularidades de segunda ordem que primeiramente atuam, sendo eliminadas à medida que as tensões aumentam, até que as de primeira ordem passem a prevalecer. Patton e Deere (322) concluem, com base em observações de campo, que as ondulações são mais importantes no controle de comportamento de taludes que já tenham sido alvo de processos de

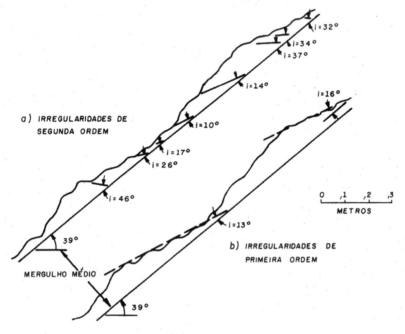

Figura 53 Diferenciação de irregularidades de primeira ordem, ou ondulações, e de segunda ordem, ou rugosidades (Patton e Hendron Jr., 324)

tectonismo e intemperismo, pois, nestes, as rugosidades já terão sido em grande parte eliminadas por tais agentes.

Portanto, em Mecânica de Rochas, assume importância fundamental o conhecimento do comportamento de descontinuidades quanto à sua resistência ao cisalhamento sob diferentes tensões normais. Na realidade, os efeitos de *subida de dentes* e de ruptura dos mesmos são fenômenos que se verificam simultaneamente, com maior ou menor intensidade, dependendo da tensão normal aplicada. Maurer (1966, p. 339) sugeriu, em 1966, que a lei de variação da resistência ao cisalhamento de descontinuidades fosse expressa por $\tau = a\,\sigma^k$, onde a e k são constantes para cada tipo de rocha. Este fato, comprovado por diversos autores, leva a concluir que não é possível, em determinados tipos de materiais, falar em resistência ao cisalhamento baseada em coesão e ângulo de atrito, mas somente em valores de resistência (τ) em dependência da tensão normal (σ). Tais constatações foram muito bem colocadas por Krsmanovic (1966) ao classificar os maciços, quanto à lei $\tau \times \sigma$, em três categorias, constatações essas utilizadas por Hoek e Bray, e expostas a seguir.

3.3 INFLUÊNCIA DOS MATERIAIS DE PREENCHIMENTO NO CISALHAMENTO

Descontinuidades confinadas no interior de uma massa rochosa, provenientes de processo de alteração diferencial, ou falhamento com posterior alteração da caixa de falha, representam elementos estruturais que exercem grande controle sobre as condições de estabilidade de maciços e encostas. Quando a espessura dos materiais de enchimento supera a altura das projeções (dentes) do material rochoso, ou seja, quando o corpo de rocha se apóia sobre o material de preenchimento, sem que haja contato rocha-rocha, a resistência ao cisalhamento da descontinuidade é controlada pelo material de preenchimento, seja em termos de ângulo de atrito, seja em termos de coesão. A Fig. 54 (Hoek e Bray, 308, p. 95) ilustra esta influência. A existência de preenchimento parcial, com pontos de contato rocha-rocha é a que apresenta maior dificuldade de análise. A curva interme-

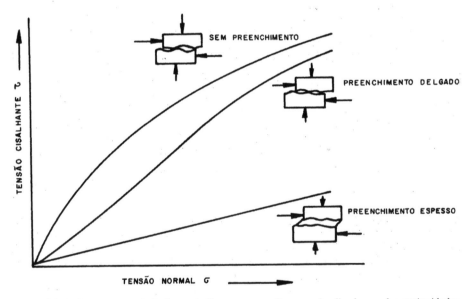

Figura 54 Relação entre resistência ao cisalhamento e tensão normal aplicada, em descontinuidades com diferentes espessuras de materiais de preenchimento (Hoek e Bray, 308)

diária da Fig. 54 sugere que esta descontinuidade, de enchimento parcial, começa se comportando como se fosse o enchimento que controla a resistência. À medida que as tensões normais aumentam, entretanto, o material de enchimento é comprimido e atravessado pelas pontas rochosas e nota-se um aumento na inclinação da curva de ruptura, devido à interpenetração dessas projeções da rocha. Com novo aumento das tensões, há ruptura dessas interpenetrações por cisalhamento, e a descontinuidade passa a ter comportamento controlado pelo atrito rocha-rocha mais do que pelo enchimento.

3.4 INFLUÊNCIA DE INTERFACES SOLO-ROCHA NO CISALHAMENTO

A resistência ao cisalhamento de contatos solo-rocha, em geral, é inferior à do solo, sendo tanto menor quanto mais regular e lisa for a superfície rochosa de contato. Essas conclusões são de Kanji (1972, item 7.1), que encontrou, em ensaios laboratoriais realizados com amostras amolgadas de diversos tipos, reduções do ângulo de atrito de 1° a 14,5° para tensões normais baixas (Fig. 55) e até 2,5° a 6,5° para tensões maiores.

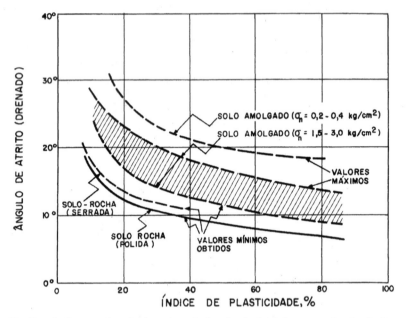

Figura 55 Correlação entre ângulo de atrito e índice de plasticidade em ensaios de cisalhamento de interfaces solo-rocha (Kanji, 1972)

Nas condições de campo, os resultados desses ensaios assinalam valores mínimos de resistência em situações geológicas onde o solo estiver em contato com superfícies polidas, ou com estrias de fricção, ou acamamento regular. O tipo litológico tem aparentemente pouca importância no fator de redução na resistência, prevalecendo os critérios geométricos da superfície de contato.

3.5 INFLUÊNCIA DA ÁGUA NO CISALHAMENTO

Todo um cabedal de dados sobre ensaios de cisalhamento mostra como um mesmo material, sujeito a ensaios nas condições seca e saturada, apresenta, para esta última condição, resultados sistematicamente inferiores. O teor de umidade atua principalmente sobre a coesão, reduzindo-a. Este é um fato que requer, na análise da estabilidade de um talude, a adoção de valores de coesão obtidos a partir de ensaios em superfícies que tenham sido mantidas saturadas. Esses ensaios requerem assim certo cuidado, pois os incrementos de carregamento deverão ser suficientemente lentos de forma a permitir uma dissipação das pressões neutras que ocorram ao longo da superfície de deslizamento.

3.6 COMPARTIMENTAÇÃO DO MACIÇO E SUA IMPORTÂNCIA

Compartimentação é a estruturação de um maciço resultante da existência de um certo número de descontinuidades de diversas origens: diáclases, juntas, falhas, fraturas. Uma vez determinada a continuidade, a distribuição e a orientação do conjunto de descontinuidades, monta-se o modelo estrutural que rege o comportamento mecânico do maciço. A este modelo estruturado de descontinuidades se dá o nome de compartimentação.

A estabilidade de massas rochosas é determinada pelas descontinuidades geológicas, cujo estudo representa um dos mais extensos e complexos capítulos da geotecnia.

Uma medida de sua importância pode ser visualizada através da Fig. 56, que reúne uma série de dados compilados por diversos autores e apresentada por Hoek e Bray (308, p. 20). Estão aí lançados tanto taludes instáveis quanto taludes estáveis, escavados em fundações de barragens, estradas, minas etc., ou seja, massas rochosas das quais foi removida parte do confinamento lateral. A única coisa comum é que foi possível escavá-los com sucesso, mesmo que tenham sofrido colapso após

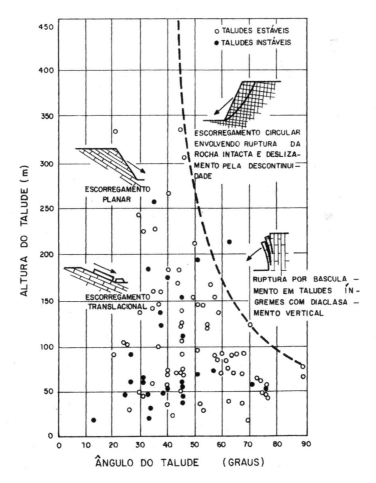

Figura 56 Relação entre altura e ângulo de inclinação de taludes em rochas muito resistentes, incluindo dados compilados por diversos autores (Hoek e Bray, 308)

algum tempo. A figura mostra que os taludes mais altos e mais íngremes conseguidos ficam do lado esquerdo de uma linha bem definida, que aparece tracejada na figura.

A diferença do comportamento após a escavação, que fez com que taludes íngremes com diversas centenas de metros de altura permanecessem estáveis, ao passo que taludes abatidos com poucas dezenas de metros de altura entrassem em colapso, se deve a diferenças na inclinação das descontinuidades ao longo das quais a movimentação poderia ocorrer. Este fato é ainda mais claramente ilustrado na Fig. 57 (Hoek e Bray, 308), p. 21), onde é fornecida a altura crítica de um talude vertical, contendo um plano de fraqueza inclinado, nas condições seca e saturada do material constituinte do talude. A altura crítica diminui de mais de 80 m, para um talude com descontinuidades aproximadamente horizontais e verticais, para pouco mais de 20 m, para taludes que contenham descontinuidades fazendo ângulo de 40° a 70° com a horizontal. Essa estimativa de altura crítica foi feita considerando-se um material com coesão de 1 kg/cm^2 e ângulo de atrito de 20°, no plano de deslizamento, e peso específico da rocha de 2,6 g/cm^3.

Esses exemplos mostram o papel desempenhado pela orientação das descontinuidades no interior de uma massa rochosa, ao longo da qual venha a se efetuar qualquer modificação das condições geométricas externas. Mostram também a importância de um seu levantamento criterioso, em trabalhos de campo, assunto esse que será tratado no Cap. 4.

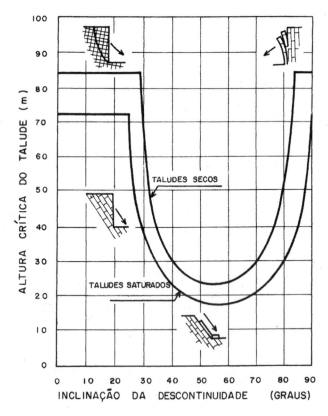

Figura 57 Altura crítica de um talude vertical, contendo uma descontinuidade planar com inclinações variadas, nas condições seca e saturada do material constituinte do talude (Hoek e Bray, 308)

Fatores geológicos e geomecânicos significativos **79**

3.7 RUPTURAS PREEXISTENTES COMO INDÍCIO DE INSTABILIDADE

É freqüente observar a ocorrência de fraturas na parte alta, ou no topo, de taludes em solo ou em rocha. Algumas dessas fraturas têm sido observadas por dezenas de anos sem que a situação do talude se alterasse.

Numa série de estudos detalhados em modelos sobre a ruptura de taludes rochosos, Barton (*in* Hoek e Bray, 308, p. 146) concluiu que as fraturas são geradas a partir de pequenos movimentos de cisalhamento no interior da massa. Apesar desses movimentos serem muito reduzidos, individualmente, seu efeito acumulado acarreta um deslocamento significativo da superfície do talude, suficiente para causar a separação de superfícies de compartimentação verticais situadas no topo do talude, formando assim fendas de *tração*. O fato de as fendas de tração serem originadas por movimentos cisalhantes é importante porque sugere que, assim que a fenda de tração se torna visível na parte alta do talude, se deve admitir no interior da massa o início de um processo de ruptura por cisalhamento.

É praticamente impossível quantificar o significado desse tipo de ocorrência, pois representa apenas o começo de um mecanismo de ruptura progressiva, tanto complexo, como pouco conhecido. É provável que, em alguns casos, a propagação da fenda de tração represente um alívio de eventuais subpressões por drenagem, assim como é possível que o movimento inicial provoque uma maior interpenetração de blocos rochosos no interior da massa, tudo isso resultando num aumento temporário da estabilidade. Haverá casos em que o aparecimento de tais fraturas será o primeiro passo para um rápido processo de colapso. Em suma, fendas de tração devem ser consideradas como indícios de instabilidade, permitindo assim planejar e quantificar o volume de trabalhos de investigação que se julgar conveniente em cada caso.

Além das fendas de tração, localizadas no topo de taludes em solo e em rocha, é possível, com freqüência, observar deslocamentos generalizados ao longo de massas rochosas. Tais deslocamentos também representam sinais de instabilidade e têm origens variadas: alívio de tensões, abalos por explosivos, variações térmicas, redução gradual de resistência.

Em relação a esses deslocamentos podem-se tecer algumas considerações. É fato conhecido que a resistência ao cisalhamento de rochas intatas é superior à de solos de mesma composição mineralógica. Entretanto, a resistência residual, obtida após certo deslocamento, é sensivelmente a mesma, seja para um solo, seja para uma descontinuidade rochosa relativamente aplainada, em materiais de mesma composição. Isso significa que a perda de resistência com o deslocamento é muitas vezes maior em rochas do que em solos, o que pode ser visualizado na Fig. 58 (Patton e Deere, 323, p. 28). A figura mostra, à esquerda, a relação entre tensões cisalhantes e deslocamento para duas amostras, de rocha e de solo, de mesma composição mineralógica, ensaiadas na mesma tensão normal. Observa-se que o pico de resistência da rocha é muitas vezes superior ao de solo. À direita, estão lançados resultados obtidos em ensaios com diversas amostras de rocha e de solo de mesma composição mineralógica e, dentre eles, o resultado do ensaio apresentado no gráfico da esquerda. Da mesma forma, observa-se a grande perda de resistência sofrida pelos materiais rochosos, mesmo com deslocamentos reduzidos, e observa-se também que os solos e as rochas tendem a apresentar resistência residual da mesma ordem de grandeza.

Esse é o motivo pelo qual os deslocamentos preexistentes em massas rochosas são tão significativos, requerendo observações cuidadosas no campo. No caso de rochas, a queda brusca de resistência que se segue ao pico é uma das razões

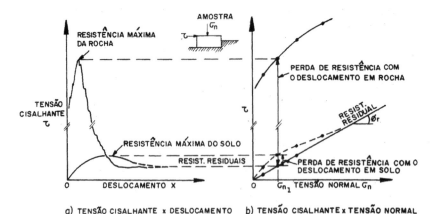

Figura 58 Comparação da perda de resistência em função do deslocamento em ensaios de cisalhamento de solos e rochas realizados nas mesmas condições de tensões normais (Patton e Deere, 323)

por que os escorregamentos em rochas oferecem tão poucos sinais premonitores antes de acontecer.

3.8 FALHAS E HORIZONTES PREFERENCIAIS DE ALTERAÇÃO

A presença de largos traços de descontinuidade, representados muitas vezes por falhas e outras vezes por horizontes preferenciais de alteração de origem diversa, poderá fazer com que a obtenção de dados de compartimentação e resistência, em outros pontos do maciço rochoso, se torne um mero exercício acadêmico face à importância dessas descontinuidades de primeira grandeza.

Falhas e outras feições de grande continuidade, provenientes de processos outros que não falhamento, devem basicamente sua importância aos seguintes fatores:

a) possuem grande continuidade, influenciando grandes massas;

b) possuem baixa ou nenhuma coesão, e as características de resistência se devem, muitas vezes, à natureza do material de preenchimento;

c) possuem, em geral, poucas irregularidades de superfície;

d) modificam profundamente as condições de permeabilidade do maciço em qualquer sentido; e

e) propiciam um avanço rápido da alteração por intemperismo, o que, por sua vez, se reflete nas características de resistência.

Uma seção esquemática de um plano de falha, contendo os elementos geralmente diferenciáveis, está apresentada na Fig. 59 (Patton e Deere, 323, p. 33). Diferencia-se um horizonte central (a), constituído por material fragmentado e cisalhado, chamado brecha de falha, flanqueado por duas faixas de material de granulação muito fina, moído, muitas vezes rico em argila (b), que apresenta estrias de fricção e espelhos de falha no contato com a superfície rochosa (c). A zona rochosa adjacente (d) é, via de regra, mais fraturada que o meio circundante. A seqüência apresentada é esquemática, podendo ter muitas variações: ausência de determinado horizonte, cimentação por soluções percolantes na caixa de falha, preenchimento por outros materiais secundários. As características de resistência dos materiais que preenchem o plano de falha podem ser, surpreendentemente maiores que o esperado, devido ao fato de o plano conter, normalmente, quanti-

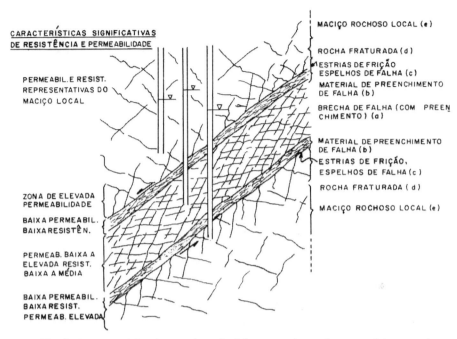

Figura 59 Seção esquemática de um plano de falha contendo os elementos típicos, geralmente diferenciáveis (Patton e Deere, 323)

dades apreciáveis de materiais arenosos e siltosos. O material de preenchimento tende a apresentar ângulos de atrito da ordem de 15° a 25°, podendo, entretanto, afastar-se desses valores médios nos dois sentidos.

Com relação à permeabilidade, a seção esquemática apresentada pode comportar, simultaneamente, horizontes de baixa permeabilidade ao lado de outros francamente permeáveis. Assim sendo, falhas podem atuar como barreiras ao fluxo da água, ou como verdadeiros drenos, ou como os dois ao mesmo tempo. A Fig. 60 (Deere e Patton, 323, p. 37) mostra várias formas de atuação de planos de falha, podendo-se estender tal comportamento a outros planos de alteração preferencial (que não planos de falhas), feições por demais comuns em perfis de alteração de rochas graníticas, gnáissicas, ou basálticas, do meio ambiente brasileiro.

3.9 PERFIS DE INTEMPERISMO NA ESTABILIDADE

No Cap. 1, foi possível verificar como os perfis de intemperismo de encostas, em condições climáticas tropicais úmidas, representam um meio ideal ao aparecimento de fenômenos de instabilidade. Nesses perfis, de fato, atingem-se condições de baixa resistência, conseqüência dos profundos efeitos da alteração intempérica.

O intemperismo, como foi visto, age no sentido de zonear o manto de alteração em horizontes com diferentes características, não só de resistência mas também de permeabilidade. Fenômenos de artesianismo podem assim aparecer por superposição de estratos de diferentes permeabilidades.

Os perfis de intemperismo são um reflexo de muitos fatores, podendo-se citar, entre os de maior peso, a litologia, a estrutura do maciço rochoso, as condições topográficas, as variáveis climáticas locais e as condições de percolação da água. É compreensível, portanto, que a sistematização de *perfis típicos de alteração*

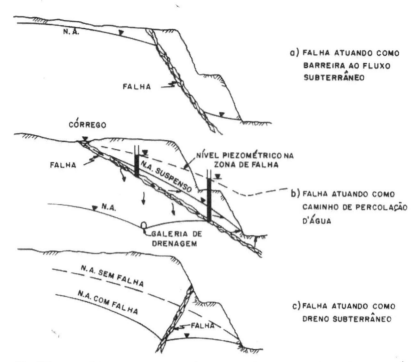

Figura 60 Diferentes efeitos da presença de falhas nas condições de percolação da água no interior de um talude (Deere e Patton, 297)

tenha sempre encontrado dificuldades substanciais em sua realização, face às variáveis acima citadas e face ao particular enfoque dado pelos diversos autores a um ou outro aspecto. Deve-se a Vargas (1953) a primeira sistematização, para fins de engenharia, dos perfis de alteração. A partir de então, muitos outros autores desenvolveram trabalhos sobre o assunto, citando-se em particular o trabalho de Deere e Patton (297), onde são feitas referências às principais classificações existentes. Aqueles dois autores apresentam, ainda, a descrição de um perfil de alteração típico para rochas ígneas e metamórficas. As divisões entre os diversos horizontes estão muito próximas das principais divisões propostas por vários autores e isso pode ser verificado, por exemplo, comparando-se a Fig. 61 com a classificação de Vargas, apresentada na Fig. 23.

O quadro é complementado com alguns dados quantitativos, ou semiquantitativos (Rock Quality Designation-RQD, recuperação, permeabilidade, resistência), numa tentativa de facilitar a diferenciação entre horizontes. Tais índices são apenas indicativos e convém usar precaução quando de seu emprego.

É fato conhecido que os perfis de intemperismo atingem, sob condições climáticas tropicais úmidas, sua maior possança. É também conhecido o fato que, em condições topográficas propícias, tais áreas são sede de intensos fenômenos de instabilidade. Tais fenômenos costumam acontecer após períodos de chuva prolongados, ou durante precipitações curtas mas intensas. Não raro, tem sido assinalada a ocorrência de abalos sísmicos nas áreas afetadas. É o caso, por exemplo, das catástrofes de Caraguatatuba e da Serra das Araras, quando foi possível observar a presença de centenas de escorregamentos das mais diversas proporções e onde, pelo menos no primeiro caso, foi assinalada a existência de abalos sísmicos na

ZONA		DESCRIÇÃO	RQD % * (diam. NX)	RECUPERAÇÃO * (diam. NX)	PERMEABILIDADE RELATIVA	RESISTÊNCIA RELATIVA
I-SOLO RESIDUAL	IA-HORIZONTE A	-solo superficial, com raízes e maté ria orgânica; zona de lixiviação e eluviação; pode ser porosa	-	0	média a alta	baixa a média
	IB-HORIZONTE B	-zona tipicamente rica em argila;con centrações de Fe, Al e Si, disso po dendo resultar cimentação; ausência de estruturas herdadas	-	0	BAIXA	comumente BAIXA (alta se cimen- tado)
	IC-HORIZONTE C	-presença de estruturas herdadas;gra duação para materiais siltosos e a renosos; menos de 10% de matacões; freqüentemente micáceo	0 ou não aplicá vel	em geral,0 a 10%	média	baixa a média - (muito signifi- cativas as estru turas herdadas)
II-ROCHA ALTERADA (de solo residual, ou - saprólito, até rocha parcialmente alterada)	IIA-TRANSIÇÃO	-altamente diversificada, desde mate riais terrosos a rochosos; areia co mumente fina a grossa; 10 a 95% de matacões; comum a alteração esferoi dal	variável, em geral 0 a 50%	variável, em geral 10 a 90%	ALTA (comuns as perdas d'água	média a baixa - onde estruturas herdadas e de baixa resistên cia estiverem - presentes
	IIB-ROCHA PAR CIALMENTE ALTERADA	-material rochoso, rocha branda a du ra; descontinuidades em diversos graus de alteração; feldspatos e mi cas parcialmente alterados	em geral 50 a 75%	em geral,>90%	média a alta	média a alta **
III-ROCHA SÃ		-descontinuidades inalteradas, sem traços de películas de óxidos de fer ro; feldspatos e micas inalterados	> 75% (em geral > 90%)	em geral . , 100%	baixa a média 50%	muito alta **

Notas:* a descrição de cada zona é a única forma viável de distinção entre elas

**considerando somente o maciço intacto, sem estruturas geológicas de orientação desfavorável

Figura 61 Descrição de um perfil de intemperismo em rochas ígneas e metamórficas: resumo das feições típicas dos diversos horizontes (Deere e Patton, 297)

área (*O Estado de S. Paulo*, 24 de março de 1967). Um terremoto foi também detectado durante chuvas intensas que provocaram escorregamentos e inundações, a 16 de janeiro de 1962, em parte dos Estados de São Paulo, Rio de Janeiro e do então Estado da Guanabara (*Jornal do Brasil*, 18 de janeiro de 1962). Ambos os sismos não foram registrados por instrumentos, pela inexistência de sismógrafos.

Deere e Patton (297, p. 99), com base nos trabalhos de diversos autores, concluem que os movimentos de massas são um método comum, e talvez o método predominante, de evolução das encostas em áreas de perfis de intemperismo espessos. Alie-se este fato à observação de Vargas, citada no Cap. 1, sobre o caráter cíclico observado nos escorregamentos ao longo da Serra do Mar, e se terá um quadro impressionante sobre a precariedade do estado de equilíbrio naquela serra.

Em virtude do zoneamento do manto de alteração, no que se refere a suas características de resistência e permeabilidade, é comum que movimentos de massas de pequena profundidade com grande extensão ponham a descoberto, nas encostas, os horizontes de saprólito e rocha alterada, constituídos predominantemente por materiais de granulação grosseira, baixa coesão e permeabilidade elevada. Esses horizontes, uma vez postos a descoberto, passam a ser rapidamente erodidos, continuando assim o processo de degradação geral das encostas.

Especial referência, dentro de um perfil de intemperismo, merece a presença de blocos e matacões de rocha em graus diversos de alteração e em quantidade crescente com a profundidade. Apesar de constituírem vestígio da massa rochosa, acham-se, via de regra, deslocados de sua posição original, quando nas vizinhanças do plano inclinado de um talude, por processo de rastejo. Com isso a estrutura original do meio, herdada pela massa de solo, é deformada, o solo passa a ter estrutura caótica e mesmo o observador atento terá dúvidas sobre sua origem, se residual ou por processo de acumulação. Tendo densidade elevada, os matacões conferem maior peso ao volume de material considerado do que teria igual volume constituído apenas por solo. Quanto às características de resistência mecânica, os matacões, mesmo predominando dentro da massa de material, estão longe de apresentar características de *materiais rochosos*, pois são em geral constituídos por blocos arredondados, imersos numa massa de solo, com contatos portanto reduzidos entre si. Predominarão, por conseguinte, no comportamento mecânico as características de resistência de solo-matriz ou de contato solo-rocha.

Um fato que deve ser frisado, com relação a perfis de intemperismo, é que vestígios da estrutura rochosa original se acham muitas vezes presentes nos horizontes inferiores da massa de solo residual. Tais vestígios, à semelhança do que ocorre em maciços rochosos intatos, podem continuar condicionando o aparecimento de superfícies de movimentação e colapso. Assim sendo, o estudo de taludes em solos residuais deve ser conduzido dentro de uma sistemática de análise mais própria a materiais rochosos do que a materiais terrosos. Compete à Geologia diferenciar as estruturas herdadas que regem o comportamento de perfis de intemperismo. Nieble, Cornides e Fernandes (1982) apresentam um exemplo significativo de um escorregamento remontante de grandes proporções originado por pequenas rupturas condicionadas pelas estruturas do saprolito encontrado no pé do talude escavado.

Freqüentemente, na grande parcela do território brasileiro (Vargas, 278) que abrange os Estados do Rio de Janeiro, São Paulo e partes do Paraná, Mato Grosso e Goiás, os mantos de intemperismo se acham capeados por um horizonte de solo coluvial, proveniente de mobilização e transporte, a curtas distâncias, de solos preexistentes. Apesar deste tipo de solo não constar dos perfis de intemperismo encontrados na literatura, por não ser constituído *in situ*, pode formar horizontes contínuos com espessura variável entre algumas dezenas de centímetros até mais

Fatores geológicos e geomecânicos significativos   **85**

de 15 m. Seu limite inferior, no contato com o solo residual, é, via de regra, demarcado por uma camada ou estrato de pedregulho, recebendo este a denominação de *linha de seixos*. O coluvião é, em geral, um solo poroso e sua estrutura chega a apresentar vazios visíveis a olho nu. Como conseqüência disso, possui densidade baixa e alta compressibilidade. O solo é extremamente sensível à ação da água e, apesar de permitir cortes praticamente verticais até grandes profundidades, quando com baixo teor de umidade, sofre facilmente colapso ao ser saturado. Outras referências sobre o assunto podem ser encontradas nos trabalhos de Vargas (278) Nogami (153) e Landim, Soares e Fúlfaro (1974).

3.10 EFEITO DE MACROESTRUTURA EM SOLOS

Macroestruturas são feições internas a estruturas de solos que rompem a suposta homogeneidade dos mesmos e revelam sua anisotropia, mais ou menos acentuada, em relação às mais diversas propriedades. O termo é introduzido por Nogami (1970), que advoga sua importância aos efeitos da análise do comportamento de solos. Macroestruturas podem ser formadas por processos de sedimentação, meteorização, atuação de processos pedológicos, entre outros. Interferem nas características de permeabilidade, fazendo com que solos apresentem coeficientes variáveis nas diversas direções. Afetam, da mesma forma, as características de resistência mecânica e erodibilidade.

A consideração deste fator, em trabalhos de campo, pode-se constituir numa ferramenta valiosa na compreensão e na estruturação do modelo geológico objeto do estudo, apesar de ser necessário reconhecer que poucos trabalhos têm sido desenvolvidos sobre o assunto, que carece portanto de estudos mais detalhados.

3.11 ÂNGULO DE REPOUSO EM MATERIAIS GRANULARES

O ângulo de repouso em materiais granulares é a exteriorização de uma condição de equilíbrio. Assim sendo, massas de detritos acumuladas por processos naturais somente sofrerão nova movimentação pela atuação de agentes externos, por deslizamento da superfície de apoio ou por processo de alteração subseqüente em seu interior. A tabela da p. 51 mostra valores de atrito de materiais granulares, soltos, variando entre 35° e 45°, e o ângulo de repouso de 38° é freqüentemente encontrado (Hoek e Bray, 308, p. 33).

A existência desta condição de equilíbrio não significa que, para atingir uma condição igual de equilíbrio, basta abater qualquer talude para uma inclinação semelhante. A estrutura de um depósito granular natural é bem característica, sem descontinuidades ou planos de acamamento, sendo bastante difícil o desenvolvimento, em seu interior, de pressões da água (a não ser nos fenômenos relatados nos itens 2.2.2 e 2.3.1), o que a torna basicamente mais estável que a de muitos maciços rochosos aparentemente em condições mais vantajosas. Esta diferença de comportamento é um fator muito importante que não pode ser esquecido em considerações sobre a estabilidade de taludes. Deve também ser lembrado o efeito de forças de coesão aparente e imbricamento no comportamento de tais materiais.

3.12 REDES DE FLUXO SUBTERRÂNEO, NA ESTABILIDADE

No Cap. 2, foi possível observar como a água representa o principal fator no desencadeamento de processos de instabilidade e como ela atua de inúmeras formas diferentes. Procurar-se-á agora fazer um retrato do comportamento geral de um lençol de água subterrâneo nas proximidades de uma encosta.

Em problemas de estabilidade de encostas, somente uma parcela do sistema regional de fluxo interessa, ou seja, a que ocorre no interior da encosta objeto de estudo. A literatura geotécnica clássica costuma apresentar o modelo de fluxo subterrâneo através de linhas subparalelas à superfície do lençol freático, detectado através de redes de furos no interior do talude. Esta visão do comportamento do fluxo de água subterrâneo é bem diferente da visão atual que se tem do fenômeno (Patton e Hendron Jr., 324, p. 3). As duas formas de retratar estão apresentadas na Fig. 62. À esquerda, está representada a forma tradicionalmente encontrada na literatura e, à direita, a imagem que se tem hoje do processo.

Um grande avanço no estudo recente consiste no fato de se reconhecer que, em redes de fluxo aplicáveis à análise da estabilidade de encostas, existe geralmente um gradiente de pressão descendente, em furos abertos na parte superior das encostas, e que existe um gradiente de pressão para cima, em furos localizados na parte inferior das encostas. Admite-se que o interior da encosta em questão apresente caráter de isotropia e homogeneidade da permeabilidade.

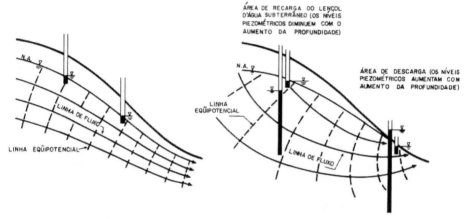

Figura 62 Comparação de hipóteses quanto às condições de percolação de água subterrânea (Patton e Hendron Jr., 324)

A maior diferença entre os dois modelos apresentados talvez ocorra na área de descarga, uma área de considerável interesse em problemas de estabilidade de taludes. Segundo o caso mostrado na Fig. 62, à esquerda, a colocação de um tapete impermeável junto à base da encosta não alteraria as condições de fluxo subterrâneo, pois as primeiras linhas de fluxo se desenvolvem paralelamente à superfície do terreno, não sendo afetadas pela colocação do tapete. No outro caso, entretanto, a colocação de um tapete impermeável no pé do talude provocaria consideráveis mudanças no desenvolvimento da rede de fluxo no interior do maciço. O efeito corresponderia a uma ação de represamento das ressurgências de água e, conseqüentemente, a um aumento da pressão de água no pé do talude e em seu interior.

Um caso prático de ocorrência deste processo é representado por corpos de materiais provenientes de escorregamentos de detritos, que se apresentam freqüentemente saturados e instáveis, mais instáveis talvez do que na posição que ocupavam originariamente. A Fig. 63 (Patton e Hendron Jr., 324, p. 7) ilustra a forma como um corpo de escorregamento pode bloquear a área normal de descarga do fluxo subterrâneo, no pé de um talude, formando um depósito instável de detritos. À esquerda estão representadas as condições de fluxo antes do escorregamento. À direita, as modificações sofridas pelas linhas de fluxo, pelo avanço da massa

Fatores geológicos e geomecânicos significativos 87

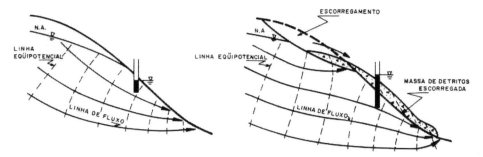

Figura 63 Comparação entre as condições de percolação de água subterrânea antes e após um escorregamento (Patton e Hendron Jr., 324)

escorregada, e o aparecimento de pressões de água por confinamento. Este depósito de detritos, sujeito a uma nova condição de instabilidade, devido ao encharcamento e ao desenvolvimento de subpressões, sofrerá movimentação ulterior, apesar de possuir eventualmente um ângulo de talude mais abatido do que na posição original.

3.13 EFEITO DE ALÍVIO DE TENSÃO POR EROSÃO

É bem conhecido o fato de que massas rochosas, ao sofrerem processo de desconfinamento vertical ou lateral, passam a apresentar fraturas de alívio de considerável continuidade. O fenômeno é particularmente evidente em massas ígneas, de tipo granítico ou gnáissico, constituindo morros isolados ou frentes de escarpas. O desconfinamento de massas rochosas é um processo ativo e ininterrupto, que se inicia e evolui rapidamente a partir de linhas de entalhe fluvial, por exemplo, formando, em curto espaço de tempo, profundas gargantas alongadas. Nessas condições, o desconfinamento se manifesta através de juntas de alívio praticamente verticais, paralelas às paredes dos vales. Tensões tectônicas podem então se manifestar livremente, provocando deslocamentos horizontais de grandes massas de rocha ao longo de planos de fraqueza preexistentes. Somando-se ainda, a tais efeitos, a ação de pressões hidrostáticas atuando nessas juntas verticais de alívio de tensões, poder-se-á chegar a fenômenos de instabilidade significativos. A Fig.

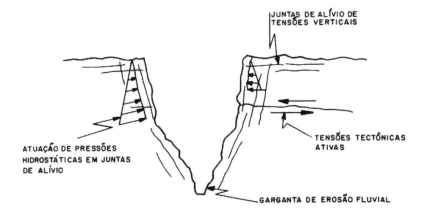

Figura 64 Representação esquemática do efeito de alívio de tensões por erosão

64 ilustra esquematicamente a superposição dos três efeitos citados. A validade do modelo é comprovada por fenômenos atuais que ocorrem, por exemplo, no interior da Bacia do Paraná, onde Bjornberg (1972) caracterizou a existência de tensões tectônicas ativas. Linhas de entalhe fluvial, praticamente na vertical, levando ao aparecimento de profundas gargantas, são extremamente comuns na região Sul do Brasil em rochas basálticas.

CAPÍTULO 4

MÉTODOS DE INVESTIGAÇÃO E APRESENTAÇÃO DE DADOS

> "The role of the geologist is critical in both the collection and presentation of data for it is easy to collect more data than can be used in an analysis. This can result in the analyst misdirecting his emphasis. Hence, only the most pertinent data should be presented. (...) It is therefore the job of the geologist to examine a large number of geological parameters and reduce them to a few significant ones"
>
> F. D. Patton e D. U. Deere *in* First International Conference on Stability *in* Open Pit Mining, Vancouver, 1970, p. 24

O estudo de movimentos coletivos de solos e de rochas pode ser levado a termo com finalidades corretiva, preventiva ou de aumento do nível de conhecimentos. As finalidades se acham, muitas vezes, presentes simultaneamente. No caso dos chamados *movimentos catastróficos*, o engenheiro e o geólogo estão diante de um fato consumado. O valor do estudo de um fenômeno desse tipo consiste então na análise da mecânica do movimento, na compreensão das causas que o geraram, na avaliação dos parâmetros mais significativos, de modo a aumentar o cabedal de dados sobre o assunto e, conseqüentemente, o nível de conhecimento. Esse aumento de patrimônio científico acarretará benefícios dentro de futuras atuações de caráter preventivo. Casos há, é verdade, em que tais movimentos catastróficos terão criado condições para o desencadeamento de novos fenômenos de instabilidade, casos esses em que os estudos reassumirão caráter corretivo e preventivo.

O caráter preventivo é próprio de casos de instabilidade potencial, detectados antes que se introduza qualquer elemento que dispare o processo de instabilização. Tais medidas costumam ser tomadas, por exemplo, em fases de viabilidade ou anteprojeto, quando a detecção de áreas potencialmente instáveis pode levar à mudança de determinados elementos do projeto. No caso de uma rodovia em região montanhosa, poder-se-á optar por uma mudança do traçado. Casos ameaçadores de instabilidade, como a presença de blocos rochosos em encostas a montante de núcleos residenciais, também conduzirão à adoção de medidas preventivas.

Entende-se por medidas corretivas aquelas que são tomadas para eliminar, conter ou minimizar os efeitos de um processo de instabilidade já iniciado, em andamento ou ocorrido.

Esta colocação inicial é necessária para se perceber que, dependendo da finalidade do estudo, determinados passos poderão, ou não, ser dados. Numa análise imediata das condições de estabilidade de uma cunha rochosa, poucos parâmetros de caráter geomecânico poderão permitir sua avaliação. No estudo de movimentos de caráter regional, o volume de informações e o tempo gasto

90 *Estabilidade de taludes naturais e de escavação*

serão certamente maiores. Percebe-se assim que o nível de investimento varia de caso para caso, cobrindo uma gama muito ampla de alternativas de estudo.

Os métodos de investigação, de campo e de laboratório, bem como os critérios de apresentação dos resultados, para efeito de análise, serão aqui descritos de modo a procurar satisfazer qualquer uma das três finalidades acima expostas, mesmo a de caráter mais amplo, a que visa um aprofundamento do nível de conhecimentos sobre o assunto.

4.1 TRABALHOS DE CAMPO

A descrição do ambiente geográfico é o passo inicial a ser dado, definindo-se os dados de suporte ao estudo. Consiste numa avaliação das condições climáticas predominantes, características de pluviosidade, variações de altitude, morfologia externa do relevo, histórico de sismicidade (referente à magnitude e à freqüência dos acontecimentos sísmicos), presença de vulcanismo, características de cobertura vegetal, intensidade e tipo de rede hidrográfica superficial, características regionais do sistema de percolação de água subterrânea.

A conjugação de todos esses elementos permite traçar o modelo ambiental, dentro do qual têm lugar os fenômenos de instabilidade, constituindo esteio para as etapas posteriores.

4.2 ESTUDO GEOLÓGICO REGIONAL

A extensão do estudo geológico regional depende de diversos fatores, sendo talvez o principal a definição da área que tenha sido afetada, ou que se espera venha a ser afetada, por determinado fenômeno de instabilidade. No caso da Serra das Araras (RJ) ou da Serra de Caraguatatuba (SP), os escorregamentos afetaram áreas grosseiramente avaliadas, respectivamente, em 150 km² e 200 km², o que, por si só, já define os limites mínimos de consideração num eventual estudo sistemático, não conduzido apenas com efeito de amostragem. No caso dos escorregamentos de natureza catastrófica ocorridos no Rio de Janeiro em 1966 e em 1967, a extensão do estudo esteve, logicamente, vinculada à necessidade de se proteger o núcleo urbano, em toda a sua extensão, prevalecendo assim este fator sobre qualquer outra consideração de caráter meramente geológico. No caso de Vila Albertina, Campos do Jordão (SP), a suspeita de existência de depósitos turfosos potencialmente instáveis em outros vales habitados constituiria critério para definição da extensão da área de estudo. Finalmente, no caso de uma rodovia de primeira grandeza, projetada em encostas potencialmente instáveis, como as da Serra do Mar, o estudo geológico regional deveria abranger o desnível total na faixa a ser atravessada.

Como vemos, a extensão do estudo geológico regional deve ser dimensionada em função dos reflexos dos fenômenos de instabilidade no processo de ocupação territorial. De qualquer maneira, a área abrangida deverá ser suficiente para fornecer as principais características de estrutura geológica regional, tectônica, estratigrafia e a evolução geomorfológica.

4.3 CRITÉRIOS DE IDENTIFICAÇÃO DE MOVIMENTOS DE MASSAS

4.31. Critérios no emprego de fotos aéreas

Casos há, como o da construção de rodovias em terrenos acidentados, em que a identificação de áreas escorregadas, ou passíveis de escorregamento, trará

Métodos de investigação e apresentação de dados   **91**

grandes benefícios ao projeto. Em tais casos, fotos aéreas, permitindo a formação de pares estereoscópicos, representam uma ferramenta básica de investigação. Os conjuntos de fotos aéreas normalmente utilizados se distribuem em duas faixas de escalas: uma da ordem de 1:50 000-60 000 e outra da ordem de 1:20 000-25 000. Ambas são úteis, mas dever-se-á perguntar qual a possibilidade de identificar traços de ruptura nessas escalas. Uma fenda de tração com algumas dezenas de metros de extensão será representada, mesmo nas maiores escalas, por traços de ordem do milímetro, sendo dificilmente identificável. Há talvez maior conveniência, quando possível, em executar novo levantamento aerofotogramétrico em maior escala, da ordem de 1:5 000-10 000, mesmo que, devido ao relevo acidentado, venham-se a provocar grandes distorções e mudanças de escala acentuadas entre as várias linhas de vôo. Como elemento de identificação e localização de linhas de ruptura, o par estereoscópico terá maior validade apesar das outras implicações. A existência de levantamentos topográficos adequados, para apoio das observações de campo, poderá suprir as deficiências apontadas.

Em fotos aéreas, os elementos de identificação de áreas instáveis, ou escorregamentos, mais comumente utilizáveis são:

● mudanças locais em frentes de topografia regulares
● embarrigamentos nas encostas, ou no pé das mesmas, formando contorno topográfico de saliências e reentrâncias
● mudança no tipo de vegetação, em particular em sua coloração e distribuição
● depressões circulares ou elípticas associadas à mudança ou à ausência de vegetação
● fendas de tração, identificáveis por traços, às vezes, alinhados
● desorganização das linhas de drenagem superficial
● alinhamento de ressurgências de água
● estreitamento no leito de cursos de água
● represamentos naturais de cursos de água
● estreitamento de vales

Vários desses elementos terão, entretanto, pouca validade quando as condições de cobertura vegetal forem tais que impeçam a visão do terreno, fato esse comum em regiões tropicais. Isso irá exigir uma intensificação de esforços nos trabalhos de campo.

4.3.2 Indícios na observação direta de campo

Não mais a partir da análise de fotos aéreas, mas sim em trabalhos de campo, a observação direta permitirá identificar determinadas feições características de movimentos de massas já verificados, ou em vias de desencadeamento.

Tais indícios são listados a seguir, mas é preciso lembrar que eles serão mais ou menos evidentes e desenvolvidos em função da litologia, estrutura geológica e geomorfológica, topografia, cobertura vegetal e pluviosidade:

● concentração de matacões: em áreas de meia encosta, situadas fora dos talvegues dos riachos, a presença de grandes concentrações de matacões, em superfície, representa zonas de quedas de blocos, localizando-se, portanto, no sopé de escarpas rochosas, ou então o "resíduo" de massas escorregadas, das quais as frações finas tenham sido removidas por processo de lavagem.
● zonas de quedas de blocos: paredes rochosas abruptas, quando muito fraturadas, podem apresentar, sob determinadas condições, desprendimento de blocos e matacões,

que adquirem movimento de alta velocidade e curta duração; o tipo de movimentação é predominantemente de queda vertical. Embora estes movimentos sejam localizados, representam fonte de material para a formação de depósitos de tálus.

fendas de tração: é freqüente observar a ocorrência de fraturas na parte alta ou no topo de taludes em solo ou em rocha. Estas feições estão geralmente associadas a rejeito e constituem o mais importante indício de instabilidade. Sua continuidade permite avaliar as dimensões da massa em processo de movimentação.

troncos inclinados: vegetação de porte, com troncos inclinados, assinala, antes de mais nada, a presença de processo de rastejo na massa de solo superficial. Permite identificar, mesmo à distância, áreas de maior interesse ao estudo. Pode estar associada a mecanismos de escorregamento já desencadeados.

raízes expostas: é possível, à simples observação, predizer se as raízes que estão sendo consideradas estão expostas há muito ou há pouco tempo. A raiz, quando exposta há pouco tempo, apresentará radículas, torrões de terra retidas, coifas vivas. Quando exposta há muito tempo, se apresentará lenhosa, seca ou apodrecida. Com isso é possível perceber se a movimentação do terreno é um processo em franco desenvolvimento, ou não.

blocos deslocados do nicho onde se alojavam: matacões e blocos de grandes dimensões, que estejam situados no interior, ou no topo, de uma massa em processo de movimentação, podem se apresentar deslocados da massa do solo na qual estavam imersos, mesmo que essa participe da movimentação geral. O fato fica evidenciado por uma fenda, da ordem de poucos centímetros até dezenas de centímetros, que aparece entre o bloco e a "matriz" do solo. Em movimentações recentes, o molde impresso na massa de solo se acha intacto, reproduzindo feições do bloco, enquanto em movimentações mais antigas o molde se perde, devido ao ataque e lixiviação por águas superficiais.

linhas de drenagem subterrâneas: tais feições não devem ser confundidas com percolação d'água subterrânea. Dentro de uma massa em movimentação lenta, que esteja constituída por solo e rocha, é comum observar-se, principalmente durante as enxurradas, intensa remoção de finos. Com isso, as linhas de drenagem tendem a se aprofundar para o interior da massa de solo e rocha, passando a correr entre blocos rochosos, em profundidade, sendo notada sua presença somente pelo barulho da água. O mecanismo pode se desenvolver a ponto de constituir uma verdadeira rede de drenagem subterrânea, perceptível principalmente a quem esteja observando o local durante as enxurradas.

pequenos cones de dejeção: são geralmente de dimensões reduzidas (alguns metros cúbicos de material), localizados no meio de uma massa de solo e rocha em processo de movimentação lenta, e podem aparecer quando as linhas de drenagem subterrâneas, acima descritas, removendo finos durante as enxurradas, afloram momentaneamente à superfície do terreno, aí depositando os finos por perda de competência.

afundamentos localizados de massas de solo: dentro da dinâmica acima exposta, é possível se observar todo e qualquer tipo de movimentação relativa dos constituintes de uma massa de solo e rocha. Tais movimentos nada mais são de que reflexos da movimentação global. Assim, por exemplo, é comum que as linhas de drenagem subterrânea, anteriormente citadas, ao removerem a fração fina de um determinado local, provoquem o colapso e afundamento localizado de massa de solo sobrejacente, sem que, por outro lado, apareçam fendas de tração, ou de outro tipo. A movimentação será acusada, por exemplo, pela interrupção brusca numa linha de musgos arraigados a um bloco, em relação ao qual a massa de solo se moveu. A linha de musgos assinala, então, a posição relativa que o bloco e a massa de solo ocupavam antes da movimentação.

Métodos de investigação e apresentação de dados
93

- quebras no alinhamento da vegetação: a cobertura vegetal, natural ou plantada, pode evidenciar, a certa distância, interrupções bruscas de alinhamento, que tanto podem ser devidas a simples desníveis do terreno, como à presença de escorregamento, tendo parte do terreno se deslocado em relação ao restante. A superfície de escorregamento não seria visível, por estar escondida pela vegetação. Indícios desse tipo são úteis para orientação dos trabalhos de campo.

- deformações em obras de alvenaria: obras de alvenaria, por representarem estruturas rígidas, se prestam à observação de deformações como conseqüência de pressões de terra do lado montante. Embarrigamento e trincas são as feições mais comuns. O critério é, logicamente, de aplicação restrita a áreas povoadas.

- embarrigamento: tal feição é mais do que um indício de instabilização; é resultado de um processo já completado, ou prestes a sê-lo. Entretanto, em trabalhos de campo, é comum a descoberta de uma área instável a partir da identificação de áreas embarrigadas. Daí resulta sua importância.

- saturação do solo: este fato constitui um bom indício na identificação de áreas instáveis. Freqüentemente, massas escorregadas ou em regime de rastejo, deslocando-se de sua posição original, vão se alojar ao longo da encosta em nova posição, de forma a bloquear a área normal de descarga do fluxo subterrâneo. Com isso, a massa que ocupa nova posição, ao reter as águas do lençol freático, adquire nova condição de instabilidade e se apresenta encharcada em boa parte de sua extensão, sem que para isso tenham contribuído as águas de chuvas. O fenômeno é observável mesmo na estação seca. Isso não significa que, ao caminharmos sobre terreno encharcado, estejamos na presença de massas instáveis de solo, mas representa um indício, para que as investigações prossigam no local.

4.4 MAPEAMENTO GEOLÓGICO DA ENCOSTA

A área de interesse poderá cobrir, como vimos, desde algumas dezenas de metros quadrados até muitas dezenas de quilômetros quadrados. Diante da extrema variação de áreas abrangidas, um denominador comum consistiria em se procurar individualizar cada movimento de massa, ou cada conjunto de movimentos, de forma a permitir o uso de escalas da ordem de 1:100 até 1:1 000. Tal campo de variação de escalas permite sua aplicação direta em cálculos de estabilidade e em projetos de estabilização. Escalas menores que 1:1 000, usadas por motivos de funcionalidade em levantamentos geológicos de determinadas áreas, constituirão então etapas intermediárias de trabalho, sendo conveniente, a seguir, recorrer-se à transposição de dados em escalas maiores.

O levantamento geológico da área afetada pelo processo de instabilização deverá mostrar os afloramentos, as unidades litológicas e estratigráficas, a atitude das camadas, as principais linhas de compartimentação do maciço, a presença de elementos estruturais anômalos, a discriminação de áreas de alteração diferencial, a posição do lençol freático eventualmente aflorante, ressurgências de água, os limites da área eventualmente já movimentada, os traços característicos contidos na área movimentada, a localização dos trabalhos de subsuperfície executados, os locais de amostragens.

94 *Estabilidade de taludes naturais e de escavação*

Todas essas informações deverão ser lançadas em planta topográfica ou, na ausência desta, em planta, onde pelo menos os pontos significativos tenham sua locação planialtimétrica feita por meios topográficos. O emprego do altímetro, de relevante importância em trabalhos de caráter regional, perde gradativamente seu valor à medida que a escala de trabalho aumenta.

Especial atenção merecem as áreas de topo e de base do escorregamento, pois é nelas que se obtêm as melhores informações sobre a natureza do plano de movimentação. Deve-se entender que todos os trabalhos de superfície visam, também, uma melhor caracterização da seção do corpo escorregado, ou em vias de movimentação, pois é a partir dela que serão feitas as análises de estabilidades da área toda.

4.5 **TRABALHOS DE SUBSUPERFÍCIE**

A caracterização da seção da área instável deve contar, na medida do possível, com trabalhos de subsuperfície. Estes têm dupla finalidade: fornecer elementos sobre a natureza do material do corpo em estudo e sobre a superfície de movimentação em si. Poços e trincheiras, além de permitirem observação direta, favorecem a retirada de amostras indeformadas para caracterização laboratorial. Furos a trado, quando possíveis, permitem uma rápida perfilagem do material atravessado, retirada de amostras deformadas e melhor conhecimento da forma e do volume do corpo em estudo. Em certas condições será possível utilizar, na delimitação dos corpos de escorregamento, métodos de refração sísmica (Murphy e Rubin, 318; Deere e Patton, 297). Sua validade depende da existência, ou não, de contraste nítido entre o padrão de velocidade de propagação de ondas na massa do escorregamento e no substrato de apoio.

Sondagens rotativas representam o melhor recurso para caracterização de certas feições, quais sejam as posições do lençol freático e superfície de movimentação, em casos onde o acesso direto por meio de poços e trincheiras não seja viável. Normalmente, sondagens rotativas somente são empregadas em casos *preventivos*, ou seja, casos em que a movimentação ainda não ocorreu. Dificilmente poder-se-á contar com tal método em casos em que o corpo a estudar já tenha percorrido sua trajetória face ao alto custo envolvido. Dentro do campo das sondagens rotativas, serão somente as técnicas de recuperação mais cuidadosas que trarão bons subsídios aos estudos, devendo-se considerar que o uso de barriletes simples, coroas de vídia e diâmetros reduzidos dificilmente trará à superfície as informações de que se necessita. Como o que se pretende recuperar são, via de regra, delgados horizontes de materiais alterados, dever-se-ão empregar recursos, como barriletes duplos livres, diâmetros superiores a 70-80 mm, coroas de diamante, e técnicas, como a de amostragem integral (Rocha e Barroso, 1972) ou completa (Costa Nunes, 1971).

Sondagens a percussão, quando empregadas em estudos de escorregamentos, perdem algo de sua validade face à necessidade de amostragem cuidadosa e contínua, ao diâmetro do furo exigido e à necessidade de se operar, muitas vezes, em outras posições que não a vertical. Elas poderão, entretanto, se constituir em elemento valioso em determinados casos, como na instalação de piezômetros, feitos para observar o comportamento do lençol freático.

Em raros casos, quando o volume e a importância da área instável o justificarem, poder-se-á recorrer à abertura de galerias, que terão então múltiplas funções: de estudo, observação do comportamento e medidas de tratamento.

Métodos de investigação e apresentação de dados   **95**

4.6 DESCRIÇÃO DAS CARACTERÍSTICAS DO MOVIMENTO

Os critérios para descrição de movimentos de massa variam de acordo com a natureza do movimento. Escorregamentos em taludes rochosos exigem critérios diversos de movimentos coletivos de solo e de rocha em regime de rastejo, por exemplo. Procurar-se-á, a seguir, fazer uma relação dos elementos considerados significativos para descrição de um movimento de massa hipotético, já ocorrido ou em vias de ocorrer. Tal relação está parcialmente baseada na sistemática de caracterização apresentada por Penta (326), conforme segue.

a) *Características geométricas e morfológicas* — extensão do movimento, inclinação da superfície externa, profundidade atingida pelo fenômeno, direção de movimentação, volume, forma, aspecto exterior, forma de manifestação (abatimento, deformação plástica, colapso, assentamento, abaixamento, desprendimento).

b) *Descrição das partes típicas* — raiz ou região de destaque, extensão de movimentação, base ou zona de deposição.

c) *Natureza e estado do material envolvido* — material rochoso (maciço, estratificado, xistoso, compacto, fraturado, desagregado), material incoerente (areias, siltes, lama, detritos, materiais aluviais em geral), material coerente (argilas não--saturadas, argilas endurecidas, argilas tixotrópicas, turfa), estado do material da massa movimentada (sólido, líquido, plástico, fragmentário).

d) *Características estruturais* — homogeneidade ou heterogeneidade estrutural, presença e atitude de falhas, intercalações de baixa resistência mecânica, sistema de compartimentação (direção, mergulho, freqüência, espaçamento, abertura e preenchimento de descontinuidades, rugosidade, encurvamento, ondulações).

e) *Características mecânicas* — propriedades da rocha intata entre descontinuidades, previsão de comportamento diferenciado diante das solicitações.

f) *Mecanismo de movimentação* — início, desenvolvimento, evolução, duração, velocidade, discriminação de causa e agente, forma de atuação.

g) *Superfície de movimentação* — presença ou ausência, natureza, continuidade, superfícies múltiplas, descontinuidades, vazios, inclinação, irregularidades, abaulamentos.

h) *Comportamento no tempo* — periodicidade, freqüência no mesmo local, sucessivos estágios de desenvolvimento.

i) *Relações de mais movimentos* — coexistência, contemporaneidade, sucessão, distribuição, termos de passagem, densidade regional.

j) *Conseqüências na área* — influência na morfologia local, ou regional, implicações econômicas, mudanças no regime de escoamento superficial ou subterrâneo.

Alguns dos elementos acima apresentados poderão ser fundidos, outros ulteriormente detalhados, dependendo das condições encontradas em cada situação.

4.7 ESTUDO DA COMPARTIMENTAÇÃO DO MACIÇO

Um meio rochoso apresenta planos de fraqueza, ou descontinuidades, nos mais diversos padrões e das mais variadas origens. Diáclases, fraturas, juntas, falhas, planos de acamamento, diques, clivagens, se sobrepõem muitas vezes formando um emaranhado que o geólogo irá procurar destrinchar. Pode-se tentar, basicamente, distinguir três grandes grupos de descontinuidades, não em função de sua gênese mas em função de sua geometria, ou distribuição espacial, dentro do maciço. São eles:

●*compartimentação principal*, constituída pelas famílias, redes e sistemas de diáclases, clivagens; ou seja, estruturas apresentando sensivelmente a mesma orien-

96 Estabilidade de taludes naturais e de escavação

tação, inclinação e intensidade de ocorrência; são descontinuidades de segunda grandeza, tendo, em geral, extensão limitada. Isso significa que, em um sistema desse tipo, eventuais rupturas poderão envolver trechos do maciço isentos de descontinuidades, mobilizando a resistência da própria rocha intata.

•*estruturas individuais significativas*, representadas por falhas, juntas de alívio, planos de acamamento, ou seja, por estruturas de relevante continuidade, capazes de controlar, por si só, o comportamento de um talude.

•*descontinuidades aleatórias*, constituídas por planos de fraqueza estrutural de distribuição irregular, reunidos sob a denominação genérica de fraturas.

Todas essas feições devem ser mapeadas, procedendo então o geólogo ao clássico levantamento estatístico com bússola.

Um dos aspectos mais importantes, no caso de taludes rochosos, é a coleta sistemática e a forma de apresentação do levantamento estrutural do maciço, de modo que esses dados possam ser realmente utilizados nas avaliações de estabilidade. Quanto à coleta sistemática, é inevitável que surjam dúvidas sobre como se deve proceder para se obterem dados representativos para uma determinada feição estrutural visível (parede, afloramento etc.), pois não existe um único critério, mas sim muitos. Piteau (327) recomenda, como critério de amostragem, que se estenda um fio, ou uma trena, a uma altura de ombro, por uma extensão de cerca de 30 m ao longo de uma parede de túnel, ou afloramento, procedendo-se ao levantamento e registro de todas as feições estruturais que interceptam a linha do fio. Outros autores sugerem o levantamento por septos, ou seja, o levantamento de todas as feições contidas em áreas unitárias, normalmente quadradas ou retangulares. Este processo foi utilizado pelo Instituto de Pesquisas Tecnológicas (IPT) de São Paulo em estudos de compartimentação do maciço da usina de São Simão em galerias, com resultados satisfatórios. O que se pode dizer, como orientação geral em trabalhos desta natureza, é que o levantamento ao longo de linhas citado por Piteau dará bons resultados na presença de estruturas que se repetem com certa regularidade, como as de compartimentação principal acima citadas, ao passo que, na presença de descontinuidades aleatórias, irregularmente distribuídas, o método por septos irá conduzir a melhores resultados.

4.8 O EMPREGO DE DIAGRAMAS DE PROJEÇÃO ESFÉRICA

A experiência, em estudos de estabilidade de taludes, tem mostrado que o lançamento de dados em diagramas de projeção esférica constitui um meio conveniente de representação. Isso se deve ao fato de os especialistas no assunto terem passado a utilizar, cada vez mais intensamente, métodos estatísticos de análise por meio de métodos gráficos (Ruiz, 224, 225; John, 310, Londe, 315). A projeção estereográfica permite o estudo do problema a três dimensões em gráficos a duas dimensões, representando uma excelente arma na análise e projeto de estabilização de taludes em rocha.

Entre os diversos tipos de projeção esférica, o mais comumente utilizado é o de *igual área*, também conhecido como projeção de Schmidt-Lambert. Consiste em se projetar uma esfera com sua rede de paralelos e meridianos num plano que contenha os dois pólos, norte e sul (Fig 65, à esquerda). Nesta projeção (Hoek e Bray, 308, p. 42), o plano do equador passa a ser representado pelo grande círculo externo. Os planos geológicos (diáclases, juntas etc.) são representados através de seus dois elementos básicos, direção e mergulho, e para isso se utiliza o traço de intercepção desses planos na esfera de referência. Este traço (Fig. 65, à direita) é sempre um grande círculo, porque o plano que se quer representar passa pelo centro da esfera, por imposição. Assim, na representação esférica, todos os planos

Métodos de investigação e apresentação de dados   **97**

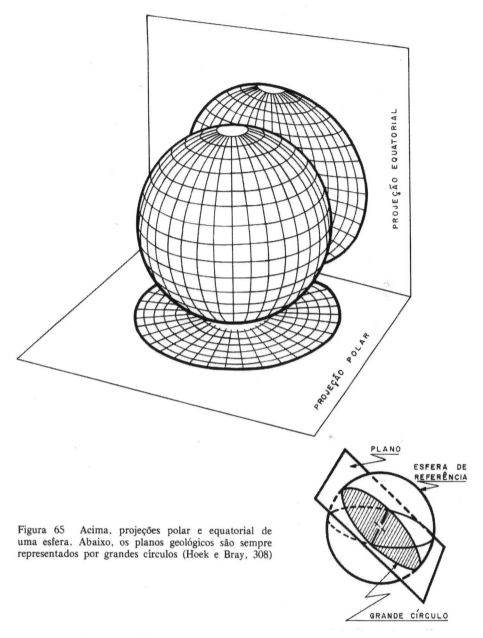

Figura 65   Acima, projeções polar e equatorial de uma esfera. Abaixo, os planos geológicos são sempre representados por grandes círculos (Hoek e Bray, 308)

e todas as linhas medidos no campo, numa certa área, são imaginados estarem localizados, em sua orientação correta, no centro da esfera, interceptando a superfície da esfera por meio de grandes círculos ou, no caso de retas, por pólos.

A posição de um plano, no espaço, também pode ser representada por seus pólos, que são os pontos onde a reta perpendicular a este plano, passando pelo centro da esfera, intercepta a superfície da mesma. Têm-se portanto dois pólos, um na calota superior, outro na inferior. No desenvolvimento deste livro será utilizado somente um dos hemisférios, o superior. Apesar de o hemisfério inferior ser mais comumente empregado em Geologia Estrutural, a utilização do hemisfério superior permite uma visualização direta da posição de planos no interior de um talude que esteja sendo observado de baixo para cima. De resto, a representação de planos e de linhas é idêntica para os dois hemisférios, apenas possuindo inversão em torno de um centro de simetria.

O princípio de representação de um plano pode ser visualizado na Fig. 66 (Ruiz, 224). Dado um plano (P_1) qualquer no espaço, faz-se com que o mesmo passe pelo centro da esfera, através de um movimento de translação. Traçando a normal N ao plano, passando pelo centro O da esfera, esta fura a esfera num ponto N_1.

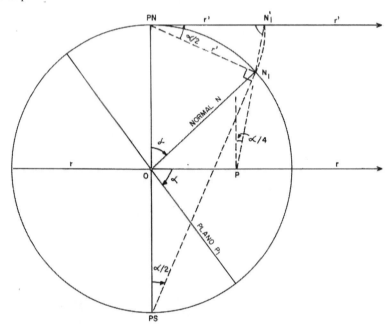

Figura 66 Princípio de representação de um plano na projeção hemisférica de igual área (Schmidt-Lambert) (Ruiz, 224)

Com centro em PN traça-se o arco de círculo ligando N_1 até o eixo r', obtendo-se N'_1 em r'. Ligando-se N'_1 a N_1, este segmento de reta intercepta o plano do equador no ponto P. Este ponto P é chamado pólo do plano.

A projeção hemisférica de Schmidt-Lambert, graças a esta seqüência de operações, não causa modificações, em área, de figuras situadas na esfera de referência quando projetadas no plano do equador. Por isso é conhecida como *projeção hemisférica de igual área*.

Para representar uma descontinuidade geológica, utilizam-se folhas de *diagramas de Schmidt-Lambert* já preparadas para este fim, montadas em cartolina ou plastificadas. Nesse diagrama estão representados meridianos (grandes círculos) e paralelos espaçados de 2 em 2 graus. Os exemplos apresentados nas páginas seguintes utilizam diagramas esquemáticos com paralelos e meridianos espaçados de 10 em 10 graus. Em cima desta folha contendo o diagrama, coloca-se outra folha, transparente, em branco, fixando-a com alfinete no centro do diagrama, de modo a permitir sua rotação. Marcam-se, na folha transparente, a lápis, as direções norte, sul, leste e oeste. Se se quiser representar, por exemplo, uma diáclase

Métodos de investigação e apresentação de dados 99

de direção N40ºW, mergulhando de 25º para o sul, roda-se o papel transparente no sentido horário até se atingir um ângulo de 40º contados ao longo do círculo externo do diagrama (Fig. 67, à esquerda). Com esta operação, consegue-se lançar a direção do plano. O mergulho é agora medido, sem se deslocar o papel transparente, contando-se 25º na linha do equador, a partir do grande círculo externo, que representa o plano horizontal (Fig. 67, centro). Ao longo do grande círculo que passa pelos 25º, traça-se a linha, sempre a lápis, que define a posição do plano no espaço. Para fixar a posição do pólo P do plano, basta contar, ao longo da linha do equador, 90º para o lado esquerdo. Voltando agora com o papel vegetal à posição original, visualiza-se a aparência final do grande círculo e do pólo que define o plano (Fig. 53, abaixo). É uma operação simples e rápida. O mesmo procedimento passa a ser feito com outros planos e outras retas, podendo-se então visualizar a posição relativa dos planos no espaço.

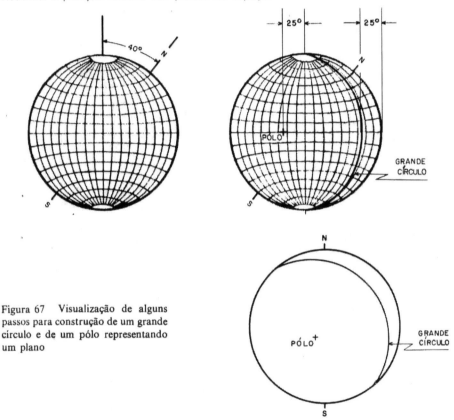

Figura 67 Visualização de alguns passos para construção de um grande círculo e de um pólo representando um plano

Ângulos diedros, formados pela intercepção de dois planos, também podem ser medidos, podendo-se também obter direção e mergulho da linha de intercepção. Dados dois planos, de direções N40ºW e N50ºE, e respectivos mergulhos de 25ºS e 60ºN, procede-se à sua representação da mesma forma acima descrita até se lançarem seus respectivos pólos, P_1 e P_2. A seguir, roda-se o papel transparente até que a interseção dos dois grandes círculos se situe na linha do equador. O mergulho da linha de interseção é medido, então, por contagem, a partir do grande círculo externo, verificando-se, no caso, um mergulho de 24º (Fig. 68, à esquerda). Para medir o ângulo diedro entre os dois planos, basta fazer com que, por rotação

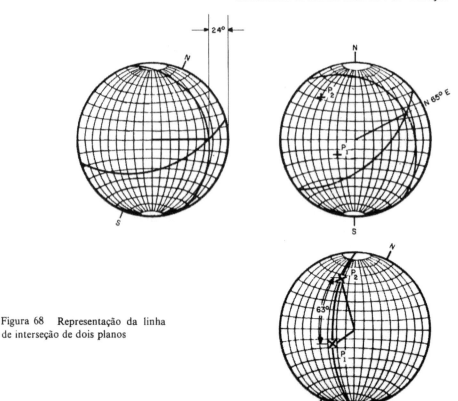

Figura 68 Representação da linha de interseção de dois planos

da folha, os dois pólos se localizem ao longo do mesmo grande círculo, medindo-se então o ângulo diedro por simples contagem ao longo deste círculo (Fig. 68 à direita). No caso, o ângulo diedro mede 63°.

Em trabalhos que requeiram o lançamento, em diagrama, de centenas de dados sobre diáclases, por exemplo, convém trabalhar com pólos, em vez de grandes círculos, pois estes últimos, quando em número superior à dezena, geram confusão. Uma vez lançado o chamado *diagrama de pontos* (são os pólos dos planos), convém proceder à elaboração de um tratamento estatístico dos dados, chegando-se ao chamado *diagrama de freqüência*. Para isso procede-se à determinação da distribuição dos pólos por unidade de área arbitrada, empregando-se duas peças recortadas em cartolina chamadas *contador central* e *contador periférico*. Para um diagrama de igual área de 10 cm de diâmetro, as duas peças possuem círculos abertos com 1 cm de raio. Sem entrar em muitos detalhes sobre a técnica, que pode ser encontrada nos trabalhos de Castanho (1966), Hills (1966) e Ragan (1973), ou em outros livros de Geologia Estrutural, bastará dizer que se procede a uma contagem dos pólos em toda a área do diagrama, elaborando-se finalmente o traçado de linhas de contorno em áreas de mesma densidade de pólos. O diagrama de freqüência assim obtido põe em evidência as eventuais concentrações de feições estruturais existentes no maciço e obedecendo a determinadas orientações. A Fig. 69 mostra três etapas típicas de elaboração de um diagrama de freqüência.

No próximo item será visto de que forma esses diagramas de freqüência são utilizados na avaliação das condições de estabilidade de massas rochosas por método gráfico.

Métodos de investigação e apresentação de dados

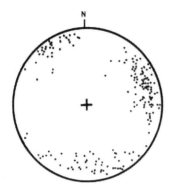
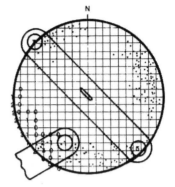

Figura 69 Construção de diagramas de pontos e diagramas de freqüência. (Hoek e Bray, 308)

Finalizando este item, é preciso lembrar as dificuldades que o geólogo terá, muitas vezes, no levantamento do sistema de compartimentação de um maciço, particularmente no meio ambiente brasileiro, diante dos espessos mantos de intemperismo, da reduzida freqüência de afloramentos, da cobertura vegetal. Hoek e Bray (308) sugerem a possibilidade, em alguns casos particulares, de se acentuarem as feições estruturais de um maciço por processo de lavagem, jateamento de água, do capeamento de solo. O processo, que foi utilizado com sucesso no local da barragem de Gordon, Tasmânia, tem o mérito de remover os materiais mais brandos e erodíveis pondo em evidência os principais defeitos estruturais da massa rochosa.

4.9 REPRESENTAÇÃO DE CONE DE ATRITO

Dado um bloco de peso P, apoiado num plano com inclinação i com a horizontal, a força que tende a movimentar o bloco é dada por $S = P$ sen i e a força normal ao plano é dada por $N = P$ cos i. Em ausência do fator coesão, vigorando o atrito puro no equilíbrio do bloco, a força que resiste ao movimento será dada por $R_f = N$ tg $\phi = P$ cos $i \cdot$ tg ϕ, sendo ϕ o ângulo de atrito da superfície.

Haverá movimentação do bloco se a força S for maior que a força resistente R_f, ou se P sen i for maior que P cos $i \cdot$ tg ϕ. Simplificando, a condição para que haja movimentação é que i seja maior que ϕ.

Como a força resistente R_f atua de maneira uniforme na superfície entre o bloco e o plano (admitindo-se que a superfície tenha características de atrito constantes em todas as direções), pode-se imaginar um *cone de atrito* envolvendo a força normal N, como mostra a Fig. 70, à esquerda (Hoek e Bray, 308), p. 273). Este cone tem círculo de base de raio R_f, altura N e ângulo de geratriz ϕ. Haverá movimentação do bloco se for satisfeita a condição i maior que ϕ, ou seja, se o vetor peso P cair fora do cone de atrito.

O método usado para lançar a representação do cone de atrito no diagrama de Schmidt-Lambert é simples. Em primeiro lugar, marcam-se o grande círculo e o pólo, que representam o plano. Se o ângulo de atrito, ao longo do plano, for, por exemplo, de 30°, medem-se esses 30° a partir do pólo, ao longo do grande círculo que o contém, dos dois lados do pólo. Roda-se agora o papel transparente até que o pólo caia em cima de um outro grande círculo qualquer e medem-se novamente 30° dos dois lados do pólo, marcando a lápis esses novos pontos. O processo continua, ao longo de novos grandes círculos, até que se tenha um número de pontos suficientemente grande, de modo a desenhar a projeção do cone de atrito.

A Fig. 70 à direita, apresenta um exemplo de representação de um cone. Trata-se de um plano de direção NS, mergulho de 70°W e ângulo de atrito de 30°. Observa-se que a posição do pólo é tal que, durante as operações de representação, o lançamento do ângulo de 30° não coube no hemisfério norte, caindo abaixo do equador, sendo então necessário utilizar o hemisfério sul para projeção completa do cone de atrito.

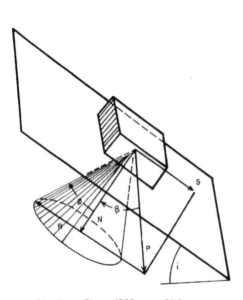

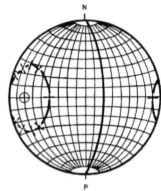

Figura 70 À esquerda, escorregamento de um bloco ao longo de um plano sob ação de seu próprio peso. A movimentação ocorre quando $i > \phi$ ou quando o vetor peso P cair fora do cone de atrito. À direita, construção da projeção de um cone de atrito (Hoek e Bray, 340)

Hoek e Bray (308, p. 276) sugerem uma extensão do conceito de cone de atrito, de modo a incluir o fator coesão em sua representação em diagrama. A força resistente devida à presença da coesão, na base de um bloco sujeito a movimentação, é dada por $R_c = cA$, sendo c a coesão ao longo da superfície e A a área do bloco, ou cunha. Aceitando, à semelhança do que foi admitido com relação ao atrito, que a coesão atue de maneira uniforme ao longo do plano de movimentação, podem-se representar coesão e ângulo de atrito através de um cone, de mesma altura N, com raio de circunferência de base $R_c + R_f$ e ângulo de geratriz ϕ_a. Este ângulo de atrito aparente ϕ_a pode ser determinado pela relação:

$$\operatorname{tg} \phi_a = \frac{R_f + R_c}{N} = \operatorname{tg} \phi + \frac{cA}{P \cos i}$$

Uma vez determinado este ângulo de atrito aparente, a representação gráfica do cone de atrito aparente segue o mesmo caminho citado anteriormente. Desta forma, pode-se perceber que haverá instabilidade se a força atuante S for superior às forças resistentes $R_c + R_f$ ou, em outras palavras, se o vetor peso P, representado no centro do diagrama de projeção estereográfica, cair para fora da projeção do cone de atrito aparente. A Fig. 71 ilustra as operações citadas e mostra um caso em que o vetor peso cai dentro do cone de atrito aparente, significando então um caso de talude estável.

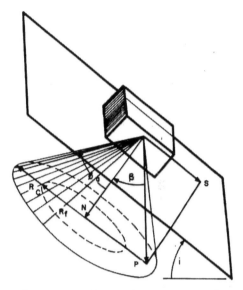

Figura 71 Ângulo de atrito aparente obtido no caso de resistência devida a atrito somado à coesão (Hoek e Bray, 308)

Hoek e Bray, em seu livro *Rock Slope Engineering*, desenvolvem este processo de avaliação gráfica das condições de estabilidade de taludes rochosos para o caso de bloco em cunha e para o caso de influência de forças externas (pressão hidrostática, por exemplo). Quem queira se aprofundar no método poderá também recorrer ao importante trabalho de Hendron Jr., Cording e Aiyer (305).

4.10 CARACTERIZAÇÃO GEOMECÂNICA POR MEIOS EXPEDITOS

Apesar da gama extremamente diversificada de ensaios laboratoriais hoje disponíveis em Tecnologia e Mecânica de Rochas, a caracterização geomecânica do maciço rochoso deve ser feita, na medida do possível, no campo. Obviamente, seus níveis de detalhamento e precisão dependerão da natureza dos métodos empregados.

Existem meios expeditos de caracterização e critérios de classificação baseados na experiência, que fornecem um primeiro quadro representativo do maciço rochoso e de seus problemas. Investigações ulteriores, feitas com maiores recursos, poderão fornecer maior grau de precisão, mas dificilmente o quadro traçado por técnicos experientes irá sofrer modificações significativas. Tais meios e critérios são aplicados seja a testemunhos de sondagem, seja em afloramentos ou paredes de escavação.

4.10.1 Índices globais de classificação

Uma classificação básica do maciço rochoso utiliza geralmente três critérios, além da simples classificação litológica: um grau de resistência da matriz rochosa entre descontinuidades, um grau de alteração da rocha, um grau de fraturamento,

104 *Estabilidade de taludes naturais e de escavação*

este último enriquecido com a descrição dos tipos de descontinuidades. Há tentativas de classificação global, através de um único *índice de qualidade*, que procuram favorecer a simplicidade de operações. O índice de maior sucesso é, indubitavelmente, o RQD (*Rock Quality Designation*), proposto por Deere (1970) e Deere e Miller (1966), e aplicável a testemunhos de sondagem. Leva em consideração as peças de rocha sã de comprimento superior a 10 cm, estabelecendo a relação entre o comprimento acumulado delas e a extensão total da manobra de perfuração num determinado trecho. O índice varia assim entre zero e a unidade. Um outro índice global é o *Índice Kiruna*, proposto por Hansagi e apresentado por Ruiz (1971), também aplicável a testemunhos de sondagem e que requer alguns passos intermediários a mais que o RQD, resultando, porém, num índice análogo.

A relação entre o valor numérico de RQD, do índice Kiruna e a qualidade da rocha, para fins de engenharia, é apresentada na Fig. 72.

As principais limitações dos dois índices consistem no fato de não levar em consideração a influência de orientação, continuidade e material de preenchimento de diáclases e descontinuidades em geral.

ÍNDICE KIRUNA			QUALIDADE DA ROCHA	RQD		
0	a	0, 15	MUITO POBRE	0	a	0,25
0,15	a	0, 30	POBRE	0, 25	a	0,50
0,30	a	0, 45	REGULAR	0, 50	a	0,75
0,45	a	0, 65	BOA	0, 75	a	0,90
0,65		1, 00	EXCELENTE	0, 90	a	1,00

Figura 72 Relação numérica entre dois *índices de qualidade da rocha*: índice Kiruna e *Rock Quality Designation* — RQD. Os dois índices são aplicáveis a testemunhos de sondagem

4.10.2 Grau de resistência

Ao lado dos índices globais, existem diversas técnicas aplicáveis a cada um dos três parâmetros acima definidos (resistência, alteração e fraturamento). O ensaio de *compressão puntiforme* define a resistência da matriz rochosa através de teste expedito, realizável no campo com um equipamento portátil, em fragmentos rochosos irregulares, ou testemunhos de sondagem (Fig. 73). A técnica é descrita por Brosh e Franklin (1972), Reichmut (1968), e Guidicini, Nieble e Cornides (1972). Uma vez obtida a resistência da rocha, esta é classificada segundo determinadas convenções, como as adotadas pelo IPT de São Paulo e apresentadas na Fig. 74, dividindo o campo de resistência em cinco faixas.

Muito se tem falado a respeito das possibilidades de emprego de esclerômetros de impacto em trabalhos de campo. O mais conhecido é o do tipo Schmidt, existindo no mercado em três modelos com diferentes energias de impacto. Experiências realizadas com tais esclerômetros, para a determinação da resistência à compressão de rochas (Guidicini e Tognon, (1973), mostram que tais instrumentos, válidos quando usados em laboratório, pouca validade têm quando usados no campo. Isto se deve a razões, como: reduzida sensibilidade nos modelos de elevada energia de impacto; necessidade de introduzir fatores de correção, ainda não caracterizados, quando instrumentos de menor energia passam a ser utilizados em outra direção que não a vertical com cursor voltado para baixo; dificuldades na técnica de amostragem; cuidados especiais de manutenção do equipamento.

Métodos de investigação e apresentação de dados   105

Figura 73   Esquema de execução de ensaio de compressão puntiforme, vendo-se à esquerda a prensa portátil e a colocação do fragmento de forma irregular entre as esferas de aplicação da carga. À direita, são visíveis o manômetro com ponteiro de arraste e a bomba manual

ROCHA	SÍMBOLO	RESISTÊNCIA (kg/cm^2)
MUITO RESISTENTE	R1	> 1200
RESISTENTE	R2	1200-600
POUCO RESISTENTE	R3	600-300
BRANDA	R4	300-100
MUITO BRANDA	R5	< 100

Figura 74   Quadro de classificação de rochas quanto a sua resistência à compressão simples

4.10.3 Grau de alteração

O grau de alteração é certamente o parâmetro de mais difícil definição, já em condições de laboratório, quanto mais em condições de campo. Uma das recomendações geralmente encontradas na literatura é a de se proceder à fixação, no campo, de um reduzido número de classes de alteração em função de uma avaliação macroscópica das características petrográficas da rocha. A fixação em três classes, por exemplo, seria uma forma de minimizar os efeitos do subjetivismo da apreciação e elas poderiam ser representadas por símbolos como na Fig. 75.

4.10.4 Grau de coerência

No caso particular de rochas sedimentares, dificilmente se consegue aplicar critérios de sanidade, pela própria natureza e gênese de tais rochas. Convém, nesses

106   *Estabilidade de taludes naturais e de escavação*

ROCHA	SÍMBOLO
SÃ OU PRATICAMENTE SÃ	A 1
ALTERADA	A 2
MUITO ALTERADA	A 3

Figura 75   Quadro de classificação de rochas quanto ao grau de alteração

casos, recorrer a um índice complementar de caracterização, que pode ser chamado *grau de coerência*. É um índice de emprego tradicional no meio geológico, baseando-se em características físicas, como: resistência ao impacto (tenacidade), resistência ao risco (dureza), friabilidade. Pode-se introduzir, desta forma, uma escala de níveis, por exemplo, em número de quatro, de acordo com a resposta da rocha às diversas solicitações. A Fig. 76 apresenta os quatro níveis de coerência, devendo-se chamar a atenção para o fato de este índice ser meramente qualitativo, apesar de ter se revelado bastante útil em trabalhos de caracterização já realizados. Observa-se também que determinadas rochas poderão fugir às características discriminadas: um calcário compacto, por exemplo, poderá ser classificado como coerente, apesar de não apresentar resistência ao risco por lâmina de aço.

ROCHA	SÍMBOLO	CARACTERÍSTICAS
MUITO COERENTE	C 1	— QUEBRA COM DIFICULDADE AO GOLPE DE MARTELO — O FRAGMENTO POSSUI BORDAS CORTANTES QUE RESISTEM AO CORTE POR LÂMINA DE AÇO — SUPERFÍCIE DIFICILMENTE RISCADA POR LÂMINA DE AÇO
COERENTE	C 2	— QUEBRA COM RELATIVA FACILIDADE AO GOLPE DO MARTELO — O FRAGMENTO POSSUI BORDAS CORTANTES QUE PODEM SER ABATIDAS PELO CORTE COM LÂMINA DE AÇO — SUPERFÍCIE RISCÁVEL POR LÂMINA DE AÇO
POUCO COERENTE	C 3	— QUEBRA FACILMENTE AO GOLPE DO MARTELO — AS BORDAS DO FRAGMENTO PODEM SER QUEBRADAS PELA PRESSÃO DOS DEDOS — A LÂMINA DE AÇO PROVOCA UM SULCO ACENTUADO NA SUPERFÍCIE DO FRAGMENTO
FRIÁVEL	C 4	— ESFARELA AO GOLPE DO MARTELO — DESAGREGA SOB PRESSÃO DOS DEDOS

Figura 76   Quadro de classificação de rochas quanto ao grau de coerência

4.10.5 **Grau de fraturamento**

O grau de fraturamento é geralmente determinado por simples contagem de fraturas ao longo de uma certa direção, utilizando-se normalmente o número de fraturas por metro. Em testemunhos de sondagem, convém considerar apenas as fraturas originais e não as provocadas pelo processo de perfuração. Convém também não considerar fraturas soldadas por materiais altamente coesivos. Apesar

Métodos de investigação e apresentação de dados

de ser apresentado em fraturas por metro, o critério pode ser aplicado a trechos de qualquer extensão, mesmo de alguns centímetros, bastando neste caso extrapolar os valores encontrados para a extensão de 1 m. Dentre as várias escalas de fraturamento existentes na literatura, sugere-se a adoção da escala apresentada na Fig. 77, normalmente utilizada nos trabalhos do IPT de São Paulo.

O grau de fraturamento terá, entretanto, reduzido significado se não for complementado por informações sobre o tipo de fratura. Em capítulos anteriores foi visto, de fato, como a qualidade das superfícies da descontinuidade influi sobre suas características de resistência. Pode-se assim descrever a abertura da fenda existente entre as duas superfícies, o tipo de material eventualmente preenchendo a descontinuidade, a presença de contatos rocha-rocha, a rugosidade da superfície. Não existem, a rigor, critérios consagrados para tais medidas que possam ser adotados de maneira padronizada. Deve-se procurar, em cada caso, descrever tais aspectos da maneira que se julgar a mais apropriada, procurando-se fornecer parâmetros que venham a ser de real utilidade nas análises de estabilidade. Todos esses aspectos têm sido estudados por diversos especialistas e quem queira se aprofundar no assunto poderá consultar os trabalhos de Cottis, Dowell e Franklin (1971). Onodera (1970) e Bieniawski (1973).

ROCHA	SÍMBOLO	NÚMERO DE FRATURAS POR METRO
OCASIONALMENTE FRATURADA	F1	< 1
POUCO FRATURADA	F2	1 – 5
MEDIANAMENTE FRATURADA	F3	6 – 10
MUITO FRATURADA	F4	11 – 20
EXTREMAMENTE FRATURADA	F5	> 20
EM FRAGMENTOS	F6	TORRÕES OU PEDAÇOS DE DIVERSOS TAMANHOS CAOTICAMENTE DISPOSTOS

Figura 77   Quadro de classificação de rochas quanto ao grau de fraturamento

4.10.6 Medição de irregularidades de superfície

Vale aqui apenas citar, em particular, os cuidados recomendados por Fecker e Rengers (1971) nas medidas de irregularidades superficiais, quando se procura avaliar sua importância na resistência ao cisalhamento de descontinuidades. Os valores das irregularidades dependem sobremodo das técnicas de medida. Diferentes comprimentos da base utilizada levarão à obtenção de diferentes resultados (Fig. 78) sendo tanto mais dispersos quanto menor for o comprimento da base. A Fig. 79 (Hoek e Bray, 308, p. 65) mostra a ordem de grandeza de tais variações em função do uso de quatro diferentes bases, de comprimento variável entre 5,5 e 42 cm. Para maiores detalhes sobre a técnica de medida convém consultar o trabalho de Fecker e Rengers, autores das medidas posteriormente elaboradas por Hoek e Bray.

É claro que as bases citadas permitirão somente medidas de irregularidades de primeira ordem, ou ondulações, pois as de segunda ordem, ou rugosidades,

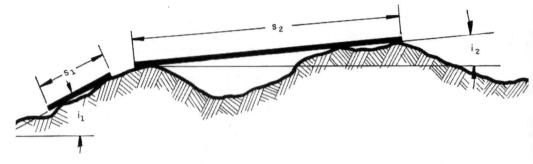

Figura 78 Medição de irregularidades superficiais com diferentes comprimentos de base. Bases curtas fornecem valores elevados de ângulos de irregularidades, ao passo que com bases longas os ângulos resultam menores (Hoek e Bray, 308)

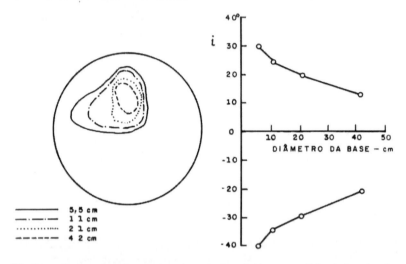

Figura 79 Exemplo da ordem de grandeza de variações obtidas na medição de ângulos de rugosidade de bases utilizadas (Hoek e Bray, 308)

ocupam uma escala de grandeza bem menor, na casa dos milímetros até poucos centímetros.

Piteau (327, p. 52) propõe que as ondulações sejam registradas em função de sua amplitude e comprimento e que, para as irregularidades de segunda ordem, ou rugosidades, se utilize uma escala de classificação segundo o modelo apresentado na Fig. 80.

As categorias de rugosidade, em número de cinco, recebem as seguintes denominações:

Categoria	Grau de rugosidade
1	Superfície estriada (polida)
2	Superfície lisa
3	Superfície com pequenos abaulamentos
4	Superfície com pequenos degraus
5	Superfície muito irregular

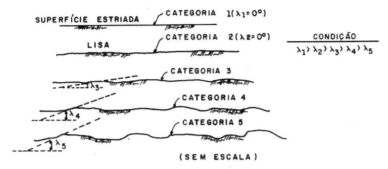

Figura 80 Escala de classificação de rugosidades (irregularidades de segunda ordem). Lambda (λ) representa o ângulo formado pela irregularidade com a horizontal (Piteau, 327)

Piteau considera que esta divisão em cinco categorias satisfaz aos níveis de rugosidade comumente encontrados em superfícies rochosas.

4.10.7 Classificações "ponderadas"

A partir do começo da década de 70, passaram a ganhar corpo classificações onde cada parâmetro recebia um determinado valor numérico, dependendo de sua importância para um projeto de engenharia. Assim, grau de fraturamento, alteração, resistência, material de preenchimento, presença ou não de água, orientação de diáclases, uma vez avaliados, são transformados num determinado valor numérico ponderado. A soma de todos esses valores ponderados será um número, que representará a classe do maciço rochoso. Em geral, a cada parâmetro são atribuídos pesos ponderados de 1 a 10, o valor maior representando sempre as condições melhores da rocha. Entende-se, assim, que, quanto maior for a soma de todos os parâmetros ponderados, melhores serão as condições do maciço rochoso para um determinado projeto de engenharia.

Existem diversas referências sobre o assunto e recomenda-se, a quem queira se aprofundar no tema, a leitura dos trabalhos de Bieniawski (1973). Denkhaus (1973), Wickham, Tiedemann e Skinner (1972), e Cottis, Dowell e Franklin (1971).

A título de ilustração, a tabela da p. 88 apresenta a classificação geomecânica "ponderada" de Bieniawski (314). Note-se que, apesar de essa classificação ter sido originariamente destinada à previsão do comportamento de maciços rochosos em obras subterrâneas, uma tentativa é feita pelo autor visando sua aplicação a fundações e taludes rochosos.

A tendência geral, no campo das técnicas de caracterização de meios rochosos, é a de evoluir rapidamente. Muitos trabalhos têm sido apresentados nos últimos anos e, para ulteriores consultas, sugerem-se os de Franklin (1974) e Deere (1966).

4.10.8 Ensaios de cisalhamento expeditos

Dentro da sistemática de caracterização geotécnica de meios expeditos, pode-se incluir, finalmente, a determinação da resistência ao cisalhamento por meio de equipamentos leves, de fácil emprego no campo. Trata-se do equipamento portátil de cisalhamento direto, representado na Fig. 67, tirada de Hoek e Bray (308, p. 103). A favor da simplicidade operacional, diversos dispositivos mais sofisticados tiveram que ser sacrificados neste modelo. Apesar desta simplicidade,

MODELO DE CLASSIFICAÇÃO GEOMECÂNICA "PONDERADA"

PARÂMETROS DE CLASSIFICAÇÃO E SEUS PESOS RELATIVOS

1	resistência da rocha intacta	Índice de compressão puntiforme	80 kg/cm²	40-80 kg/cm²	20-40 kg/cm²	10-20 kg/cm²	uso de ensaio de compressão uniaxial preferido		
		resistência à compressão simples	2000 kg/cm²	1000-2000 kg/cm²	500-1000 kg/cm²	250-500 kg/cm²	100-250 kg/cm²	30-100 kg/cm²	10-30 kg/cm²
	Peso relativo		15	12	7	4	2	1	0
2	R Q D		90%-100%	75%-90%	50%-75%	25%-50%	<25%		
	Peso relativo		20	17	13	8	3		
3	Espaçamento de juntas		>3m	1-3m	0,3-1m	50-300mm	<50mm		
	Peso relativo		30	25	20	10	5		
4	Condição das juntas		Superfícies muito rugosas. Não contínuas. Fechados. Paredes duras	Superfícies pouco rugosas. Separação <1mm. Paredes duras	Superfícies pouco rugosas. Separação <1mm. Paredes moles	Superfícies estriadas OU Preenchimento <5mm OU Abertura de juntas 1-5mm. Juntas contínuas	Preenchimento mole 5mm OU Abertura de juntas>5mm. Juntas contínuas		
	Peso relativo		25	20	12	6	0		
5	Água Subterrânea	Infiltração em 10m de túnel	Nenhuma		<25 l/min	25-125 l/min	>125 l/min		
		Relação pressão d'água na junta / Tensão prin cipal máxima	0		0,0-0,2	0,2-0,5	>0,5		
		Condições Gerais	Completamente seca		Umidade (água intersticial)	Água sob pressão moderada	Problemas graves d'água		
	Peso relativo		10		7	4	0		

AJUSTE PARA ORIENTAÇÃO DE DESCONTINUIDADES

Direção e mergulho		Muito favorável	favorável	aceitável	desfavorável	Muito desfavorável
Peso relativo	Túneis	0	-2	-5	-10	-12
	Fundações	0	-2	-7	-15	-25
	Taludes	0	-5	-25	-50	-60

CLASSES DE MACIÇO

Classe nº	I	II	III	IV	V
Descrição	muito bom	bom	regular	pobre	muito pobre
Peso relativo	100←90	90←70	70←50	50←25	<25

SIGNIFICADO DAS CLASSES

Classe nº	I	II	III	IV	V
Tempo de auto-sustentação médio	10 anos para 5m de vão	6 meses para 4m de vão	1 semana para 3m de vão	5 horas para 1,5m de vão	10 minutos para 0,5m de vão
Coesão	>3 kg/cm²	2-3 kg/cm²	1,5-2 kg/cm²	1-1,5 kg/cm²	<1 kg/cm²
Atrito	>45°	40°-45°	35°-40°	30°-35°	<30°

(BIENIAWSKI. 1973)

segundo os mesmos autores, os resultados obtidos têm a mesma precisão dos outros parâmetros utilizados na alimentação de cálculos de estabilidade.

Um equipamento típico, como o representado na Fig 81, pesa em torno de 40 kg. A amostra que contém a descontinuidade a ser ensaiada é reduzida a dimensões de tal ordem que caiba dentro das caixas de ensaio, onde a descontinuidade é colocada na horizontal, alinhada com a direção de aplicação da carga cisalhante. A amostra é então presa com argamassa, ou outro material cimentante. A técnica de ensaio é aplicada dentro do padrão convencional. O deslocamento permitido é da ordem de 2,5 cm. Há equipamentos comercializados onde é possível inverter o sentido de aplicação da carga tangencial, sem aliviar a carga normal, o que é útil para determinar a resistência residual de certos tipos de descontinuidade.

Métodos de investigação e apresentação de dados   111

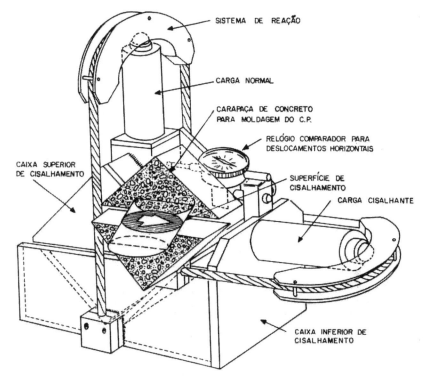

Figura 81   Conjunto portátil para ensaio de cisalhamento, mostrando a posição da amostra e a superfície de cisalhamento. Um equipamento típico mede cerca de 50 cm de comprimento, 50 cm de altura e 40 cm de largura, e pesa cerca de 40 kg (Hoek e Bray, 308)

4.11 ESTUDO DAS CONDIÇÕES DE PERCOLAÇÃO DE ÁGUA SUBTERRÂNEA

Qualquer estudo de estabilidade de massas terrosas, ou rochosas, deve ser alimentado com um razoável conjunto de dados sobre o comportamento das águas subterrâneas. Tais dados serão em parte obtidos através de observações de superfície, mas as melhores informações serão fornecidas por furos de sondagem. Em superfície, registra-se o eventual afloramento do lençol freático, ressurgências de água localizadas, zonas de infiltração. Os furos de sondagem, entretanto, pela qualidade e pelo volume de formações, requerem o acompanhamento e o registro de todas as possíveis mudanças de comportamento da água subterrânea. Deve-se investigar a possibilidade de existência de diversos lençóis de água, introduzindo diferentes pressões hidrostáticas no meio. Este fato tende a ocorrer na presença de horizontes, ou feições estruturais, com diferentes condições de permeabilidade. Devem-se registrar cuidadosamente, para isso, variações bruscas na posição do nível da água no furo, de preferência após um período relativamente longo de interrupção dos trabalhos de perfuração (por exemplo, antes da retomada dos trabalhos, toda manhã). O desaparecimento do retorno da água de circulação na superfície é um indício de existência de horizontes de elevada permeabilidade, devendo então ser detectado.

Já foi anteriormente visto como, em maciços rochosos, pouco significado tem o emprego do termo lençol freático, diante da irregularidade de distribuição

112 *Estabilidade de taludes naturais e de escavação*

de água nas descontinuidades da rocha. Diante disso, convirá muitas vezes proceder-se à instalação de uma razoável rede de piezômetros, judiciosamente distribuída, para se obter o registro sistemático das flutuações nos pontos de maior interesse. Nessas condições, poderá se verificar a influência das precipitações atmosféricas no comportamento da água subterrânea. Ensaios de infiltração de água e ensaios de bombeamento completarão o quadro necessário.

Um bom conhecimento do comportamento da água subterrânea é, ao lado dos parâmetros de resistência do maciço estruturado, o fator mais importante, em análises de estabilidade, pois, como foi visto, a água é o principal agente de fenômenos de instabilização.

4.12 TRABALHOS DE LABORATÓRIO

Os ensaios de laboratório podem ser entendidos como um meio para obtenção de determinados parâmetros para emprego em análises de estabilidade, uma vez que o modelo estrutural resulta basicamente de apreciações feitas no campo.

Por outro lado, os recentes avanços nas técnicas de ensaio, em particular no desenvolvimento de equipamentos portáteis, fizeram com que ensaios tradicionalmente realizados em laboratórios passassem a ser realizados no campo, dentro de padrões qualificativos aceitáveis.

Os ensaios de laboratório, nessas circunstâncias, passam a representar um meio de aferição de resultados já obtidos no campo. Não se pretende com isso afirmar um caráter de auto-suficiência dos ensaios expeditos, com equipamentos portáteis, em relação às tradicionais técnicas laboratoriais, mas tão-somente dizer que na maioria dos casos de análises de estabilidade, em taludes rochosos, os parâmetros obtidos no campo serão suficientes à estruturação de um modelo viável de apreciação. Isso não é, entretanto, verdadeiro para o caso de maciços terrosos, pois, no caso da Mecânica dos Solos, as técnicas de ensaio continuam firmemente vinculadas a laboratórios especializados, dispondo-se de poucas técnicas expeditas de campo. Este fato se deve, basicamente, à própria natureza dos solos, materiais de estrutura frágil, de difícil manuseio, requerendo cuidados muito maiores do que materiais rochosos. Basicamente, o suporte laboratorial continua sendo fundamental na fase de caracterização de materiais, em trabalhos entre os quais podem ser lembrados: análises granulométricas e demais ensaios de caracterização física de solos, determinação do tipo de argila, presença de minerais expansivos, realização de estudos petrográficos.

4.13 RETROANÁLISE

Um método apropriado, bastante rápido e de baixo custo, de avaliação da estabilidade de massas terrosas e rochosas consiste certamente na observação e na análise de casos de colapso já ocorridos. Dada uma determinada área a ser estudada (área montanhosa, mineração a céu aberto etc.), é plausível supor que nela já tenham ocorrido fenômenos de instabilização. O estudo desses casos permitirá obter dados de resistência ao cisalhamento, que poderão ser usados em projetos na mesma área.

Quando um talude sofre colapso, está se admitindo que o fator de segurança, no momento da ruptura, tenha caído ao valor da unidade. Trata-se então de reconstituir as condições do talude pré-ruptura, seja na geometria, seja nas principais forças atuantes. A partir desses dados, que podem ser levantados com razoável aproximação, avaliam-se as características de resistência.

A geometria do talude antes da ruptura pode ser reconstituída a partir das curvas de nível que permaneceram intatas ou, no caso de minerações, a partir dos

Métodos de investigação e apresentação de dados 113

registros topográficos de avanço das escavações. Através de levantamento topográfico, obter-se-á o perfil da superfície de movimentação em uma ou mais seções representativas. Com isso se avalia o volume da massa movimentada.

A observação da superfície de movimentação e da própria massa escorregada pode indicar a existência, ou não, de fraturas de tração que tenham desempenhado papel relevante no mecanismo de ruptura.

A densidade do material é facilmente obtida assim como o peso da massa movimentada. As irregularidades ao longo da superfície de movimentação são medidas diretamente.

Existem, basicamente, três incógnitas: (1) coesão, (2) ângulo de atrito ao longo do plano de movimentação e (3) pressões exercidas pela água no interior do talude, por ocasião do colapso. A existência ou não do parâmetro coesão, no caso de taludes em rocha, pode ser avaliada observando-se a superfície de movimentação. A presença de segmentos, onde a movimentação se deu rompendo a rocha intata, é um indício de que o fator coesão esteve presente, tendo sido mobilizado quando do colapso. Essa estimativa é muito grosseira e, mesmo que o movimento tenha ocorrido ao longo de uma única descontinuidade, francamente aberta, seria difícil afirmar que o fator coesão não tenha existido. Por via das dúvidas, entretanto, a coesão poderá, nesses casos, não ser levada em consideração aos efeitos de retroanálise, admitindo-se que somente o atrito tenha oferecido resistência ao movimento.

As condições de pressões de água por ocasião do colapso podem ser reconstituídas a partir do registro pluviométrico da área ou, caso inexista, de observações dos moradores da região sobre a intensidade das chuvas, no dia ou nos dias que antecederam o movimento. Uma chuva intensa, durante a estação da seca, por exemplo, sobre um talude onde já exista uma fratura de tração, indício de instabilidade, poderia provocar (ver Fig. 82) o aparecimento de pressões hidrostáticas no plano da fratura (trecho AB), mas nenhuma subpressão no plano de movimentação (trecho BC), devido, por exemplo, à baixa permeabilidade do trecho BC e à curta duração da chuva, que não permitiria o desenvolvimento de tais pressões. Por outro lado, durante a estação das chuvas, poder-se-ia admitir, ao longo do trecho BC, desenvolvimento de subpressões como condição normal, a menos que o plano BC fosse tão permeável a ponto de permitir o fluxo livre de água. Segundo Hoek e Bray (308, p. 141), cabe ao projetista admitir um certo número de alternativas que cubram as possíveis condições extremas, de modo a

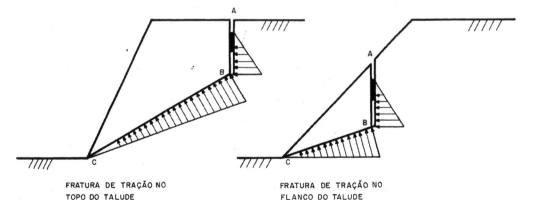

FRATURA DE TRAÇÃO NO FRATURA DE TRAÇÃO NO
TOPO DO TALUDE FLANCO DO TALUDE

Figura 82 Hipóteses de condição de desenvolvimento de pressão de água formuladas por ocasião de retroanálise

abranger os limites de variação do coeficiente de segurança, procurando avaliar a suscetibilidade do talude a mudanças nas condições de percolação de água.

Hoek e Bray (308, p. 149) exemplificam um caso de retroanálise, onde a coesão e o ângulo de atrito foram avaliados em função de diversas hipóteses relativas à existência de uma fratura de tração e à posição de nível de água. As quatro condições representadas na Fig. 83 correspondem a:

A) talude seco, sem fratura de tração
B) talude seco, com fratura de tração
C) talude com água somente na fratura de tração
D) talude com água na fratura de tração e subpressão no plano de movimentação

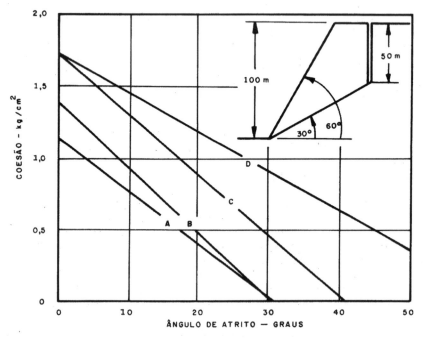

Figura 83 Ângulo de atrito e coesão mobilizados na ruptura, para diversas condições (A, B, C e D) consideradas no caso hipotético referido no texto (Hoek e Bray, 308)

A veracidade de uma ou outra alternativa deveria se basear, segundo Hoek e Bray, em observações no campo. Dentro da alternativa eleita, alguns poucos ensaios de cisalhamento em pequenas amostras permitiriam ter uma indicação do ângulo de atrito e, consequentemente, do valor da coesão. A experiência desses dois autores leva-os a apresentar um quadro das principais características de coesão e atrito de meios rochosos estudados, visível na Fig. 84. Os pontos assinalados na figura representam casos reais, sumariamente citados nesse trabalho (308, p. 151), mas a respeito dos quais são ali fornecidas referências bibliográficas.

Ainda sobre este tema, devem-se citar também os trabalhos de Barton (293), que apresenta dois interessantes casos de retroanálise em meio rochoso, em mina a céu aberto, e de Hamel (304), com mais de um caso significativo.

Métodos de investigação e apresentação de dados

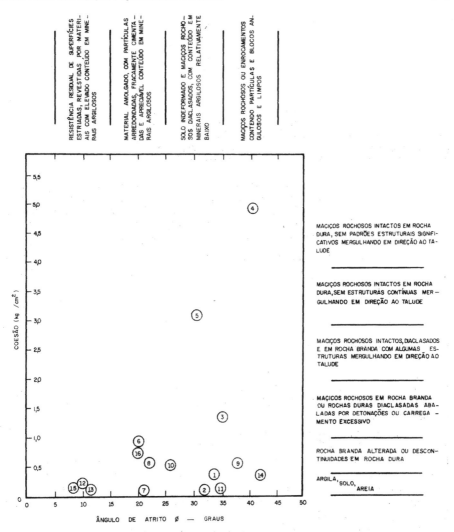

Figura 84 Quadro de síntese das principais características de coesão e ângulo de atrito mobilizadas por ocasião da ruptura em casos reais de taludes estudados (Hoek e Bray, 308)

CAPÍTULO 5

MÉTODOS PARA CÁLCULO DE ESTABILIDADE DE TALUDES

"While circular failure surfaces may be appropriate for some man-made embankments and many problems in soft relatively homogeneous clays, it is a rare instance where these analytically convenient surfaces are appropriate to use in the stability analysis of natural slopes involving rock, weathered rock, and residual soils, shales, and over-consolidated clays"

Patton, F. D. e Hendron Jr., A. J. *in* International Congress of the International Association of Engineering Geology, Vol. II, tema 5, São Paulo, 1974

5.1 INTRODUÇÃO

Tendo acumulado dados relativos ao talude rochoso ou terroso, conforme foi apresentado no Cap. 4, resta responder à pergunta: como essas informações devem ser processadas para se chegar a uma estimativa sobre a estabilidade do talude estudado?

É lógico que o número de parâmetros envolvidos, sua definição em termos absolutos e a interação entre os mesmos levam a considerar que uma avaliação precisa de estabilidade não é possível. No entanto, não há dúvidas de que uma avaliação *quantitativa* da estabilidade de talude deve ser feita, de maneira a fornecer ao menos um número relativo (como será visto adiante) que sirva de base para uma melhor compreensão do comportamento e da sensibilidade do talude a mudanças de parâmetros críticos.

Os métodos de análise conhecidos atualmente são apresentados na tabela abaixo:

Método de análise	Tipo de análise
Estudos em modelos físicos	Fenomenológico e de projeto
Modelos matemáticos	Elementos finitos e relaxação dinâmica
Equilíbrio-limite	Gráfico e analítico

Os *estudos em modelos* podem fornecer informações sobre o padrão de comportamento e informações quantitativas quanto à estabilidade de taludes, não passando no entanto de modelos geométricos, onde não são consideradas todas as combinações possíveis.

Os *modelos matemáticos* são aplicáveis, hoje em dia, a problemas de sistemas descontínuos e tridimensionais simples. Não há dúvida de que, apesar da complexidade dos dados de entrada necessários e da limitação imposta atualmente pela capacidade dos computadores, tais métodos devem apresentar um grande desenvolvimento e aceitação em um futuro próximo.

A análise baseada no *método de equilíbrio-limite* é a mais utilizada atualmente, justamente porque a análise não deve ser mais complexa que o nível de conhecimento do próprio talude. Devido ao fato de existirem geralmente muitas variáveis e hipóteses envolvidas, estas devem ser mantidas as mais simples possíveis, principalmente quanto aos elementos geométricos, geológico-geotécnicos e hidrológicos envolvidos, embora em nenhum caso se devam simplificar as hipóteses quanto à superfície potencial de ruptura considerada.

A análise de equilíbrio-limite considera que as forças que tendem a induzir a ruptura são *exatamente* balanceadas pelos esforços resistentes. A fim de comparar a estabilidade de taludes em condições diferentes de equilíbrio-limite, define-se o fator de segurança (FS) como a relação entre a resultante das forças solicitantes e resistentes ao escorregamento. À condição de equilíbrio-limite corresponderia um fator de segurança unitário. Para exemplificar, considere-se um bloco simplesmente apoiado sobre um plano de inclinação i (Fig. 85).

O bloco é solicitado por seu peso próprio (P), sendo que a parcela $P \cdot \text{sen } i$ tende a causar o escorregamento do mesmo. O esforço normal atuante na base do bloco (superfície de escorregamento) é $P \cdot \cos i$.

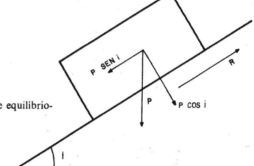

Figura 85   Relação de forças na análise de equilíbrio--limite

O esforço resistente é representado por $R = \tau A$, onde τ é a resistência ao cisalhamento do contato bloco-plano inclinado, $\tau = c + \sigma \text{ tg } \phi$, e sendo A a área da base do bloco, c e ϕ a coesão e o ângulo de atrito no contato bloco--plano inclinado.

Supondo que não haja coesão entre o bloco e a superfície de apoio, resultará:

$$\tau = \frac{P \cdot \cos i \cdot \text{tg } \phi}{A}, \text{ donde}$$

$$R = P \cdot \cos i \cdot \text{tg } \phi$$

O fator de segurança é dado por:

$$FS = \frac{P \cdot \cos i \cdot \text{tg } \phi}{P \cdot \text{sen } i} = \frac{\text{tg } \phi}{\text{tg } i}$$

Na condição de equilíbrio-limite (FS = 1) ter-se-á:

$$i = \phi$$

A análise acima é bastante simplista, válida apenas para fins ilustrativos. Nos casos reais, é necessário conhecer realmente as limitações da análise com base na adoção dos fatores de segurança. Citando alguns autores:

118 *Estabilidade de taludes naturais e de escavação*

"Taludes estáveis devem obviamente apresentar um coeficiente de segurança maior que a unidade e uma questão vital ao especialista é: que valor de fator de segurança deve ser utilizado para finalidades de projeto? Esta é uma das mais controvertidas questões na engenharia dos maciços rochosos e muitos especialistas argumentam que, devido a incertezas sobre os dados de entrada nos cálculos, o valor do fator de segurança não é suficientemente digno de confiança para ter importância em projetos de engenharia" (Hoek e Bray, 308, p. 27).

"Na análise de estabilidade de taludes é importante lembrar que o fator de segurança, numa dada condição, não pode ser estabelecido somente por cálculos. A condição presente de estabilidade de um dado talude deve ser inferida do conhecimento da velocidade e da aceleração do escorregamento ou, indiretamente, do valor dos movimentos diferenciais que ocorrem na área em um período de tempo. (...) Geralmente, uma análise quantitativa da estabilidade de taludes não deve ser usada para especular sobre o fator de segurança absoluto de um talude natural. De preferência, as análises são mais bem utilizadas como ferramenta poderosa para estimar as variações na magnitude do fator de segurança, que ocorrem devido a mudanças nas forças externas que atuam numa massa em ruptura potencial" (Patton e Hendron Jr., 324, p. V-26).

Os especialistas atuais aceitam o fator de segurança como um índice relativo, utilizado para analisar a sensibilidade do projeto a mudanças em parâmetros significativos. Dois critérios de análise são comumente utilizados, de acordo com o exposto acima:

a) para a condição de equilíbrio-limite (FS = 1), calcular o valor de um parâmetro importante necessário para satisfazer a essa condição, sendo a análise executada para uma gama de variação dos outros parâmetros;

b) aquilatar a sensibilidade do fator de segurança a variações no valor de um parâmetro, mantendo os outros constantes.

A variação no fator de segurança deve realmente ter maior significado nas análises do que seu valor intrínseco, além de representar algo bastante aceitável como conceito entre os técnicos, em virtude de, além de fisicamente intuitivo, ser de fácil formulação matemática.

Um outro conceito utiliza a análise probabilística como mais representativa da estimativa de segurança de um talude. No entanto, como bem citam Hoek e Londe (309, p. 633), um "fator de segurança de 1,5 ou 2,0 pode ser visto como aceitável, pois representa uma situação familiar que a experiência sugere ser segura, enquanto uma probabilidade de ruptura de 1:100 000 pode, significando precisamente a mesma coisa, ser tratada com suspeição".

Ainda, Cruz (48, p. 29) transcreve as opiniões de A. Casagrande (*Journal of Soil Mechanics*, ASCE, 1965) sobre risco calculado, como sendo: "O uso de conhecimento imperfeito, orientado por julgamento e experiência, para estimar a amplitude provável de todas as quantidades pertinentes e que entram na solução de um problema". "A decisão sobre uma possível margem de segurança, ou de risco (*degree of risk*), tendo em conta os fatores econômicos e as grandezas das perdas que resultariam se uma ruptura ocorresse."

Continua aquele autor a comentar que "Irving Sherman apresenta uma forma interessante de reunir o coeficiente de segurança e o risco calculado", tal como se ilustra na Fig. 86. Levando em conta diferentes hipóteses de cálculo, pôde chegar a correlações dos tipos *A*, *B* e *C*, indicadas na figura.

Ainda, "o risco calculado diz respeito às probabilidades de determinar o valor de resistência ao cisalhamento ao longo de superfícies potenciais de ruptura, sua variação com o tempo, os efeitos de percolação de água e outros fatores eventuais, e ao mesmo tempo a se poder estimar as próprias superfícies potenciais de ruptura".

Métodos para cálculo de estabilidade de taludes

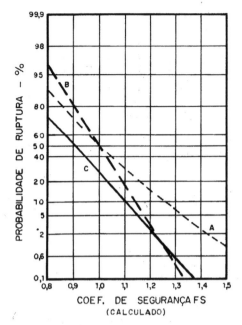

Figura 86 Correlação entre coeficiente de segurança e probabilidade de ruptura. Levando-se em conta diferentes hipóteses de cálculo, pode-se chegar a correlações dos tipos *A*, *B* e *C*, indicadas na figura (Sherman *in* Cruz, 48)

Sendo de tal complexidade os fatores que influem na análise do problema, resta lembrar que "o estudo do risco calculado, no caso de escorregamento de taludes naturais, requer o máximo de informações possíveis e um alto grau de bom senso (*judgement*) na utilização das mesmas".

5.2 OS MÉTODOS DE ANÁLISE

Deere e Patton (297, pp. 152-153) comentam que "três métodos são disponíveis para projeto de taludes em solos residuais: (1) por experiências precedentes, (2) por experiências precedentes modificadas e (3) por cálculos de estabilidade. Existem muitas situações em que os métodos (1) e (2) são mais econômicos que o método (3). O método (3) pode envolver grandes inversões de tempo e dinheiro, requerendo sempre um pleno conhecimento dos detalhes geológicos significativos aos fins do projeto. A aplicação do método (3) é portanto limitada a situações especiais onde o dispêndio de tempo e dinheiro pode ser justificado".

O método baseado em experiências precedentes "se aplica melhor onde as condições climáticas e geológicas são similares àquelas onde o projeto foi feito com sucesso. O perigo do método advém da extrapolação a condições diferentes de contorno..." (Deere e Patton, 297, p. 153) É lógico que esta linha de raciocínio pode ser aplicada a taludes em geral, em solo e em rocha.

Como exemplo, apresenta-se na Fig. 87 o sumário elaborado pelos autores acima quanto a ângulos médios de taludes obtidos por experiência precedente em materiais com diversos graus de alteração (Deere e Patton, 297, p. 156).

Esses autores são de opinião que tais valores devem ser considerados numa primeira aproximação. É lógico que estruturas geológicas, condições de água subterrânea ou resistências mecânicas locais devem ter um papel predominante na análise de estabilidade.

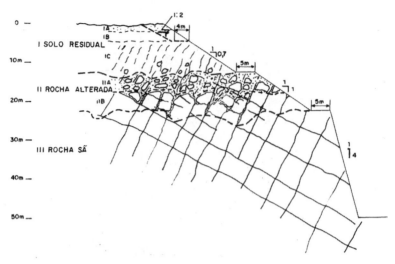

Figura 87 Sumário de soluções típicas de cortes em taludes em materiais com diferentes graus de intemperismo (Deere e Patton, 297)

Já o método baseado em experiências precedentes modificadas leva em consideração essas experiências e, além disso, permite analisar a influência, através de ensaios e serviços exploratórios, das condições reais relativas à estrutura do maciço, à água subterrânea e aos dados de resistência mecânica. É lógico que toda essa análise depende fundamentalmente da forma da superfície potencial de ruptura adotada, podendo sempre o projeto ser verificado através de cálculos de estabilidade. Note-se, no entanto, que uma grande dose de experiência e bom senso são requisitos essenciais para o técnico que executa esses dois tipos de análise. Uma das maneiras de se obter experiência é através da execução de cálculos de estabilidade.

Considerou-se interessante, portanto, neste trabalho, dar uma idéia quanto aos métodos de cálculo de estabilidade existentes, dando ênfase à utilização, sempre que possível, de ábacos que possibilitem uma análise mais expedita do problema. Em casos mais críticos, o cálculo deverá ser executado por especialistas e, sempre que possível, com o auxílio de computadores, que permitem modificar rapidamente os dados de entrada e, conseqüentemente, observar mais rápida e acuradamente a influência de determinados fatores na estabilidade do talude analisado.

A Fig. 88 (Hoek e Londe, 309, p. 634) ilustra os tipos de rupturas mais comumente encontrados em maciços rochosos e terrosos, e cujos métodos para cálculos de estabilidade serão apresentados neste capítulo.

5.2.1 Ruptura circular

Geralmente essas análises são realizadas no plano bidimensional. Os esforços solicitantes e resistentes, em tal tipo de análise, são apresentados na Fig. 89, onde:

r = raio da superfície de ruptura
P = peso próprio do material
U = resultante das pressões neutras atuantes na superfície de ruptura
$\bar{\sigma}$ = tensão normal efetiva distribuída ao longo da superfície de ruptura
τ = tensão de cisalhamento distribuída ao longo da superfície de escorregamento

Métodos para cálculo de estabilidade de taludes

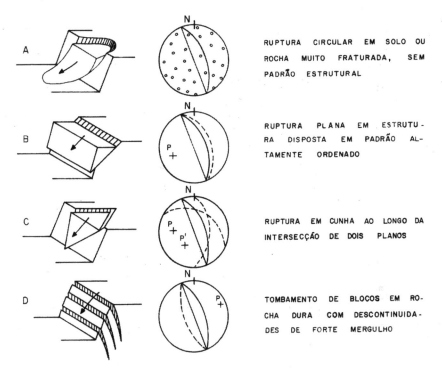

Figura 88 Principais tipos de ruptura em taludes e representação estereográfica das condições estruturais do maciço suscetíveis de fornecer esses tipos de ruptura (Hoek e Londe, 309, modificado)

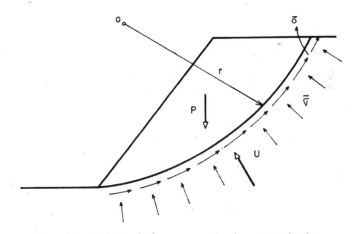

Figura 89   Relação de forças na análise de ruptura circular

Os seguintes métodos disponíveis para análise deste tipo de ruptura serão descritos a seguir.

5.2.1.1   *Método de Rendulic ou da espiral logarítmica*

Neste método, a superfície de escorregamento adotada é uma espiral logarítmica em virtude de determinadas propriedades dessa curva que facilitam a análise matemática do problema. Os parâmetros envolvidos na análise são apresentados na Fig. 90, onde:

O é o centro da espiral logarítmica, escolhida arbitrariamente, que intercepta o talude segundo a curva *AD*

P é o peso do material por unidade de comprimento normal ao plano da figura e cujo ponto de aplicação é o centro de gravidade da seção *ABD*

As forças resistentes devidas à coesão do material agindo ao longo da superfície de ruptura são iguais a $dC = cds$, sendo *c* a coesão do material e *ds* cada segmento elementar da superfície de ruptura.

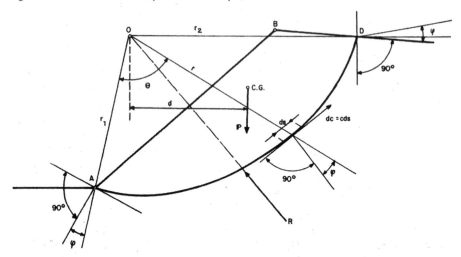

Figura 90 Parâmetros envolvidos na análise de ruptura pelo método de Rendulic (Vargas, 276)

Considerando-se que o ângulo do raio vetor da espiral com a normal à curva é constante, pode-se fazê-lo igual ao ângulo de atrito interno do material (ϕ), fazendo com que as forças de atrito passem pelo centro *O* da espiral e, conseqüentemente, sua resultante.

Para a análise de estabilidade, faz-se a igualdade dos momentos das forças atuantes (peso próprio do material) e dos momentos das forças resistentes em relação a *O* (o momento da resultante força de atrito é *zero*):

$$Pd = \int_{r_1}^{r_2} rd\, C \cos \phi,$$ o que conduz a (Vargas, 276, p. 162):

$$Pd = \frac{c}{2\,\text{tg}\,\phi}\,(r_2^2 - r_1^2),$$ onde r_1 e r_2 estão representados na Fig. 90.

Para não haver ruptura, o momento resistente deve ser FS vezes o momento atuante:

$$FS = \frac{c(r_2^2 - r_1^2)}{2\,\text{tg}\,\phi \cdot Pd}$$

Não se conhecendo previamente a superfície potencial de ruptura, determina-se, por tentativas sucessivas, a curva de FS mínimo. Para tanto, varia-se a posição do ponto *O* e, para cada superfície de ruptura considerada, calcula-se o fator de segurança segundo a fórmula acima.

5.2.1.2 Método do círculo de atrito ou de Taylor

O método é essencialmente gráfico, baseando-se no conceito de cone de atrito apresentado no item 4.9.

Considere-se a análise de um círculo potencial de ruptura de raio r, conforme é apresentado na Fig. 91. Sobre um determinado elemento dessa superfície atuarão uma força normal N e uma força tangencial T. Sendo R a resultante de N e T, para que não haja deslizamento do elemento considerado, essa resultante deverá cair dentro do cone de atrito formado pelo ângulo de atrito interno ϕ e a normal N.

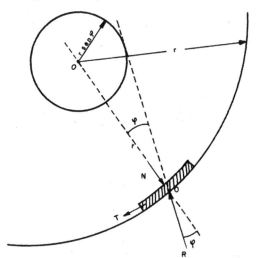

Figura 91 Análise de um círculo potencial de ruptura (Vargas, 276)

Trace-se agora um círculo de atrito de raio $r \operatorname{sen} \phi$ e centro O. Se a linha de ação de R tangencia o círculo de atrito, estar-se-á num estado de equilíbrio-limite (FS = 1), e, se essa linha de ação não cortar nem for tangente ao círculo de atrito, o fator de segurança será menor que a unidade.

Na análise de estabilidade, procede-se da seguinte maneira:

- desconhecendo-se a superfície potencial de ruptura, traça-se um círculo arbitrário de raio r e centro O
- com centro em O, traça-se o círculo de atrito de raio $r \operatorname{sen} \phi$
- sendo, de acordo com a Fig. 92,

P = peso do material (seção $\overline{ABD}$)
C = força devida à coesão = $c\overline{AD}$, atuando paralelamente a $\overline{AD}$, faz-se o equilíbrio dos momentos: $a = r \cdot \dfrac{\overline{AD}}{\overline{AD}}$, sendo determinado o ponto Q, por onde deve passar a resultante R

- determinadas as direções de R e C (YY e XX, na figura) e tendo-se a direção de P (vertical), traça-se um diagrama de forças obtendo-se o valor de C_{FS}, força coesiva necessária para o equilíbrio, quando o ângulo de atrito é ϕ
- calcula-se: $FS_c = \dfrac{C}{C_{FS}}$
- a seguir, no mesmo diagrama, marca-se sobre XX um segmento igual a C e obtém-se a direção de YY, a partir da qual se determina um círculo de atrito de raio $r \operatorname{sen} \phi_{FS}$, onde ϕ_{FS} é o valor do ângulo de atrito necessário para a estabilidade, quando se tem um maciço de coesão c

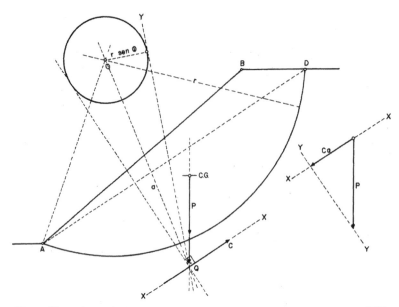

Figura 92 Relação de forças na análise de estabilidade de taludes (Vargas, 276)

● calcula-se: $FS_\phi = \dfrac{tg\ \phi}{tg\ \phi_{FS}}$

● escolhe-se outro centro O e repete-se o processo para esse novo círculo de ruptura. Após o estudo de vários círculos prováveis de ruptura, escolhem-se os valores mínimos de FS_c e FS_ϕ

5.2.1.3 Ábacos de Taylor

Visando facilitar a análise de estabilidade pelo processo descrito no item anterior, Taylor, em 1937, apresentou os ábacos que são reproduzidos na Fig. 79. Esses ábacos são aplicáveis somente a taludes homogêneos simples e em casos que não envolvam percolação de água, mas podem ser utilizados para determinações grosseiras e soluções preliminares de casos mais complexos. Os círculos críticos para taludes íngremes passam pelo pé do talude, com o ponto mais baixo da superfície de ruptura no pé do mesmo (caso A); para taludes menos íngremes, três subcasos são apresentados dentro do caso B, onde o ponto mais baixo da superfície de ruptura pode não passar pelo pé do talude. Os elementos geométricos considerados podem ser visualizados na Fig. 93. Para utilização dos ábacos, procede-se da seguinte forma:

a) escolhe-se o caso (A ou B) conforme a figura. No caso A, o círculo crítico de ruptura passa pelo pé do talude, sendo este o ponto mais baixo do círculo de escorregamento. O caso B, no qual o ponto mais baixo não corresponde à interseção do círculo de ruptura com o talude, está subdividido em outros três casos:

Caso B 1. O mais crítico dos círculos passa pelo pé, representado por linhas cheias no ábaco. Quando as linhas cheias não aparecem, este caso não difere muito do caso B 2.

Caso B 2. O círculo crítico passa abaixo do pé, representado por linhas tracejadas cheias. Quando as linhas tracejadas cheias não aparecem, o círculo crítico passa pelo pé do talude.

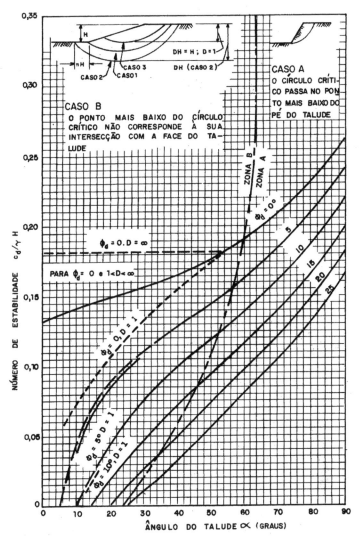

Figura 93   Ábaco para cálculo de estabilidade de taludes homogêneos pelo método de Taylor (Taylor, *in* Cruz, 48)

Caso B 3. A superfície ou o estrato mais resistente comparece na altura do pé do talude e está representado por linhas tracejadas curtas. Note-se que existe uma linha, no gráfico da Fig. 93 que separa as zonas A e B.

b) entra-se com ângulo de talude α e com o valor tg $\phi_d = \dfrac{\text{tg } \phi}{\text{FS}_\phi}$, tendo-se adotado previamente um FS$_\phi$

c) obtém-se do gráfico o número de estabilidade: $n = \dfrac{c_d}{\gamma H}$

d) calcula-se FS$_c = \dfrac{c}{c_d}$.

e) compara-se FS adotado com FS_c calculado
f) fazem-se tentativas sucessivas até obter a coincidência de FS_ϕ com FS_c

Esse é o fator de segurança do círculo analisado. Cumpre apresentar aqui as conceituações apresentadas por Taylor sobre os fatores de segurança FS_c e FS_ϕ: suponhamos que as características de resistência do solo possam ser expressas pela fórmula:

$$\tau = c + \bar{\sigma}\,\text{tg}\,\phi$$

Para que exista uma determinada margem de segurança, os valores de coesão e de ângulo de atritos máximos que podem vir a ser desenvolvidos ou mobilizados seriam C_d e ϕ_d. Quando o talude for projetado de acordo com essas especificações, a tensão de cisalhamento na superfície crítica de ruptura é:

$$\tau = c_d + \bar{\sigma}\,\text{tg}\,\phi_d$$

Portanto, os fatores de segurança em relação à coesão e ao atrito seriam:

$$FS_c = \frac{c}{c_d} \quad \text{e} \quad FS_\phi = \frac{\text{tg}\,\phi}{\text{tg}\,\phi_d}$$

Os valores de FS_c e FS_ϕ a serem utilizados permitem um certo número de combinações. Uma combinação preferível pode ser a que considera a igualdade de ambos os fatores de segurança, onde FS_c e FS_ϕ são designados FS:

$$FS = \frac{c}{c_d} = \frac{\text{tg}\,\phi}{\text{tg}\,\phi_d}$$

Considere-se o exemplo (Cruz, 50, pp. 40 e 41): Calcular o coeficiente de segurança do talude indicado na Fig. 80, utilizando os "números" de Taylor.

Como o solo apresenta uma componente de coesão e uma componente de atrito, o cálculo é feito por tentativas: admita-se, *a priori*, que o coeficiente de segurança seja $F_1 = 1,70$.

Pode-se, então, calcular o valor do ângulo ϕ_d:

tg ϕ_d = tg ϕ/FS = 0,268/1,7 = 0,158 e daí $\phi_d = 9°$. Com o valor de ϕ_d e a inclinação do talude (α), obtém-se nos ábacos o valor de *n* correspondente.

Sabendo que $n = \dfrac{c_d}{\gamma H}$, pode-se calcular c_d:

$$c_d = 0,042 \cdot 2,04 \cdot 45 = 3,82 \text{ t/m}^2$$

O valor de *c* (coesão do solo) é 5 e, portanto, o coeficiente de segurança em relação à coesão seria:

$$F'_1 = c/c_d = 5,0/3,82 = 1,30$$

Este valor é muito diferente do admitido inicialmente. Deve-se, então, fazer uma segunda tentativa.

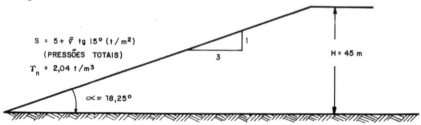

Figura 94 Exemplo de aplicação dos "números" de Taylor (Cruz, 48)

Métodos para cálculo de estabilidade de taludes 127

Admitindo $F_2 = 1,55$ vem:

$\phi_d = 9,8°$; $n = 0,035$;   e $c_d = 3,22$ t/m²
$F'_2 = 5,0/3,22 = 1,55$

Uma vez que este valor coincide com o admitido, ele é o coeficiente de segurança do talude.

5.2.1.4 *Método sueco ou das fatias*

Fellenius desenvolveu este método, conhecido por método sueco ou das fatias, baseado na análise estática do volume de material situado acima de uma superfície potencial de escorregamento de seção circular, sendo esse volume dividido em fatias verticais.

A Fig. 95 apresenta os parâmetros envolvidos na análise, para uma determinada lamela de largura Δ, altura z e comprimento unitário perpendicular ao plano da figura.

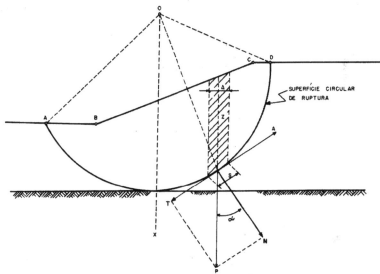

Figura 95 Relação de parâmetros envolvidos na análise de estabilidade de taludes pelo método das fatias (escorregamento circular) (Vargas. 276)

As forças atuantes provêm da decomposição do peso P de cada lamela:
$$N_i = \gamma z \Delta \cos \alpha$$
$$T_i = \gamma z \Delta \operatorname{sen} \alpha$$

A força resistente é dada por:
$$\tau s = cs + \sigma s \operatorname{tg} \phi$$

sendo $\sigma = \dfrac{N}{s}$, tem-se:

$$\tau s = cs + \gamma z \Delta \cos \alpha_i \operatorname{tg} \phi$$

Para não haver escorregamento, os momentos resultantes em relação a O deverão ser FS vezes superiores aos momentos das forças atuantes, obtendo-se:

$$FS = \frac{Sc + \Sigma \gamma z \cos \alpha_i \operatorname{tg} \phi}{\Sigma \gamma z \Delta \operatorname{sen} \alpha_i}$$

onde estão consideradas as influências de todas as lamelas e S é o comprimento do arco ΔD.

Considerando-se o momento de P em lugar do de suas componentes, tem-se:

$$FS = \frac{r(Sc + \Sigma \gamma z \cos \alpha_i \tg \phi)}{d_p \cdot \gamma \text{ área } ABD}.$$

onde d_p é a distância de P ao centro O.

Não se conhecendo a superfície de ruptura, calcula-se o valor de FS para vários círculos, a fim de obter o que apresente o menor valor do fator de segurança, conforme se indica na Fig. 82. "Suponhamos que, para um ponto O' da figura, tenhamos obtido $n = 3$, para o ponto O'', $n = 2$, para o ponto O''', n foi obtido igual a 0,9. Com mais algumas determinações seria possível traçar as curvas de igual valor de n: $n = 1$, $n = 2$, $n = 3$. O centro do círculo crítico de ruptura será no ápice das curvas de igual valor de n. No caso, o ponto O'''. Portanto o círculo crítico será AD e o fator de segurança 0,9 foi obtido com o máximo de certeza (Vargas, 293)." Este método se aplica a todas as análises de ruptura circular apresentadas neste capítulo.

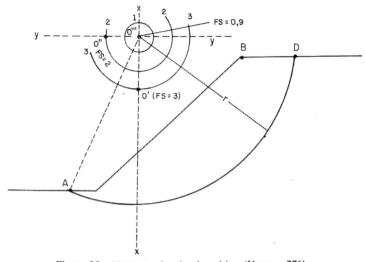

Figura 96 Obtenção do círculo crítico (Vargas, 276)

Fellenius admitiu, em sua análise, que as forças laterais atuantes entre as fatias eram iguais em ambos os lados de uma mesma fatia. Tal hipótese é exata apenas no caso de superfícies mais planas e em materiais de ângulo de atrito constante. Bishop, em 1952, apresentou uma alteração no método de Fellenius, levando em consideração uma atuação mais real entre lamelas, o que foi comentado posteriormente por Whitman e Moore (338, pp. 396-400). No entanto, tanto o método proposto por Fellenius como o de Bishop (in Cruz, 48 p. 42) levam em consideração a pressão neutra atuante ao longo da superfície de ruptura. Segundo Bishop, a resistência ao cisalhamento mobilizada ao longo da superfície de escorregamento é:

$$S = \frac{1}{FS} [c' + (\sigma - u) \tg \phi'].$$

onde c' = coesão efetiva

ϕ' = ângulo de atrito efetivo

σ = pressão normal atuante ao longo da superfície de ruptura

u = pressão neutra ao longo da superfície de ruptura

Métodos para cálculo de estabilidade de taludes   **129**

As forças atuantes numa lamela qualquer são apresentadas abaixo:

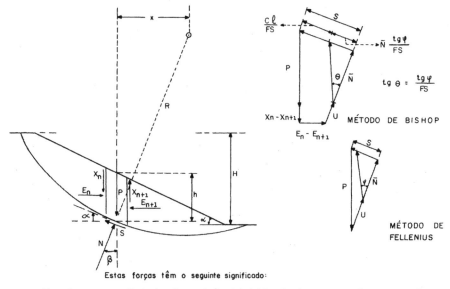

Estas forças têm o seguinte significado:

E_n, E_{n+1} — resultante das forças horizontais totais atuantes nas secções n e n+1 respectivamente

X_n, X_{n+1} — forças de cisalhamento vertical

P — peso total da lamela

N — força normal total atuante na base

S — resultante das tensões de cisalhamento atuantes na base

Os outros elementos são:

h — altura da lamela
b — largura da lamela
ℓ — comprimento do arco na base
β — ângulo de N com a vertical
x — distância horizontal do centro da lamela ao centro de rotação
R — raio

Figura 97 Forças atuantes numa lamela, segundo Bishop e Fellenius (Cruz, 48)

Note-se, nesta figura, a diferença entre as hipóteses formuladas por Fellenius e por Bishop no que diz respeito à interação entre lamelas.

Segundo Cruz, "o cálculo da pressão normal atuante na base de cada lamela depende de uma *hipótese adicional* de cálculo. A pressão total normal é $\sigma = N/l$. Para se obter N, pode-se proceder de duas formas diferentes:

i) Fazer o somatório das forças atuantes na direção normal ao talude:

$$N = (P + X_n - X_{n+1}) \cos \beta - (E_n - E_{n+1}) \operatorname{sen} \beta$$

ii) Fazer o somatório das forças na direção vertical:

$$N = (P + X_n - X_{n+1} - S \operatorname{sen} \beta) \, 1/\cos \beta$$

ou

$$N = (P + X_n - X_{n+1}) \sec \beta - S \operatorname{tg} \beta''$$

130   *Estabilidade de taludes naturais e de escavação*

O coeficiente de segurança é obtido considerando-se os momentos resistentes e atuantes:

$$FS = \frac{R}{\Sigma P_x} \Sigma\{[c'l + tg\ \phi'\ (P\cos\beta - ul)] +$$

$$+ tg\ \phi'[(X_n - X_{n+1})\cos\beta - (E_n - E_{n+1})\operatorname{sen}\beta]\}$$

Alguns autores apresentam algumas simplificações ao método exposto acima. "Uma outra expressão para FS pode ser obtida se considerarmos o somatório das forças na direção vertical. Duas outras substituições são necessárias:

$$l = b\sec\beta \quad \text{e} \quad x = R\operatorname{sen}\beta$$

Por outro lado, a pressão neutra u pode ser expressa em função da pressão vertical γh:

$$u = \overline{B}\gamma h \quad \text{ou} \quad u = \overline{B}(P/b)$$

A nova expressão para FS é:

$$FS = \frac{1}{\Sigma P\operatorname{sen}\beta} \cdot \Sigma\{c'b + tg\ \phi'[P(1 - \overline{B}) + (X_n - X_{n+1})]\} \cdot \frac{1}{M_\beta}$$

$$\text{sendo } M_\beta = \left(1 + \frac{tg\ \beta \cdot tg\ \phi'}{FS}\right)\cos\beta''$$

o valor de M_β pode ser obtido através de ábacos. Para análise de estabilidade de taludes por este método, pode-se utilizar o modelo da tabela que se segue (Norwegian Geotechnical Institute):

Fatia n.º	(1) Largura da fatia	(2) sen β	(3) Peso da fatia	(4) Pressão neutra	(5) P sen β	(6) $c'b + (P - ub)$ tg ϕ'	(7) M_β	$\dfrac{\text{Col (6)}}{\text{Col (7)}}$

5.2.1.5 *Gráficos de Bishop e Morgenstern*

Graficamente, Bishop e Morgenstern apresentam ábacos para cálculo expedito do coeficiente de segurança desde que se satisfaçam as seguintes condições (Cruz, 48, p. 46):

a) a resistência ao cisalhamento do talude pode ser representada em termos de pressões efetivas por: $\tau = c + \overline{\sigma}\ tg\ \phi$;

b) o parâmetro $\overline{B}$, que expressa a relação entre a pressão neutra u e a pressão vertical do peso de terra (γh), é aproximadamente constante ao longo da superfície de ruptura;

c) os taludes são simples, ou seja, não têm bermas no seu pé nem sobrecargas no seu topo;

d) quando o talude não se apóia sobre material mais resistente, a equação de resistência e o parâmetro $\overline{B}$ são aproximadamente os mesmos para o talude e para a fundação.

Segundo os autores, o coeficiente de segurança pode ser dado por:

$$FS = m - \overline{B}n,$$

sendo m e n coeficientes de estabilidade. Esses ábacos são apresentados na Fig. 98(a-f).

Para se utilizar esses ábacos procede-se da seguinte maneira:

Figura 98(a-f) Ábacos para cálculo de estabilidade de taludes de terra pelo método gráfico (Bishop e Morgenstern, *in* Cruz, **48**)

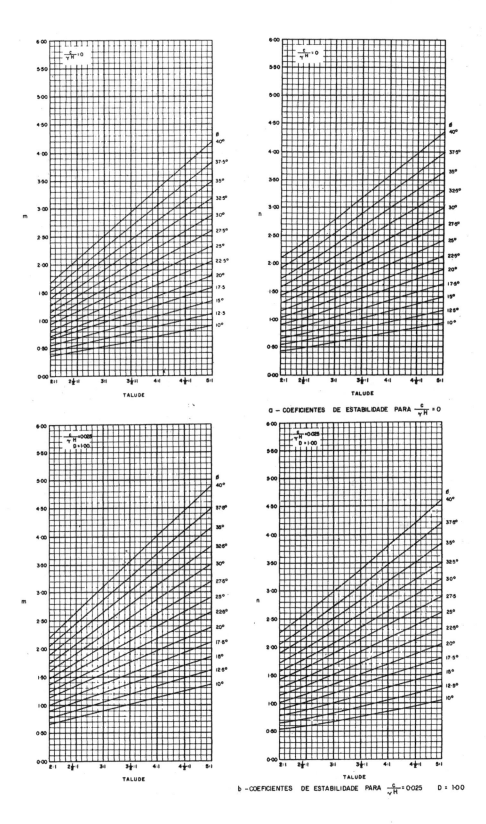

a – COEFICIENTES DE ESTABILIDADE PARA $\frac{c}{\gamma H} = 0$

b – COEFICIENTES DE ESTABILIDADE PARA $\frac{c}{\gamma H} = 0.025$ D = 1.00

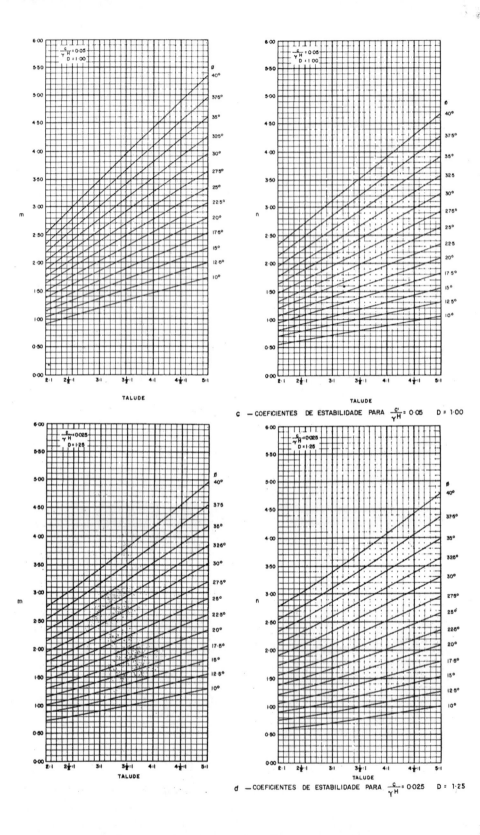

c — COEFICIENTES DE ESTABILIDADE PARA $\frac{c}{\gamma H} = 0.05$ D = 1·00

d — COEFICIENTES DE ESTABILIDADE PARA $\frac{c}{\gamma H} = 0.025$ D = 1·25

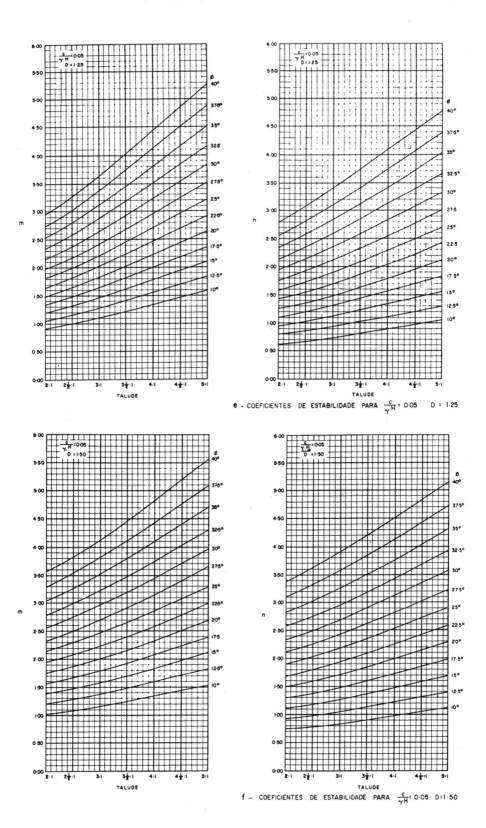

e - COEFICIENTES DE ESTABILIDADE PARA $\frac{c}{\gamma H} = 0.05$ D = 1.25

f - COEFICIENTES DE ESTABILIDADE PARA $\frac{c}{\gamma H} = 0.05$ D = 1.50

a) Calcula-se o adimensional $\dfrac{c}{\gamma H}$,

sendo c = coesão do material

γ = peso específico do material
H = altura do talude

Escolhe-se assim um dos pares de ábacos da Fig. 84(a-f)

b) Entrando-se com a inclinação do talude, sobe-se na vertical até se atingir a reta correspondente ao ângulo de atrito do material e obtém-se m no ábaco à esquerda e n no ábaco à direita

c) Calcula-se o parâmetro $\bar{B}$

d) Calcula-se $FS = m - \bar{B}n$, coeficiente de segurança do talude

Considere-se o exemplo (Cruz, 48, p. 49): Calcular o coeficiente de segurança do talude indicado na Fig. 99:

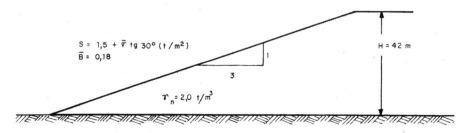

Figura 99 Exemplo de aplicação dos ábacos de Bishop e Morgenstern (Cruz, 48)

●calcula-se primeiramente o adimensional:

$$\dfrac{c}{\gamma H} = \dfrac{1,5}{2 \times 42} = 0,0178$$

●como a fundação é em rocha, o fator $D = 1$
●devem-se, agora, determinar os coeficientes de estabilidade nos ábacos. Como não se dispõe de ábacos para

$$D = 1 \quad \text{e} \quad \dfrac{c}{\gamma H} = 0,0178,$$

dever-se-ão interpolar os valores de m e n. Dos ábacos vêm:

I. para $\dfrac{c}{\gamma H} = 0$; $\quad \phi = 30°$; $\quad$ e talude de 1:3
$m_0 = 1,72 \quad\quad n_0 = 1,91$

II. para $\dfrac{c}{\gamma H} = 0,025$; $\quad \phi = 30°$; $\quad$ e talude de 1:3
$m_{25} = 2,25 \quad\quad n_{25} = 2,07$

III. interpolando para $\dfrac{c}{\gamma H} = 0,018$, vêm:

$$m_{18} = m_0 + \dfrac{18}{25}(m_{25} - m_0) = 2,10$$

$$n_{18} = n_0 + \dfrac{18}{25}(n_{25} - n_0) = 2,02$$

Métodos para cálculo de estabilidade de taludes

135

●passa-se a calcular FS

$$FS = m_{18} - \bar{B}n_{18} = 2,10 - 0,18 \cdot 2,02 = 1,74$$
$$FS = 1,74$$

5.2.1.6 *Ábacos de Hoek e Bray*

Hoek (307, 1970), baseado em análise dimensional do problema, adotou o procedimento de estabelecer ábacos expeditos para a análise de estabilidade de taludes. Em seu livro *Rock Slope Engineering*, Hoek e Bray (308) citam, a título de introdução: "Apesar de este livro lidar primeiramente com a estabilidade de taludes rochosos, ocasionalmente colocar-se-ão problemas envolvendo materiais moles, tais como solos de cobertura ou material desagregado. '(. . .) A filosofia adotada neste capítulo é a de apresentar uma série de ábacos para estabilidade de taludes que forneçam meios de realizar uma verificação rápida do fator de segurança de um talude, ou sobre a sensibilidade do fator de segurança a variações nas condições de água subterrânea ou do perfil do talude. Apesar de esses ábacos não cobrirem todas as condições que podem ser colocadas em métodos de análise mais sofisticados, eles provêm um fator de segurança que é adequado para a maioria das finalidades práticas".

Para se obterem as cartas de estabilidade para rupturas circulares, as seguintes hipóteses foram formuladas:

a) o material que constitui o talude, supõe-se, é homogêneo, isto é, suas propriedades mecânicas não variam com a direção de carregamento;

b) a resistência ao cisalhamento do material é dada pela equação $\tau = c + \sigma$ tg ϕ;

c) a ruptura ocorre numa superfície circular que passa pelo pé do talude;

d) uma fenda de tração vertical ocorre no topo ou na face do talude;

e) o posicionamento da fenda de tração e da superfície de ruptura é tal que o fator de segurança é mínimo para a geometria do talude e para as condições de água subterrânea consideradas;

f) é considerada, na análise, uma variação nas condições de água subterrânea desde um talude seco a um totalmente saturado sob recarga pesada.

Os ábacos para cálculo de estabilidade, considerando-se as superfícies de ruptura circular, são apresentados nas Figs. 86 e 87a-e. Os passos para sua utilização são assim descritos:

a) decidir sobre as condições de água subterrânea que se crê existirem no talude e escolher o ábaco adequado (Fig. 100). Esses ábacos devem ser escolhidos conforme:

a 1. o talude seja completamente drenado — ábaco n.º 87a;

a 2. o nível do lençol não afetado pelo talude, atrás do pé do mesmo, esteja a uma distância aproximada de 8, 4 ou 2 vezes a altura do talude — ábacos n.ºs 87b, 87c, 87d;

a 3. o talude seja saturado, submetido a forte recarga — ábaco n.º 87e;

b) calcular o valor do adimensional: $\dfrac{c}{\gamma H \, tg \, \phi}$.

sendo c = coesão do material

γ = peso específico aparente

H = altura do talude

ϕ = ângulo de atrito do material

e entrar no ábaco;

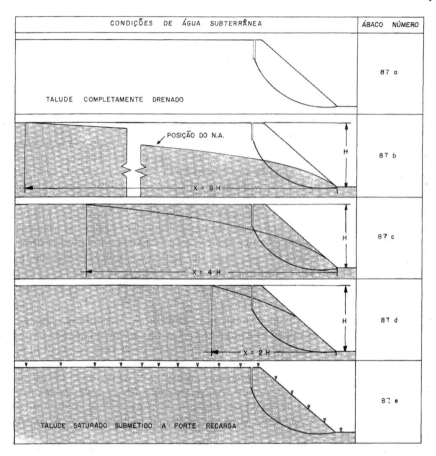

Figura 100 Representação das condições de água subterrânea admitidas na análise de ruptura circular para utilização dos ábacos da Fig. 87 (Hoek e Bray, 308, modificado)

c) seguir a linha radial do valor encontrado no item b até sua interseção com a curva que corresponde ao ângulo do talude, conforme é indicado na Fig. 101a;
d) achar o correspondente valor de tg ϕ/(FS) ou $c/\gamma H$ (FS);
e) calcular o fator de segurança FS.

Considere-se o seguinte exemplo (Hoek e Bray, 91, p. 216): Um talude de 15 m de altura, inclinado de 40°, vai ser escavado em solo superficial de densidade $\gamma = 1,60$ g/cm^3, coesão 0,39 kg/cm^2 e ângulo de atrito de 30°. Estimar o fator de segurança do talude admitindo que exista uma fonte 60 m atrás do pé do talude.

As condições de água subterrânea indicam a utilização do ábaco n.° 87c. O valor de $c/\gamma H$ tg $\phi = 28$ e o correspondente valor de $\dfrac{\text{tg }\phi}{\text{FS}}$, para um talude de 40°, é 0,32. Portanto, o fator de segurança do talude é 1,80.

5.2.1.7 *Correlações entre métodos tradicionais de análise*

Um aspecto ainda importante a ressaltar nesses métodos de análise de ruptura circular é a preocupação de diversos autores em correlacionar os fatores obtidos através da aplicação das diversas teorias aqui apresentadas por Fellenius e Bishop,

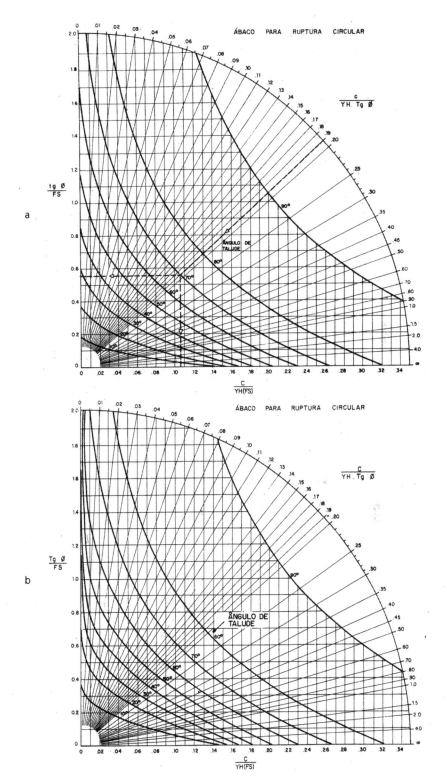

Figura 101 a-e Ábacos para cálculo de estabilidade no caso de ruptura circular (Hoek e Bray, 308)

Estabilidade de taludes naturais e de escavação

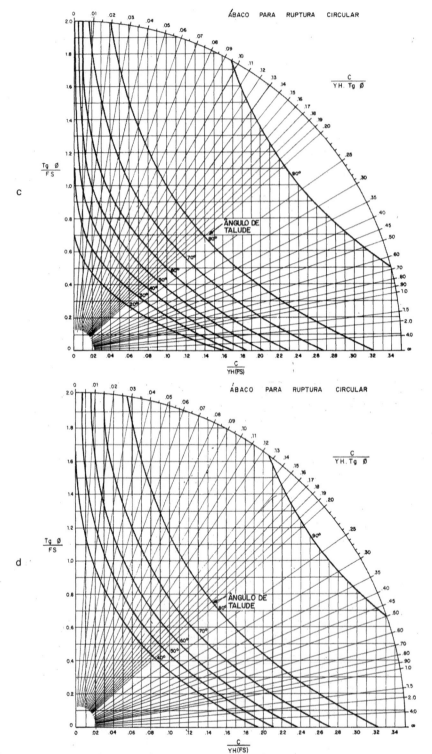

Métodos para cálculo de estabilidade de taludes

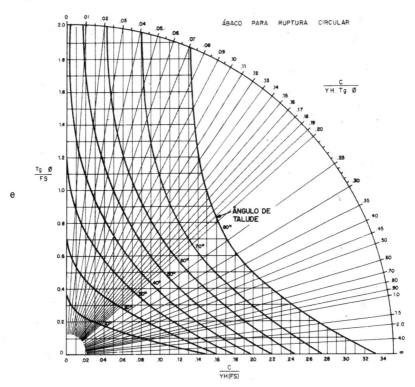

do círculo de atrito e outros. É lógico que cada um dos métodos apresentados possui limitações inerentes às hipóteses adotadas, como foi indicado nos itens referentes a cada um deles. No entanto, como ilustração apresentamos alguns cálculos realizados por Whitman e Moore (338) (Fig. 102) e ainda os resultados apresentados por Mougin (317, p. 19.4), na Fig. 89. Cumpre notar que, se abandonarmos o valor 0,57 apresentado na Fig. 88, Exemplo 5, para a relação fator de segurança Fellenius/Bishop, a média de todas as outras conduz à relação:

$$FS_B = 1,11\ FS_F,$$

praticamente a mesma apresentada por Mougin ($FS_B = 1,13\ FS_F$). Para informações mais detalhadas sugere-se consultar os trabalhos indicados.

5.2.2 Ruptura plana

Uma superfície plana de ruptura é raramente encontrada em taludes rochosos, pois só ocasionalmente ocorrem num talude real todas as condições geométricas requeridas para produzir tal ruptura.

As condições geométricas necessárias para o escorregamento ocorrer num único plano são as seguintes:

a) o plano deve ter direção paralela ou subparalela à face do talude;

b) o mergulho do plano de ruptura deve ser inferior ao mergulho da face do talude;

c) o mergulho do plano de ruptura deve ser maior que o ângulo de atrito no plano;

d) superfícies de alívio devem prover resistências laterais desprezíveis ao escorregamento ou, ainda, não existirem.

MÉTODO	EXEMPLO 1	EXEMPLO 2	EXEMPLO 3	EXEMPLO 4	EXEMPLO 5	EXEMPLO 6
FELLENIUS	1,19	1,43	1,08	1,38	1,05	1,57
BISHOP SIMPLIFICADO	1,31	1,62	1,16	1,54	1,86	1,77
CÍRCULO DE ATRITO	1,34	1,69	1,17	1,49		
INCLUINDO FORÇAS LATERAIS				1,52		1,88
RELAÇÃO FELLENIUS/BISHOP	0,91	0,88	0,93	0,90	0,57	0,89

Figura 102 Fatores de segurança obtidos por vários métodos de cálculo (Whitman e Moore, 338)

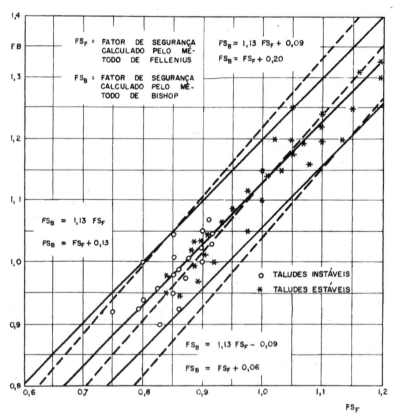

Figura 103 Relação entre os coeficientes de segurança obtidos pelos métodos de Fellenius (FS_F) e Bishop (FS_B) (Mougin, 317)

Métodos para cálculo de estabilidade de taludes

A Fig. 104 apresenta os elementos geométricos e os esforços resistentes em um bloco simplesmente apoiado sobre um plano. A análise executada é similar à apresentada na introdução deste capítulo, sendo no entanto levada em consideração a pressão neutra atuante na superfície do plano de escorregamento.

Sendo P o peso do bloco, o esforço resistente ao escorregamento é $(P \cos i - U) \text{tg } \phi$ e o esforço solicitante é $P \text{ sen } i$, onde

U = subpressão na base do bloco
i = inclinação do plano de ruptura
ϕ = ângulo de atrito do contato bloco-plano

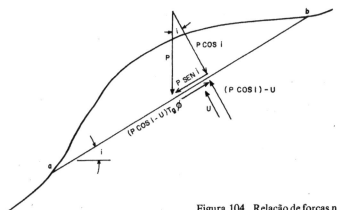

Figura 104 Relação de forças na análise de ruptura plana

O fator de segurança é dado por:

$$FS = \frac{(P \cos i - U) \text{ tg } \phi}{P \text{ sen } i}$$

Num caso mais complexo, Hoek e Bray (308, pp. 133-141) desenvolveram uma análise para ruptura plana para um talude apresentando uma fenda de tração. A Fig. 91a corresponde à hipótese de existência de fenda de tração na superfície superior do talude e a Fig. 91b, à presença de fenda de tração na face do talude. Nessas figuras:

P = peso do material limitado pelo plano de ruptura e pela fenda de tração
U e V = respectivamente, as pressões de água atuantes no plano e na fenda de tração
α = ângulo do talude
i = inclinação do plano de ruptura
z = profundidade da fenda de tração
z_a = altura de água na fenda de tração

As seguintes hipóteses são feitas nesta análise:

a) a superfície de deslizamento e a fenda de tração têm direção paralela à face do talude;
b) a fenda de tração é vertical e está preenchida com água até uma profundidade de z_a;
c) a água se infiltra na superfície de ruptura ao longo da fenda de tração e aparece na face do talude através da superfície de ruptura;
d) não existem momentos que tendam a causar rotação do bloco;

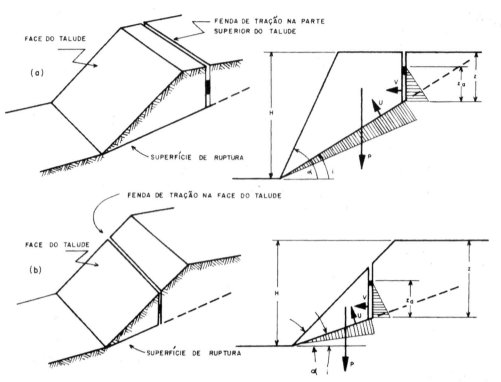

Figura 105 Condições geométricas para análise de ruptura plana em talude que apresente fenda de tração. Em (a), a fenda se desenvolve na superfície superior do talude. Em (b), a fenda de tração se situa na face do talude (Hoek e Bray, 308)

e) a resistência ao cisalhamento ao longo da superfície de deslizamento é dada por $\tau = c + \sigma \, \text{tg} \, \phi$;

f) não se considera resistência nos contornos laterais da superfície de ruptura.

A análise de estabilidade pode ser realizada graficamente ou por meio de ábacos, como se verá adiante.

5.2.2.1 Método gráfico

O método gráfico de análise de ruptura plana em taludes, obedecidas as hipóteses apresentadas anteriormente, pode ser obtido da seguinte maneira:

a) desenhar cuidadosamente uma seção transversal do talude, mostrando H, X, D, A, z, z_a e z_0, como na Fig. 106;

b) calcular P, V e U através das equações:

$P = \dfrac{1}{2} \gamma (HX - Dz)$, para a fenda de tração na superfície superior do talude e

$P = \dfrac{1}{2} \gamma [HX - Dz + z_0(D - X)]$, para fenda de tração na face do talude

$V = \dfrac{1}{2} \gamma_a z_a^2$

$U = \dfrac{1}{2} \gamma_a \cdot z_a \cdot A$

Métodos para cálculo de estabilidade de taludes

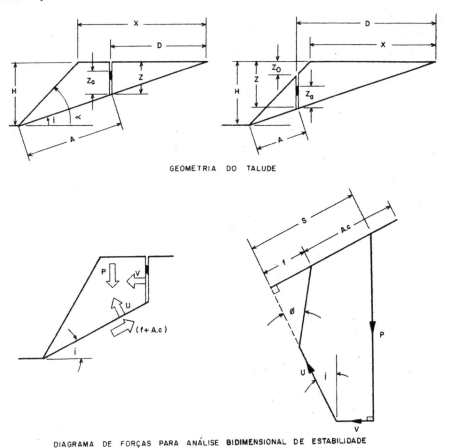

Figura 106 Geometria do talude e diagrama de forças na análise bidimensional de estabilidade (ruptura plana) (Hoek e Bray, 308)

c) construir o diagrama de forças como se segue:
c 1. representar em escala, na vertical, o peso P
c 2. perpendicular à linha de P, colocar a pressão V em escala
c 3. a partir da perpendicular de V, traçar uma linha com inclinação i e representar em escala, nessa linha, a subpressão U
c 4. prolongar a linha representando U e, da extremidade de P, traçar a perpendicular a essa linha (tracejada, na Fig. 106)
c 5. da extremidade de U, traçar uma linha que forme um ângulo ϕ com a projeção da linha de U
c 6. o comprimento f representa a força de atrito que resiste ao escorregamento
c 7. o comprimento Ac representa a força coesiva que resiste ao escorregamento
c 8. o comprimento S representa o esforço solicitante ao escorregamento
c 9. o fator de segurança é obtido por

$$FS = \frac{f + Ac}{S}$$

5.2.2.2 Ábacos de Hoek e Bray

O fator de segurança é calculado analogamente ao apresentado no item 5.2.2.1, sendo:

$$FS = \frac{cA + (P \cos i - U - V \operatorname{sen} i) \operatorname{tg} \phi}{P \operatorname{sen} i + V \cos i}, \text{ onde}$$

c = coesão do material presente na superfície de escorregamento
A = área do plano de escorregamento
$cA + (P \cos i - U - V \operatorname{sen} i) \operatorname{tg} \phi$ = esforços resistentes ao escorregamento, e
$P \operatorname{sen} i + V \cos i$ = esforços solicitantes ao escorregamento

O peso P do material pode ser calculado através de:

$$P = \frac{1}{2} \gamma H^2 \left[\left(1 - \left(\frac{z}{H} \right)^2 \right) \operatorname{cotg} i - \operatorname{cotg} \alpha \right] \text{ para a fenda de tração no topo do talude e}$$

$$P = \frac{1}{2} \gamma H^2 \left[\left(1 - \frac{z}{H} \right)^2 \operatorname{cotg} i \left(\operatorname{cotg} i \cdot \operatorname{tg} \alpha - 1 \right) \right]$$

para a fenda de tração na face do talude.

A fim de poder comparar rapidamente a influência da geometria do talude, profundidade de água e diferentes resistências ao cisalhamento, Hoek e Bray (308, p. 136) desenvolveram uma série de ábacos considerando os fatores adimensionais que compareçem na expressão do fator de segurança:

$$FS = \frac{(2c/\gamma H)B + [Q \operatorname{cotg} i - R(P + S)] \operatorname{tg} \phi}{Q + R \cdot S \operatorname{cotg} i}, \text{ onde}$$

os adimensionais B, Q, R e S são:

$$B = \left(1 - \frac{z}{H} \right) \operatorname{cosec} i$$

$$Q = \left[\left(1 - \left(\frac{z}{H} \right)^2 \right) \operatorname{cotg} i - \operatorname{cotg} \alpha \right] \operatorname{sen} i$$

para a fenda de tração no topo do talude, e

$$Q = \left(1 - \frac{z}{H} \right)^2 \operatorname{cosec} i \left(\operatorname{cotg} i \operatorname{tg} \alpha - 1 \right)$$

para a fenda de tração na face do talude.

$$R = \frac{\gamma_a}{\gamma} \cdot \frac{z_a}{z} \cdot \frac{z}{H}, \text{ onde } \gamma_a \text{ e } \gamma \text{ são o peso específico da água e do material}$$
do talude, respectivamente.

$$S = \frac{z_a}{z} \cdot \frac{z}{H} \cdot \operatorname{sen} i$$

As Figs. 93 e 94 apresentam os valores de B, S e Q para algumas geometrias do talude. O valor de R deve ser calculado.

Considere-se o exemplo (Hoek e Bray, 308, pp. 138-139) de um talude com 30 m de altura e 60° de inclinação, apresentando um plano de estratificação com mergulho de 30°. Uma fenda de tração ocorre 9 m atrás da face do talude e tem uma profundidade de 15 m. O peso específico da rocha é de 2,60 g/cm³. Estimando a resistência coesiva do plano de estratificação c = 0,50 kg/cm² e um ângulo de atrito ϕ = 30°, calcular a influência da altura da água z_a sobre o fator de segurança do talude.

Métodos para cálculo de estabilidade de taludes 145

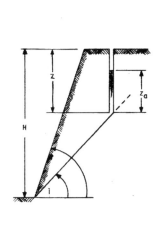

Figura 107 Ábacos para análise gráfica de ruptura plana em taludes: valores de *P* e *S* para diversas condições geométricas (Hoek e Bray, 308)

Os valores *P* e *Q* são extraídos das figuras, para $z/H = 0,5$

$$P = 1,0 \quad e \quad Q = 0,36$$

Os valores de *R* e *S* para uma gama de valores de z_a/z são

z_a/z	1,0	0,5	0
R	0,195	0,098	0
S	0,26	0,13	0

O valor $2c/\gamma H = 0,125$ e $B = 1$

Portanto, o fator de segurança para diferentes profundidades de água na fenda de tração varia como se segue:

z_a/z	1,0	0,5	0
FS	0,77	1,10	1,34

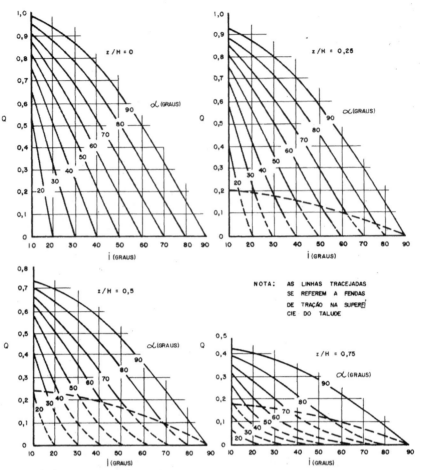

Figura 108 Ábacos para análise de ruptura plana em taludes: valores de Q (ver o texto) para diversas condições geométricas (Hoek e Bray, 308)

5.2.2.3 Limitações da análise

As análises apresentadas nos itens 5.2.2.1 e 5.2.2.2 são bastante simplistas em virtude do seguinte:

a) as condições reais de água subterrânea são difíceis de precisar. Deve-se portanto considerar uma série de hipóteses realísticas extremas e verificar a sensibilidade do fator de segurança a variações nas condições de água subterrânea;

b) o conhecimento da posição e da profundidade da fenda de tração, que nem sempre é visível no talude; a presença ou não de água na fenda e sua altura;

c) o plano de ruptura, que nem sempre é visualmente bem definido.

5.2.3 Ruptura em cunha

A complexidade de análise de ruptura de um talude, onde dois ou mais sistemas de descontinuidades isolam cunhas, é um fato. Não há dúvida de que, para se chegar a alguma quantificação prática que revele a estabilidade do talude, algumas simplificações básicas devem ser feitas.

Métodos para cálculo de estabilidade de taludes **147**

Londe (1969) e Wittke (1966) desenvolveram verdadeiros tratados matemáticos envolvendo a análise bidimensional e tridimensional desse tipo de ruptura. A esses trabalhos é aqui feita apenas referência, pois o cálculo vetorial utilizado é extenso e bastante complexo.

Kovari e Fritz (313) desenvolveram um método expedito de transformar o problema de análise de ruptura em cunha num problema de ruptura planar. É possível, portanto, conhecendo-se a geometria da cunha, os esforços atuantes sobre cada plano e as respectivas coesões e ângulos de atrito, calcular os fatores de segurança através de uma superfície plana que apresente inclinação e resistência equivalentes.

São a seguir apresentados, sobre esse assunto, apenas os métodos que possibilitem uma análise expedita da ruptura em cunha, baseada na utilização de ábacos.

5.2.3.1 *Ábacos de Hendron, Cording e Aiyer*

Hendron, Cording e Aiyer (305, 1971) desenvolveram ábacos para a análise de cunhas apoiadas em dois planos, sem efeitos de pressão neutra e onde atue como elemento resistente apenas a força de atrito.

O deslizamento vai se verificar ao longo da interseção dos dois planos, conforme indicam as Figs. 109 e 110. Nessas figuras, o ângulo i corresponde à linha de interseção dos dois planos e o ângulo ε é formado pelos planos 1 e 2 no plano perpendicular à interseção OA. Quando ε se aproxima de zero, o valor de ϕ requerido para a estabilidade se aproxima de zero e, quando ε se aproxima de 180°, o valor requerido se aproxima de i. A Fig. 109 mostra o ângulo de atrito requerido para equilíbrio-limite (FS = 1) de uma cunha simétrica ($C_1 = C_2$, conforme indicado).

Para o caso não-simétrico, sendo $C_1 \neq C_2$, definem os autores o ângulo γ, de excentricidade, formado pela vertical com a bissetriz do ângulo ε.

Entrando-se com o ângulo ε na abscissa da Fig. 96, alcança-se a curva correspondente à excentricidade da cunha (ângulo γ) e se obtém a relação tg ϕ requerido/tg ε para o fator de segurança unitário. Obtém-se assim o valor de ϕ requerido no equilíbrio-limite. Nessa figura comparece, em tracejado, a curva correspondente ao resumo do caso de cunha simétrica.

5.2.3.2 *Ábacos de Hoek e Bray*

Hoek e Bray (308, pp. 182-208) desenvolveram ábacos para estimativa rápida do fator de segurança, no caso em que a força resistente é apenas a de atrito e que o ângulo de atrito é o mesmo nos dois planos A e B, sendo o plano A considerado o menos inclinado deles. O fator de segurança é dado por (Fig. 97):

$$\text{FS} = \frac{(R_A + R_B)\, \text{tg } \phi}{P \text{ sen } i}.$$

onde R_A e R_B são as reações normais dos planos A e B, e i é o ângulo formado pela interseção dos planos A e B com a horizontal.

Fazendo o somatório dos esforços na vertical e na horizontal, temos:

$$R_A \text{ sen } \left(\beta - \frac{1}{2}\,\varepsilon \right) = R_B \text{ sen } \left(\beta + \frac{1}{2}\,\varepsilon \right)$$

$$R_A \cos \left(\beta - \frac{1}{2}\,\varepsilon \right) = R_B \cos \left(\beta + \frac{1}{2}\,\varepsilon \right) = P \cos i$$

de onde se obtém:

$$F = \frac{\operatorname{sen} \beta}{\operatorname{sen} \frac{1}{2} \varepsilon} \cdot \frac{\operatorname{tg} \phi}{\operatorname{tg} i}, \text{ ou seja,}$$

$$F = K \frac{\operatorname{tg} \phi}{\operatorname{tg} i}, \text{ onde } \frac{\operatorname{tg} \phi}{\operatorname{tg} i} \text{ representa o fator de segurança para ruptura plana e}$$

$$K = \frac{\operatorname{sen} \beta}{\operatorname{sen} \frac{1}{2} \varepsilon} \text{ pode ser designado ''fator de cunha''.}$$

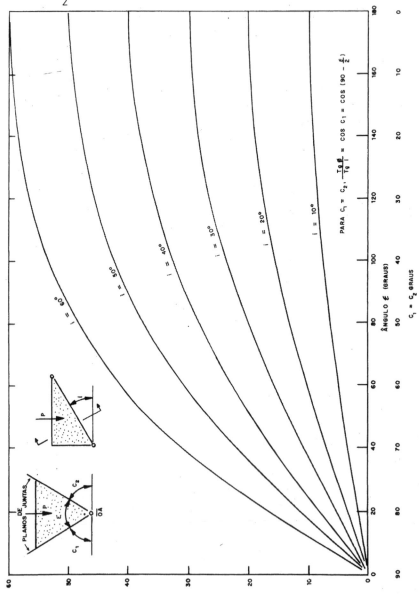

Figura 109 Ângulo de atrito necessário para a estabilidade de uma cunha simétrica em torno de um plano vertical (Hendron, Cording e Aiyer, 305)

Métodos para cálculo de estabilidade de taludes

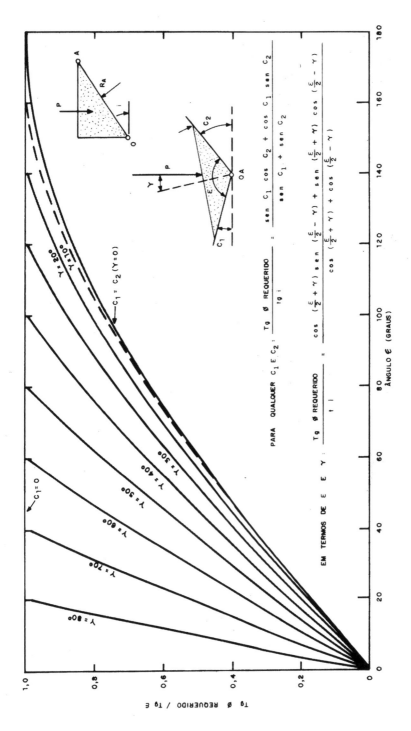

Figura 110 tg ϕ necessário para a estabilidade de uma cunha assimétrica, para diversos valores de ε, γ e i (Hendron, Cording e Aiyer, 305)

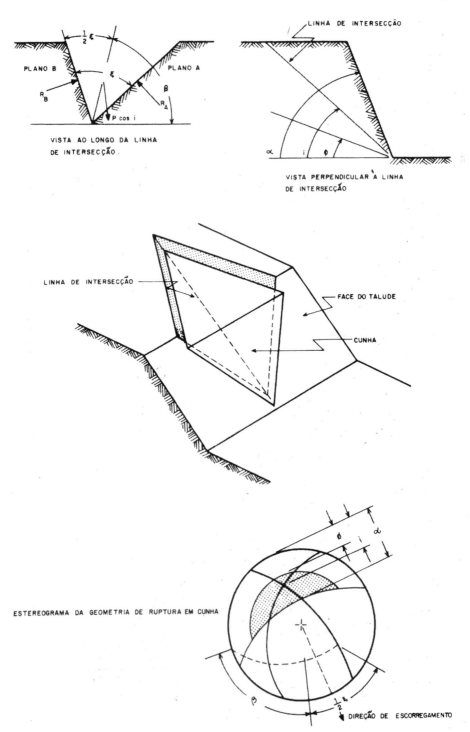

Figura 111 Condições geométricas no caso de ruptura em cunha (Hoek e Bray, 308)

Valores do fator de cunha para diversos valores de β e ε são apresentados na Fig 112.

Uma análise mais complexa é realizada pelos autores para maciços que apresentem coesão nos planos A e B (C_A e C_B), ângulos de atrito diferentes nesses planos (ϕ_A e ϕ_B) e uma distribuição de pressão neutra conforme é apresentado na Fig. 113, onde a água se infiltra no topo da cunha ao longo das interseções 3 e 4, e aparece na face do talude ao longo das interseções 1 e 2.

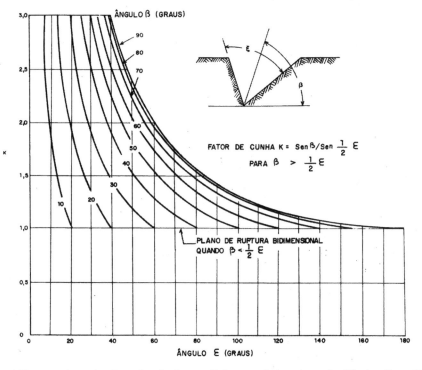

Figura 112 Fator de cunha K em função das condições geométricas da cunha (Hoek e Bray, 308)

As linhas de interseção dos vários planos envolvidos na análise são as seguintes:

1. interseção do plano A com a face do talude
2. interseção do plano B com a face do talude
3. interseção do plano A com a face superior do talude
4. interseção do plano B com a face superior do talude
5. interseção dos planos A e B por onde se dará o escorregamento

O fator de segurança é obtido através de:

$$FS = \frac{3}{\gamma H}(C_A \cdot X + C_B \cdot Y) + (A - \frac{\gamma_w}{2\gamma} \cdot X) \, tg \, \phi_A + (B - \frac{\gamma_w}{2\gamma} \cdot Y) \, tg \, \phi_B.$$

onde C_A e C_B = resistências coesivas nos planos A e B
ϕ_A e ϕ_B = ângulos de atrito nos planos A e B
γ = densidade da rocha
γ_w = densidade da água
H = altura da cunha

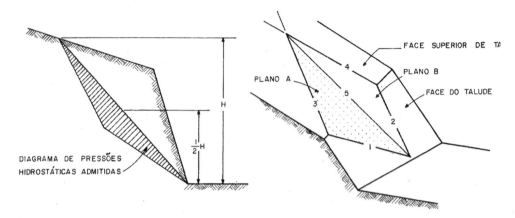

Figura 113 Geometria da cunha utilizada em análises de estabilidade que incluam a influência de coesão e de pressão da água ao longo das superfícies de escorregamento. À direita, aparece a numeração de planos e de linhas de interseção. À esquerda, num corte normal à linha de interseção 5, é mostrada a distribuição de pressões de água admitida (Hoek e Bray, 308)

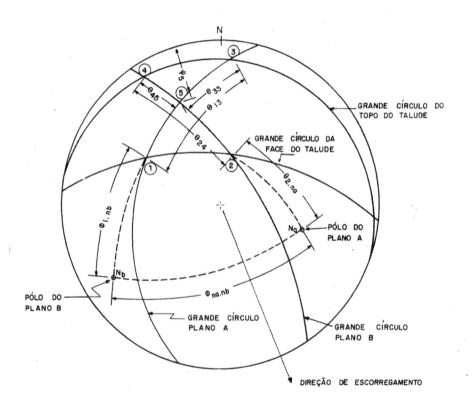

Figura 114 Projeção estereográfica dos elementos necessários à análise de estabilidade da cunha, para o exemplo citado no texto (Hoek e Bray, 308)

Métodos para cálculo de estabilidade de taludes **153**

X, Y, A e B são fatores adimensionais que dependem da geometria da cunha

$$X = \frac{\text{sen } \theta_{24}}{\text{sen } \theta_{45} \cdot \cos \theta_{2 \cdot na}}$$

$$Y = \frac{\text{sen } \theta_{13}}{\text{sen } \theta_{35} \cdot \cos \theta_{1 \cdot nb}}$$

$$A = \frac{\cos \psi_a - \cos \psi_b \cdot \cos \theta_{na \cdot nb}}{\text{sen } \psi_5 \, \text{sen}^2 \, \theta_{na \cdot nb}}$$

$$B = \frac{\cos \psi_b - \cos \psi_c - \cos \theta_{na \cdot nb}}{\text{sen } \psi_5 \, \text{sen}^2 \, \theta_{na \cdot nb}}, \quad \text{onde}$$

ψ_a e ψ_b são os mergulhos dos planos A e B, e ψ_5 o mergulho da interseção 5.

Uma projeção estereográfica é a mais indicada para obter os parâmetros acima discriminados, conforme é demonstrado na Fig. 114, onde estão indicados os grandes círculos dos planos A, B, da face e superfície superior do talude, os respectivos pólos, as interseções 1, 2, 3, 4 e 5, e os ângulos θ e ψ necessários à análise. A Fig. 115 apresenta o cálculo do fator de segurança, para o exemplo de cálculo considerado.

Para análises de estabilidade de cunha, onde só o atrito é responsável pela força resistente ao escorregamento, Hoek e Bray desenvolveram a série de ábacos apresentados nas Figs. 116a-h.

No original dos autores, os dados de entrada são o mergulho dos planos A e B, os rumos de mergulho e os ângulos de atrito ϕ_A e ϕ_B. Em virtude de o geólogo brasileiro não obter, geralmente, no campo, os rumos dos mergulhos, esses foram substituídos, neste trabalho, pela direção dos planos considerados.

Para utilizar os ábacos procede-se da seguinte forma:

a) obtêm-se, no campo, os mergulhos e as direções dos planos A e B, sendo que o plano A corresponde sempre ao menos inclinado;

b) estimam-se ou se obtêm, por meio de ensaios, os ângulos de atrito ϕ_A e ϕ_B;

c) efetua-se a diferença entre os valores dos dois mergulhos;

d) seleciona-se o ábaco a ser utilizado pela diferença de mergulho obtida entre os planos;

e) entra-se no ábaco obedecendo aos seguintes critérios:

e 1. se os planos apresentam direções no mesmo quadrante e mergulhos no mesmo hemisfério ou direções em quadrantes diferentes e mergulhos em hemisférios diferentes, entra-se diretamente no ábaco com o ângulo entre as duas direções.

e 2. se os planos apresentam direções no mesmo quadrante e mergulhos em hemisférios diferentes ou direções em quadrantes diferentes e mergulhos no mesmo hemisfério, entra-se no ábaco com o ângulo entre as duas direções acrescido de 180°.

Se, por acaso, fugindo às convenções de nosso meio geológico, se obtiver, no campo, o rumo de mergulho dos dois planos (ou se for calculado *a posteriori*), bastará calcular a diferença entre os dois valores para se entrar no ábaco diretamente, sem os cuidados expostos em e 1 e e 2.

f) calcula-se o fator de segurança através de:

$$FS = A \, \text{tg} \, \phi_A + B \, \text{tg} \, \phi_B$$

CÁLCULO DE ESTABILIDADE DA CUNHA

DADOS DE ENTRADA	VALOR DA FUNÇÃO	CÁLCULOS
$\psi_a = 45°$ $\psi_b = 70°$ $\psi_5 = 31,2°$ $\theta_{na,nb} = 101°$	$\cos \psi_a = 0.7071$ $\cos \psi_b = 0,3420$ $\text{Sen } \psi_5 = 0,5180$ $\cos \theta_{na,nb} = -0,191$ $\text{Sen } \theta_{na,nb} = 0,982$	$A = \dfrac{\cos \psi_a - \cos \psi_b \cdot \cos \theta_{na,nb}}{\text{Sen } \psi_5 \cdot \text{Sen}^2 \theta_{na,nb}} = \dfrac{0,7071 + 0,342 \times 0,191}{0,5180 \times 0,9636} = 1,5475$ $B = \dfrac{\cos \psi_b - \cos \psi_a \cdot \cos \theta_{na,nb}}{\text{Sen } \psi_5 \cdot \text{Sen}^2 \theta_{na,nb}} = \dfrac{0,3420 + 0,7071 \times 0,191}{0,5180 \times 0,9636} = 0,9557$
$\theta_{24} = 65°$ $\theta_{45} = 25°$ $\theta_{2,na} = 50°$	$\text{Sen } \theta_{24} = 0,9063$ $\text{Sen } \theta_{45} = 0,4226$ $\cos \theta_{2,na} = 0,6428$	$X = \dfrac{\text{Sen } \theta_{24}}{\text{Sen } \theta_{45} \cdot \cos \theta_{2,na}} = \dfrac{0,9063}{0,4226 \times 0,6428} = 3,3363$
$\theta_{13} = 62°$ $\theta_{35} = 31°$ $\theta_{1,nb} = 60°$	$\text{Sen } \theta_{13} = 0,8829$ $\text{Sen } \theta_{35} = 0,5150$ $\cos \theta_{1,nb} = 0,5000$	$Y = \dfrac{\text{Sen } \theta_{13}}{\text{Sen } \theta_{35} \cdot \cos \theta_{1,nb}} = \dfrac{0,8829}{0,5150 \times 0,500} = 3,4287$
$\phi_A = 30°$ $\phi_B = 20°$ $\gamma = 160 \text{ lb/pé}^3$ $\gamma_w = 62,5 \text{ lb/pé}^3$ $c_A = 500 \text{ lb/pé}^2$ $c_B = 1000 \text{ lb/pé}^2$ $H = 130 \text{ /pés}$	$\text{Tg } \phi_A = 0,5773$ $\text{Tg } \phi_B = 0,3640$ $\gamma_w / 2\gamma = 0,1953$ $3c_A / \gamma H = 0,0721$ $3c_B / \gamma H = 0,1442$	$FS = \dfrac{3c_A}{\gamma H} \cdot X + \dfrac{3c_B}{\gamma H} \cdot Y + \left(A - \dfrac{\gamma_w}{2\gamma} X\right) \text{Tg } \phi_A + \left(B - \dfrac{\gamma_w}{2\gamma} Y\right) \text{Tg } \phi_B$ $FS = 0,2405 + 0,4944 + 0,8934 - 0,3782 + 0,3478 - 0,2437 = 1,3542$

Figura 115 Folha de cálculo para determinação do fator de segurança (Hoek e Bray. 308)

Métodos para cálculo de estabilidade de taludes

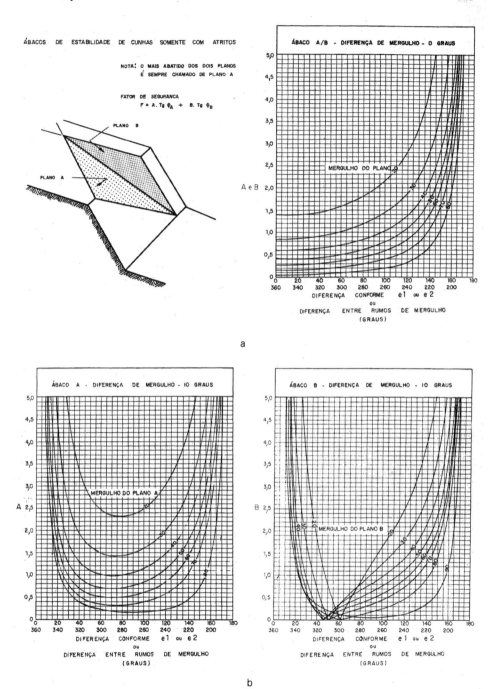

Figura 116 Ábacos para estabilidade de cunhas considerando-se somente o atrito (Hoek e Bray, 308)

156　　　　　　　　　　　　　　　　　　　　　*Estabilidade de taludes naturais e de escavação*

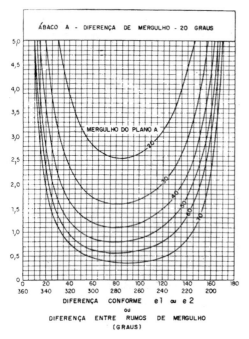

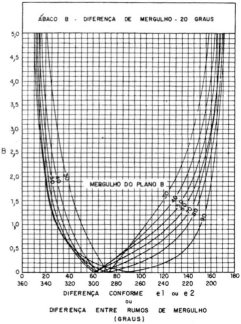

c

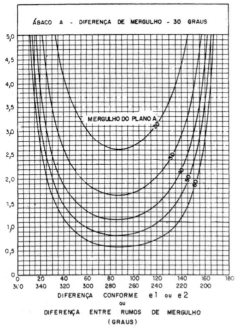

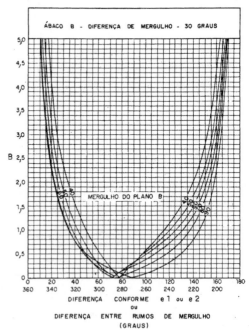

d

Métodos para cálculo de estabilidade de taludes

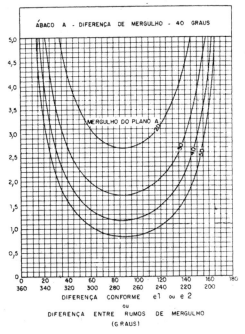

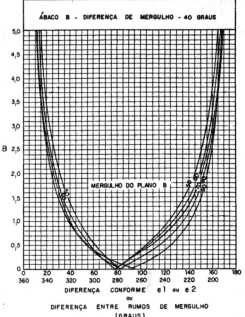

e

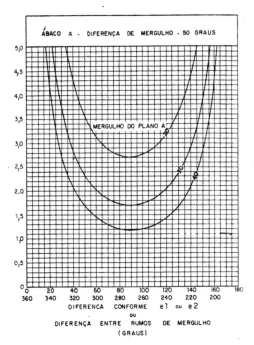

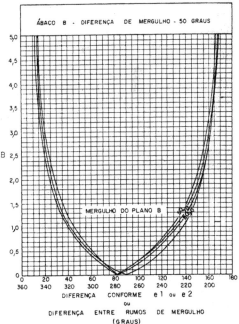

f

158 *Estabilidade de taludes naturais e de escavação*

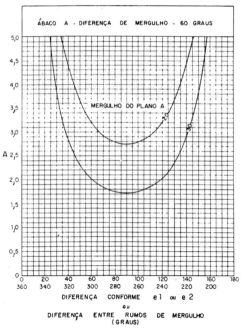

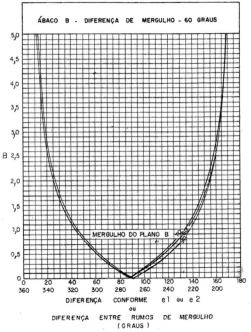

g

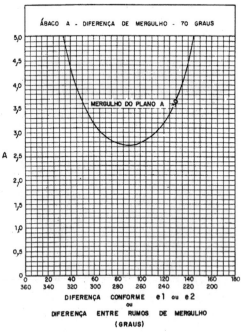

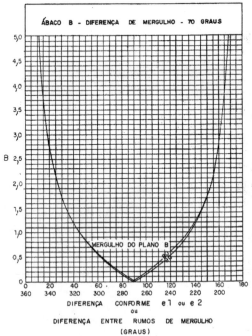

h

Métodos para cálculo de estabilidade de taludes

Considere-se o seguinte exemplo (Hoek e Bray, 308, pp. 190-191), onde os planos apresentam resistência coesiva.

Plano	Mergulho	Direção	Propriedades
A	45°S	N15°E	$\phi_A = 20°, C_A = 0,25$ kg/cm²
B	70°S	N35°W	$\phi_B = 30°, C_B = 0,50$ kg/cm²
Face do talude	65°S	N85°W	$\gamma = 2,56$ g/cm³
Topo do talude	12°S	N75°W	$\gamma_a = 1,0$ g/cm³

O estereograma correspondente é apresentado na Fig. 114 e a Fig. 115 mostra o esquema de cálculo utilizado. O fator de segurança calculado é 1,36.

Considerem-se os seguintes exemplos, supondo-se resistências apenas por atrito nos planos considerados.

	Mergulho	Direção	Ângulo de atrito
Plano A	40°N	N75°E	35°
Plano B	70°N	N15°E	20°
Diferença	30°	60°	

Entrando no ábaco da Fig. 116d, para diferença de mergulho de 30°, obtêm-se os valores de A e B para um ângulo entre as direções das camadas de 60°:

$$A = 1,3 \qquad B = 0,2$$

A substituição desses valores na equação

$$F = A \ \text{tg} \ \phi_A + B \ \text{tg} \ \phi_B$$

fornece o fator de segurança 0,98.

Se os planos mergulhassem para hemisférios diferentes:

Plano A	40°N	N75°E
Plano B	70°S	N15°E
Diferença	30°	60°

Segundo a orientação apresentada em e 2, devem-se somar 180° ao ângulo entre as duas direções e entrar no ábaco com o valor 240°.

Obtém-se, entrando-se no ábaco da Fig. 116d:

$$A = 1,5 \quad \text{e} \quad B = 0,7$$

O fator de segurança é 1,30.

5.2.4 Análise de tombamento de blocos

A grande limitação na utilização de fatores de segurança está no fato de que, em sua conceituação, não se levam em consideração momentos e tombamento de blocos. No caso mais simples de um bloco apoiado num plano inclinado, a forma e o peso do bloco podem levá-lo a rupturas que não dependem exclusivamente do escorregamento sobre o plano. Realmente, a componente vertical do peso próprio do bloco pode levá-lo a um equilíbrio instável em relação à sua base. A Fig. 117 (Hoek e Bray, 308, p. 29) resume as condições geométricas para tal fenômeno, admitindo-se $\phi = 35°$.

Muitos autores já tentaram obter dados qualitativos quanto à possibilidade de desmoronamento (quedas de blocos) em maciços formados por blocos isolados por descontinuidades de forte mergulho. Apesar de esses métodos fornecerem uma idéia sobre o comportamento de possíveis modelos de ruptura deste tipo, não se

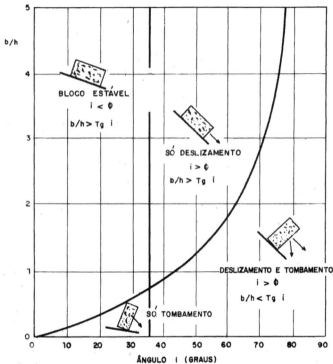

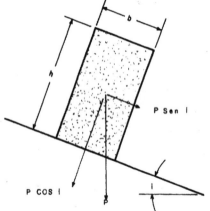

Figura 117 Condições de deslizamento e de tombamento de blocos apoiados sobre um plano inclinado (Hoek e Bray. 308)

dispõe, atualmente, de um método matemático ou gráfico para cálculo de estabilidade.

5.2.5 Outros fatores que devem ser considerados no cálculo de estabilidade

5.2.5.1 *Influência da curvatura do talude na estabilidade*

Em todos os métodos de análise de estabilidade, é comum os taludes serem tratados como sendo planos, em planta e corte. Tal fato geralmente não ocorre na prática e a experiência sugere que a curvatura de um talude tenha um papel significativo em sua estabilidade. Resume-se, a seguir, a opinião de Hoek e Bray

Métodos para cálculo de estabilidade de taludes

(308, pp. 231-234): "Quando o raio de curvatura de um talude côncavo é menor que a altura do talude, o ângulo do talude poderá ser 10° mais inclinado que o calculado, e, quando o raio de curvatura de um talude convexo se aproxima da altura do talude, o ângulo do talude deverá ser 10° mais abatido que o obtido por cálculos teóricos". A diferença na distribuição de tensões na face do talude devida à forma côncava ou convexa do mesmo poderia auxiliar na explicação sobre os 10° de diferença citados. É lógico que se deve tomar cuidado na aplicação das sugestões acima, pois mudanças na geologia ou nas condições de água subterrânea podem invalidá-las.

5.2.5.2 *Influência de solicitações dinâmicas*

Os taludes em solo e em rocha podem estar submetidos a dois tipos de solicitação dinâmica:

a) sismos, ou seja, fenômenos oscilatórios naturais de baixa freqüência;

b) vibrações oriundas de fogos de desmonte nas vizinhanças do talude, cujas freqüências chegam a ser bastante altas em maciços rochosos.

A estabilidade de taludes sujeitos a cargas dinâmicas tem geralmente sido tratada como um problema pseudo-estático, tentanto-se definir um *fator de segurança dinâmico*. Neste procedimento, as forças dinâmicas atuantes numa massa deslizante de peso P são supostas equivalentes a uma força horizontal KP, atuando no centro de gravidade, no sentido da superfície livre do talude. K é o coeficiente sísmico, cujo valor é geralmente adotado entre 0,05 e 0,20 para projetos em áreas sísmicas ativas. A utilização deste método conduz a aplicações de processos descritos anteriormente para a determinação de coeficiente de segurança.

No entanto, a maior limitação do método consiste em que as forças dinâmicas, mesmo as de baixa freqüência (grande período), não são forças estáticas constantes atuando numa direção.

O fator de segurança real do talude deve variar com o tempo e movimentações do talude só ocorrem quando o fator de segurança está momentaneamente abaixo de 1. Segundo Hendron, Cording e Aiyer (305, p. 122), o "fator de segurança computado de uma análise pseudo-estática, usando o coeficiente sísmico K, não é significativo porque a análise não indica a magnitude de deformações ou deslocamentos que podem se desenvolver no talude". Baseados numa análise feita por Newmark, em 1965, os autores citados calculam o máximo deslocamento da massa em relação ao terreno para um bloco simplesmente apoiado, como sendo:

$$\delta = \frac{V^2}{2gN}\left(1 - \frac{N}{a}\right), \text{ onde}$$

δ = deslocamento máximo
V = velocidade de partículas
a = aceleração do movimento
g = aceleração da gravidade
N = coeficiente de atrito dinâmico

A equação acima geralmente superestima os valores de deslocamentos para um sismo, pois não leva em conta o fato de os pulsos ocorrerem em direções opostas.

Cálculos análogos, realizados utilizando-se as formas de onda de quatro diferentes registros de terremotos, mostraram as seguintes faixas para os limites superiores de deslocamentos calculados:

$$\delta = \frac{V^2}{2gN} \cdot \frac{a}{N} \quad \text{para} \quad 0,2 < \frac{N}{a} < 0,4$$

$$\delta = \frac{V^2}{2gN} - \frac{N}{a} \cdot \frac{a}{N} \quad \text{para} \quad \frac{N}{a} > 0,4$$

$$\delta = \frac{V^2}{2gN} \quad \text{para} \quad \frac{N}{a} < 0,2$$

O técnico precisa decidir se os deslocamentos dinâmicos calculados pelas equações acima são aceitáveis ou não. Alguns taludes em solos e folhelhos moles podem sofrer consideráveis movimentos (de 15 a 30 cm, segundo os mesmos autores) sob cargas dinâmicas originadas por sismos, sem conseqüências catastróficas. No caso de maciços rochosos, é interessante notar que, logo após os primeiros movimentos, podem-se cisalhar as irregularidades existentes (item 3.2), reduzir conseqüentemente a resistência ao cisalhamento e, assim, permitir maiores movimentos, que poderão causar a ruptura do talude.

Casos relativos a solicitações dinâmicas nos taludes, originados por fogos de desmonte ou exploração (no caso de minerações) próximos, devem ser cuidadosamente analisados. Um caso brasileiro interessante, relativo aos taludes do vertedor da barragem de Capivara, é relatado por Nieble, Takahashi, Bertin Neto e Valério (152).

Um outro problema que deve ser considerado com todo o cuidado é a possibilidade de liquefação espontânea de solos, tal como é apontado no item 2.2.2 deste trabalho.

CAPÍTULO 6

ESTABILIZAÇÃO DE TALUDES E INSTRUMENTAÇÃO

"It is not difficult to stabilize a slope, but certain questions must be asked and answered. These are:

how much stability is required?
for how long is it required?
how important is the cost?

These three questions indicate the basic problem of Civil Engineering, which is that the solution to any problem is a compromise between safety, cost and time. Stabilization of slopes is no exception"

H. Q. Golder *in* First International Conference on Stability in Open Pit Mining, Vancouver, 1970, p. 169

6.1 ESTABILIZAÇÃO DE TALUDES

Dissertar sobre métodos e processos de estabilização de taludes e instrumentação é assunto extremamente delicado, que exigiria a elaboração de um outro compêndio sobre o tema. Tal intenção não é, certamente, a deste Cap. 6, que pretende apenas mostrar, em linhas gerais, processos de consolidação mais comuns de taludes e fazer algumas observações sobre instrumentação dos mesmos. Além disso, poucos são os trabalhos encontrados na literatura internacional e principalmente nacional sobre o tema, tendo em vista o fato de a aplicação de determinadas soluções de consolidação constituir o *know-how* das empresas envolvidas no problema. Frisa-se portanto o caráter apenas informativo deste capítulo, tendo em vista principalmente que há toda uma filosofia de projeto envolvida no assunto. As *condições de contorno* do problema estudado têm influência preponderante no tipo de solução a ser implantada, sendo evidente que a estabilização de uma encosta em área urbana, ou de um talude de ferrovia, ou ainda do talude final de uma mineração, podem constituir problemas semelhantes que exijam soluções bastante diferentes. Tais trabalhos dependem, ainda, do estágio em que se encontra a obra, no caso de taludes escavados (a implantar, em construção ou já em evidências de instabilização), e de todas as condicionantes geológico-geotécnicas significativas. Neste aspecto, é essencial lembrar, ainda, que certos tipos de materiais, em determinadas condições de solicitação, podem suportar movimentos considerados exagerados para esses materiais, tais como solos ou folhelhos moles (de 20 a 30 cm), sem conseqüências catastróficas, enquanto outros materiais, quando submetidos a cargas dinâmicas, apresentam rupturas mesmo para pequenos deslocamentos, como no caso de taludes rochosos ou de argilas sensíveis (Hendron, Cording e Aiyer, 305).

Supôs-se também, ao redigir este capítulo, que alguns termos e técnicas de uso corrente na estabilização de taludes, tais como, atirantamento, ancoragem,

164 *Estabilidade de taludes naturais e de escavação*

concreto projetado, muro de arrimo, gabião etc., já sejam do conhecimento geral. Aos não afeitos com tais termos e assuntos, recomendaríamos a leitura prévia de bibliografia especializada.

6.1.1 Sistematização dos processos de estabilização

Os processos preventivos ou corretivos podem ser classificados *por objetivo* ou *por meio*. Uma classificação por objetivo está intimamente ligada às causas e aos agentes do fenômeno de instabilização. A esse respeito, faz-se referência ao trabalho de Freire (73) que, no Quadro II, apresentado na p. 143, contém a "indicação de providências saneadoras dos escorregamentos, expostas ordenadamente segundo as causas preparatórias e imediatas principais e os modos de ação segundo os quais atuam". O Quadro II mostra tais providências, que foram agrupadas em sete categorias, segundo o fim pretendido, ou seja:

1. eliminação da água
2. atenuação do dessecamento
3. atenuação da pressão da água
4. atenuação dos efeitos da gravidade
5. atenuação e controle da erosão
6. combate à ação do gelo
7. diversos

No campo dos taludes naturais é preciso se lembrar de que a maioria dos chamados *taludes em solo* estão geneticamente ligados a *rochas matrizes*, exceção feita aos taludes que apareçam em materiais sedimentares. Com isso, conforme foi visto nos capítulos anteriores, o comportamento mecânico do talude em solo dependerá muitas vezes da presença de estruturas herdadas da rocha matriz. Os processos de estabilização de taludes em materiais terrosos e rochosos são, assim, em linhas bastante gerais, basicamente os mesmos e como tais podem ser agrupados numa única classificação. A intensidade com que tais processos serão aplicados irá variar de caso a caso.

O Quadro II apresenta, assim, uma longa lista de processos corretivos, subordinada à classificação por objetivo e relacionada indiscriminadamente a taludes terrosos ou rochosos.

Foram acrescentadas ao quadro algumas técnicas desenvolvidas no último decênio, entre as quais se destacam as técnicas de armação e protensão do terreno (item 4.5) e o desmonte controlado em taludes rochosos (item 7.1).

A maioria das técnicas relacionadas no Quadro II é de compreensão imediata, dispensando maiores elucidações. Assim sendo, serão feitas, a seguir, algumas considerações de caráter geral.

6.1.2 Considerações sobre os principais métodos

Hoek e Londe em trabalho recente (309, p. 637) resumem as técnicas de melhoria da estabilidade de taludes rochosos em quatro grupos básicos:

a) mudança na geometria do talude
b) drenagem de água subterrânea
c) reforço do maciço
d) controle de desmonte

Destes, os três primeiros se aplicam também a taludes terrosos. Tendo em vista a simplicidade da classificação acima, passamos a seguir a comentar cada um dos grupos apresentados.

QUADRO II

ESCORREGAMENTOS E FENÔMENOS CONEXOS

PROCESSOS CORRETIVOS

1) ELIMINAÇÃO DA ÁGUA	2) ATENUAÇÃO DO DESSECAMENTO	3) ATENUAÇÃO DA PRESSÃO D'ÁGUA	4) ATENUAÇÃO DOS EFEITOS DA GRAVIDADE	5) ATENUAÇÃO E CONTROLE DA EROSÃO	6) COMBATE À AÇÃO DO GELO	7) DIVERSOS
1-1 - CAPTAÇÃO DE FONTES E BOLSÕES AQUÍFEROS	2-1 - REVESTIMENTO DE FAXINAS E ESTEIRAS	3-1 - DRENAGEM EM GERAL	4-1 - ALÍVIO DE PESO (Terraceamento, escavações no alto dos taludes.)	5-1 - VALETAS E CANAIS INTERCEPTORES (Da crista, de corte, de circunvalação, de meia encosta, etc.)	6-1 - INTERPOSIÇÃO DE CAMADAS INTERCEPTORAS DA ÁGUA DE CAPILARIDADE (Lençóis permeáveis, etc.)	7-1 - CONTROLE DE DESMONTE EM TALUDES ROCHOSOS
1-2 - REGULARIZAÇÃO OU SISTEMATIZAÇÃO DE ENCOSTAS PARA DISCIPLINAR O ESCOAMENTO (Terraceamento, valetamento, aterro de depressões, regularização de taludes.)	2-2 - REVESTIMENTO COM GRAMA	3-2 - FILTROS INVERTIDOS	4-2 - BERMAS DE EQUILÍBRIO (Ao lado dos aterros, no pé dos taludes.)	5-2 - REGULARIZAÇÃO DAS ENCOSTAS E TALUDES (Uniformização da superfície.)		7-2 - ORGANIZAÇÃO DE SISTEMAS DE SINALIZAÇÃO, CONTROLE CINEMÁTICO E AVISO
1-3 - DRENAGEM SUPERFICIAL (Valetas de crista de talude ou de plataforma, canais com ou sem revestimento.)	2-3 - REVESTIMENTO COM COLCHÃO DE AREIA	3-3 - COMPACTAÇÃO (Por cravação de estacas, por explosões controladas, por vibroflotação, por compressão.)	4-3 - REDUÇÃO DE DECLIVIDADE DAS ENCOSTAS E DOS TALUDES	5-3 - ESCALONAMENTO DE TALUDES (Terraceamento, banquetas.)		7-3 - INTERDIÇÃO DA ÁREA, ENQUANTO DURAR O FENÔMENO
1-4 - DRENAGEM PROFUNDA (Drenos, galerias drenantes, drenos tubulares, contrafortes drenantes, bombeamento, eletro-osmosis.)			4-4 - ARRIMAGEM (Muros diversos, enrocamentos, estacas pranchadas, estruturas em geral, escoramentos laterais, escoramento de tetos de galerias, etc.)	5-4 - REVESTIMENTOS IMPERMEABILIZADORES (Alvenaria, concreto, asfalto, argila.)	6-2 - DRENAGEM EM GERAL	7-4 - DESVIO DE RODOVIAS E FERROVIAS EVITANDO DEFINITIVAMENTE A ÁREA
1-5 - CIRCULAÇÃO DE AR QUENTE E SECO			4-5 - FIXAÇÃO DE MASSAS INSTÁVEIS (Fixação com obras de concreto ou alvenaria, concreto projetado, cortinas atirantadas, ancoragens e estacas-raízes, atirantamento, injeções de cimento e produtos químicos.)	5-5 - REVESTIMENTOS AMORTECEDORES E ABSORVENTES (Grama, faxinas, esteiras.)		7-5 - CONSTRUÇÃO DE OBRAS QUE INDEPENDAM DO FENÔMENO (Pontes, viadutos de fundação profunda)
1-6 - INTERCEPÇÃO DE ÁGUA SUPERFICIAL OU PROFUNDA (Valetas exteriores revestidas, drenos interceptores, cut-off.)			4-6 - REMOÇÃO DE MASSAS INSTÁVEIS (Retirada dos blocos soltos ou instáveis, remoção de saliências rochosas, descamação preventiva, eliminação de camadas delgadas de terra sobre rocha quase aflorante, limpeza preventiva.)	5-6 - BARRAGENS SECAS (De alvenaria, de pedras soltas, de árvores vivas, de troncos tombados, de pau-a-pique.)	6-3 - REVESTIMENTOS IMPERMEÁVEIS	7-6 - PROTEÇÃO DAS ÁREAS A JUSANTE (Anteparos, polígoda, diques.)
1-7 - REVESTIMENTO SUPERFICIAL (Alvenaria, concreto, asfalto, argila.)				5-7 - REGULARIZAÇÃO FLUVIAL E DE ÁGUAS MARÍTIMAS (Diques, muros de cais, revestimentos de margens, espigões longitudinais e transversais, quebra-mares, guio-corrente, etc.)		7-7 - INTERDIÇÃO DA CONSTRUÇÃO NAS ÁREAS DE JUSANTE
1-8 - INTERDIÇÃO DO TRABALHO AGRÍCOLA (Que importe em revolvimento do solo.)				5-8 - REFLORESTAMENTO E AGRICULTURA RACIONAL (Seleção de culturas, combinação de culturas abertas e fechadas, plantio em curvas de nível, terraceamento, camalhões, seleção de culturas em função da inclinação ou natureza do terreno.)		7-8 - CONTROLE DO CARREGAMENTO EM FUNÇÃO DA RESISTÊNCIA E DAS DEFORMAÇÕES PREVISÍVEIS DO MATERIAL
						7-9 - REMOÇÃO DOS ESCOMBROS E DO MATERIAL ESCORREGADO
						7-10 - CONSTRUÇÃO ANTI-SÍSMICA

MAGALHÃES FREIRE, MODIFICADO

166 Estabilidade de taludes naturais e de escavação

6.1.2.1 Mudança na geometria do talude

Mudar a geometria do talude geralmente significa reduzir a altura do talude, ou reduzir seu ângulo, e, quando for possível implantar esta medida, ela se constituirá, via de regra, no meio mais barato de melhorar a estabilidade do talude (Hoek e Londe, 309, p. 637). No entanto, nem sempre é a medida mais efetiva, pois a redução da altura, ou ângulo do talude, não só reduz as forças solicitantes que tendem a induzir a ruptura mas também reduz a tensão normal e portanto a força de atrito resistente, que depende basicamente da tensão normal atuante na superfície considerada.

A maior vantagem que a mudança de geometria do talude tem sobre outros métodos é que seus efeitos são permanentes, pois a melhora na estabilidade é atingida por uma mais efetiva utilização das propriedades inerentes ao maciço e pelas mudanças permanentes no sistema de forças atuantes no talude.

Este sistema de força pode também ser mudado por drenagem e por reforço, mas essas mudanças podem ser anuladas se os drenos entopem ou se a capacidade de carga do reforço vem a ser reduzida. Surge, para essas últimas medidas, a necessidade de se introduzir o fator manutenção para que elas permaneçam efetivas.

6.1.2.2 Drenagem de água subterrânea

A drenagem de água subterrânea dos taludes melhorará sempre a estabilidade, sendo entretanto necessário indagar-se quanto ao incremento real, que pode ser conseguido, e quanto ao custo do sistema.

A forma mais simples e barata de controle de água subterrânea consiste em minimizar a quantidade de água que infiltra no topo e na face do talude. Cálculos simples mostram que a água que se infiltra em fendas de tração abertas pode gerar altas pressões de água no interior do talude. Quando essas fendas são visíveis no topo do talude, é recomendável preenchê-las com materiais porosos, tais como cascalhos, e selar o topo da fenda com materiais impermeáveis, como argila. Isso evitará a entrada direta de água superficial, particularmente durante chuvas pesadas, mas permitirá a drenagem para a face do talude, que deverá estar protegida superficialmente.

Quanto à drenagem profunda, furos de martelete horizontais podem ser muito efetivos na drenagem de um maciço rochoso, mas poucas orientações quantitativas podem ser apresentadas para o espaçamento dos mesmos, desde que sua eficiência dependa quase que inteiramente do fato de interceptar, ou não, fissuras com água. Em maciços fraturados, recomenda-se que os furos sejam espaçados regularmente. Quanto à profundidade dos mesmos, recomendam aqueles autores que seja igual à altura do talude. Note-se que essa generalização é perigosa, tendo em vista principalmente a aplicação a taludes muito altos. Talvez a definição de profundidades que atinjam o contato solo-rocha ou que ultrapassem zonas de intenso fraturamento seja preferível a regras puramente geométricas. Em maciços constituídos por corpos de tálus ou em maciços terrosos, a drenagem profunda parece ser realmente o método mais eficiente da estabilização que se conhece atualmente.

Furos verticais operados com bomba têm a vantagem de permitir sua operação mesmo antes da escavação dos taludes, apesar de serem muito caros. Suas condições ótimas de emprego ocorrem durante períodos limitados de tempo, correspondendo a determinadas fases operacionais, sendo desaconselhável utilizá-los como solução permanente, seja por motivos de custo, seja pelo risco representado pela quebra do equipamento.

Estabilização de taludes e instrumentação **167**

Elementos indiscutivelmente caros e de emprego restrito, apesar de extremamente eficazes no controle da água subterrânea, são as galerias de drenagem. Elas têm as vantagens de interceptar um grande número de descontinuidades em maciços rochosos e de permitir a furação de drenos em regiões consideradas as mais críticas. No caso de taludes em solo, apesar de sua eficiência como caminhos preferenciais de percolação, as galerias apresentam dificuldades de abertura e de conservação da seção, disso resultando, a par de considerações de ordem econômica, seu emprego restrito. Segundo Hoek e Londe, é freqüentemente possível reduzir seu custo através de um planejamento integrado. Entende-se como tal a assimilação dessas galerias ao projeto final da obra. A esse respeito Costa Nunes (156) cita J. L. Serafim por seus trabalhos de reforço de ombreiras em barragens. tanto à compressão como à tração e ao cisalhamento, por meio de galerias abertas no maciço. De tais galerias realizam-se, eventualmente, ancoragens e, posteriormente, as próprias galerias são concretadas, seja anularmente, seja em toda a sua seção, constituindo-se em poderoso elemento adicional de resistência. Galerias que atendam simultaneamente a diversas finalidades parecem indubitavelmente preencher os requisitos, anteriormente citados, de planejamento integrado.

6.1.2.3 *Reforço do maciço*

Ainda segundo Hoek e Londe, o incremento de estabilidade de um talude rochoso por reforço artificial é, em geral, economicamente viável apenas em taludes relativamente pequenos ou em blocos de dimensões reduzidas. Isso se deve ao fato de ser necessário aplicarem-se até 20% do peso total da massa instável por meio do reforço considerado, o que pode representar, no caso de tirantes, por exemplo, custos de estabilização excessivamente elevados. "A instalação de reforço num talude com sinais evidentes de instabilidade é a maneira de estabilização menos efetiva, pois parte da resistência do maciço já foi perdida devido à abertura de fraturas e de deslocamentos ao longo de descontinuidades. Se, por outro lado, o reforço for utilizado como parte integrante de um projeto, ou seja, se for aplicado durante a construção de um talude, de maneira a inibir a dilatação da massa rochosa, a eficiência do sistema resultará bastante aumentada."

Em taludes em solo, o reforço do maciço, através de muros de arrimo, de cortinas atirantadas contínuas e descontínuas etc., associado a um sistema eficiente de drenagem é, muitas vezes, a única solução a ser adotada, pois abater o talude significaria efetuar volumosas retiradas de terra, o que viria a ser economicamente inviável.

Mais modernamente, métodos de estabilização em solo com a utilização de microestacas, estacas raízes (pali radici) e terra armada tem sido utilizados com sucesso em algumas de nossas principais obras.

6.1.2.4 *Controle de desmonte*

Quanto ao último método, ou seja, o controle de desmonte, afirmam aqueles autores que, embora este não seja geralmente encarado como um meio para melhorar a estabilidade dos taludes, não há dúvida de que os danos devidos ao desmonte têm uma influência significativa na estabilidade. A experiência sugere que um talude obtido por desmonte controlado pode ser estável com um ângulo 5° ou 10° maior que um talude que sofreu os efeitos de fogos pesados. Apesar de o atual custo de perfuração ser muito alto, acredita-se que o custo total de implantação e de manutenção de um talude com fogo controlado deverá ser menor que o custo análogo para um talude obtido com esquemas de fogo usuais. Técnicas

168 Estabilidade de taludes naturais e de escavação

de pré e pós-fissuramento são utilizadas com sucesso em maciços sãos e fraturados, sendo de importância fundamental em taludes de escavação de fundações de barragens ou taludes finais de mineração.

6.1.3 Experiências brasileiras na estabilização de taludes

O principal centro de aplicação de técnicas de estabilização de taludes é a própria cidade do Rio de Janeiro, onde o Instituto de Geotecnia acumulou considerável experiência, extensivamente documentada por ocasião da 1.ª Semana Paulista de Geologia Aplicada (1969): Akherman (2), Brandão (21), Fonseca (66) e (67), Heine (91), Totis, Castelo Branco e Lamônica Filho (270). Esta valiosa coleção de experiências foi posteriormente sintetizada e resumida por Fonseca, que apresenta (68, pp. 413-427) uma descrição bastante completa dos tipos de soluções adotadas nas encostas da cidade do Rio de Janeiro. Aquela autora relaciona da seguinte forma as principais soluções:

''1. para blocos soltos em encostas, desde o simples desmonte até a construção de redes de drenagem, colocação de gabiões ou cunhas de apoio;

''2. terraceamento com execução de bancadas, rede de drenagem e proteção vegetal;

''3. obras de contenção estruturais, de peso ou flexão;

''4. tratamento de superfícies rochosas com malhas de aço grampeadas e concreto projetado;

''5. muralhas de impacto rígidas de grande massa e contrataludes de amortecimento contra queda de blocos de rocha ou muralhas flexíveis de concreto armado ou estruturas metálicas (redes de aço);

''6. chumbamento ou atirantamento de blocos em taludes de rocha, arrimo com contrafortes ou muretas atirantadas na base e no próprio corpo;

''7. drenagem profunda com drenos horizontais de pequeno diâmetro para encostas e taludes apresentando grande movimentação. No caso de 'tálus' adotou-se também a drenagem com valetas no contato escarpa-talude de solo;

''8. cortinas de contenção atirantadas com tirantes ancorados em profundidade em solo''.

Quanto ao *atirantamento* de maciços rochosos, há que se referir, na literatura nacional, aos trabalhos de Nieble e Bertin Neto (148), que apresentam considerações sobre tirantes de pequena capacidade, aos de Ruiz (224) e (225) sobre força de protensão mínima e de custo mínimo, e aos de Costa Nunes (155), (156), (157) e (178), salientando-se o trabalho de Costa Nunes e Fonseca (177) na tentativa e normalização de estruturas de amimo ancoradas.

Atualmente, como conseqüência do trabalho anterior, o meio técnico brasileiro dispõe da norma NB-565/77 — Estruturas Ancoradas no Terreno — Ancoragens Injetadas no Terreno.

O emprego da *drenagem* como meio de estabilização de grandes massas em regime de escorregamento lento acha-se bem documentado nos trabalhos de Teixeira e Kanji (264), e Vargas (274). O primeiro se refere à área instabilizada situada na região da via Anchieta, Serra do Mar e já citada no item 1.6.2.3. Naquele local, o sistema de drenos, com profundidades atingindo até 120 m, teve sua locação condicionada aos resultados das medidas de vazões de água obtidos nas etapas anteriores de instalação. As condições extremamente erráticas do sistema de percolação de água na massa instabilizada ditaram a escolha desse tipo de drenagem profunda, adotando-se a execução de um grande número de drenos de pequeno diâmetro, esparsos no maciço, em lugar do sistema muito corrente, empregado na engenharia de minas e mesmo na rodoviária, da execução de poucas galerias de diâmetro superior a 1,50 m. O sucesso dos drenos para alívio das pressões hidrodinâmicas no maciço pode ser avaliado pela análise da Fig. 118, extraída do trabalho daqueles autores.

Igualmente significativos são os resultados obtidos na Usina Henry Borden, já citada no item 1.6.2.3, onde a massa instabilizada foi drenada por meio de galerias

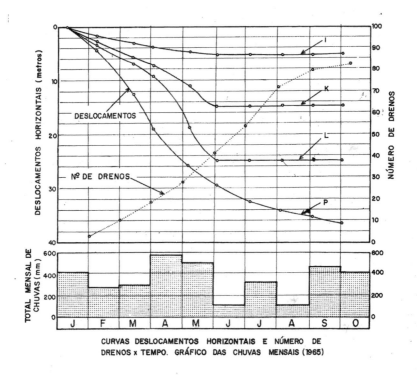

Figura 118 Resultados da drenagem profunda, como meio de estabilização, no escorregamento da cota 500 da via Anchieta (SP) (Teixeira e Kanji, 264)

e por furos de drenagem feitos a partir das próprias galerias. Segundo Terzaghi, in Vargas (274), a drenagem é tão efetiva na paralisação de movimentos desse tipo que bastaria um abaixamento de 3 m do lençol de água para que o movimento, que originariamente progredia na razão máxima de cerca de 30 cm por dia, fosse reduzido praticamente a zero, como mostra a Fig. 119, elaborada a partir de dados obtidos naquela usina.

Vargas (274, p. VI-43), com base na observação dos escorregamentos naturais da Serra do Mar, considera que, nas encostas íngremes de solo residual ou alteração de rocha, a estabilidade do talude pode ser conseguida:

a) adotando-se talude estável calculado pelo processo do círculo de ruptura admitindo-se parâmetros de cisalhamento da ordem de 30º a 40º e coesão da ordem de 0,2 a 0,7 kg/cm^2 (nos solos residuais de gnaisse com ou sem matacões de rocha);

Figura 119 Efeito do rebaixamento do lençol freático, por meio de drenagem, no escorregamento da usina Henry Borden, Cubatão (Terzaghi, 334)

b) provendo-se o talude com um eficiente sistema de drenagem que, dando escoamento rápido à água de chuva, impeça sua penetração no solo;

c) protegendo-se a superfície do talude com asfalto ou grama para evitar a erosão.

Um dos processos de estabilização, cuja aplicação está se tornando cada vez mais freqüente entre nós, é o do *concreto projetado*, que aproveita, até certo ponto, os princípios de seu funcionamento como revestimento de túneis, excetuando-se a formação do efeito arco. As principais funções da aplicação de uma camada de concreto projetado leve (de 3 a 5 cm), ou pesado (10 cm), associada ou não à colocação de telas, são as seguintes:

a) ele é forçado em juntas abertas, fissuras, veios e irregularidades na superfície rochosa, atuando como ligante dos blocos unitários do maciço;

b) impede o fluxo de água nas juntas, prevenindo contra o carreamento de materiais de preenchimento e de deterioração da superfície;

c) possui aderência à superfície, e a própria resistência ao cisalhamento fornece resistências razoáveis à queda de blocos soltos.

Quanto à *proteção superficial* de taludes em rochas moles ou solo, tem tido rápido avanço a técnica de *hidrossemeadura*. Consiste em misturar sementes de grama e fertilizante em borracha ou plástico líquidos, jateando-os a seguir na superfície do talude. Tal técnica foi aplicada com bastante sucesso na abertura de novas rodovias, como a Rodovia dos Imigrantes (SP) e a BR-101 (Rio—Santos), trecho paulista. A cobertura vegetal é quase certamente a melhor forma de proteção superficial contra a erosão, malgrado as dificuldades operacionais freqüentemente encontradas para sua fixação em taludes. Outros sistemas envolvem a ancoragem mecânica da camada superficial de solo no talude ou a sustentação, a partir do topo do talude, por meio de cabos de aço. A decisão quanto ao tipo correto de grama a ser utilizado depende, em grande extensão, das condições locais.

6.2 INSTRUMENTAÇÃO DE TALUDES

A instrumentação ou, ainda, a auscultação de maciços é uma especialização que cresce de importância em nossos dias, principalmente devido ao grande porte de inúmeras obras executadas ou em execução. Torna-se extremamente difícil escrever algo sobre instrumentação de taludes, tendo em vista principalmente o número e a complexidade dos instrumentos de medida existentes atualmente no mercado internacional. Recomenda-se, portanto, aos interessados no assunto que consultem a bibliografia relacionada, principalmente o *Field Instrumentation in Geotechnical Engineering* (1974), para se familiarizarem com o princípio e o funcionamento dos aparelhos citados. Essas descrições fogem, obviamente, ao escopo deste livro.

Estabilização de taludes e instrumentação

6.2.1 Importância da instrumentação

Instrumentar um talude significa sistematizar as observações sobre o comportamento do mesmo, não importa quais os meios ou instrumentos empregados. Segundo Kennedy (312, p. 538), há duas razões básicas para se instrumentar taludes:

1. verificar se um talude se comporta dentro dos limites previstos em projeto e
2. acompanhar e predizer o comportamento de um talude que já exiba sinais de ruptura e que esteja se movimentando.

Uma parte significativa da instrumentação existente se baseia no controle de movimentação do talude. As medidas de deformação são lançadas em gráfico e relacionadas com o tempo, sejam horas, dias ou meses. A análise sistemática de tais gráficos deveria permitir predizer o comportamento do talude. Na verdade, movimentos de massas de solo ou de rocha não obedecem a leis conhecidas, disso resultando dificuldades de interpretação e de previsão do comportamento. Como regra geral, pode-se dizer que somente em casos raros a ruptura de um talude ocorre de maneira brusca sem que tenham surgido indícios de instabilidade. Na maioria dos casos, surgirão fendas de tração ou cisalhamento na borda da área instável e irão aparecer deslocamentos e deformações em pontos situados no interior da própria área. As experiências existentes sobre o assunto (Saito, 329; Kennedy, Niermeyer e Fahm, 1969), obtidas a partir do registro sistemático de deslocamentos observados antes de casos de ruptura, sugerem que o movimento da massa instável irá gradativamente sendo acelerado até que se atinja o ponto de ruptura. O que parece ser mais significativo, como indicação do comportamento do talude, não é a magnitude do movimento mas sim sua aceleração (Hoek e Bray, 308, p. 248). A Fig. 120 mostra um exemplo bastante significativo de previsão do instante de escorregamento de um talude (Saito, 329, p. 539), onde foi possível interromper o tráfego numa rodovia um dia antes do colapso.

6.2.2 Métodos e técnicas de instrumentação

Métodos e técnicas de instrumentação, no campo da geotecnia, evoluíram rapidamente nos dois últimos decênios e constituem hoje um campo de especialização capaz de atingir um nível de sofisticação muito grande. Existem verdadeiros tratados voltados exclusivamente para a instrumentação de campo (*Field Instrumentation in Geotechnical Engineering*, 1974: Hanna, 1973).

Franklin e Denton (301) apresentam uma síntese de métodos e de técnicas, englobando seja instrumentos para solo, como para rochas, face à grande semelhança entre os dois tipos:

Métodos de medição direta de movimentos
- topografia
- sistemas eletrópticos
- fotogrametria aérea e terrestre
- extensômetros de superfície e medidores de fendas
- instrumentação de subsuperfície

Métodos de medição indireta de movimentos
- medidores de pressão e nível da água
- medidores de cargas e de pressões em estruturas de contenção e suportes
- medidores de microrruídos

Com base nesta classificação, passa-se, a seguir, a discutir alguns aspectos relativos aos métodos apresentados.

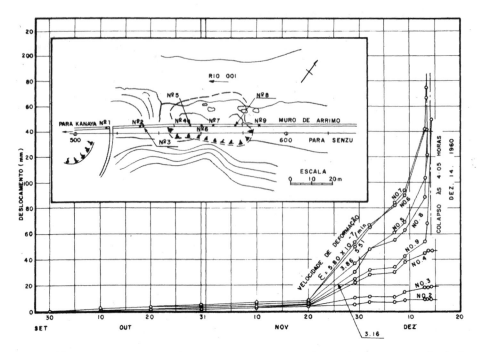

Figura 120 Exemplo de acompanhamento de velocidade de movimentação de uma massa instável, antes do escorregamento. O gráfico mostra como, a partir de uma certa data (20 de novembro), o movimento passou a apresentar forte aceleração, resultando, ao cabo de 24 dias, em colapso. As medidas permitiram uma previsão da data do acontecimento. Os números na figura se referem a medidores de deformação. Os triângulos pretos delimitam a área afetada pelo escorregamento (Saito, 329)

6.2.2.1 Métodos de medição direta de movimentos

Topografia

São técnicas econômicas e de confiabilidade. Levantamentos a pequena distância, mas cuidadosos, podem ser rapidamente executados com trena e caminhamento, por exemplo, efetuando-se medidas de colinearidade entre marcos previamente alinhados, com teodolitos ou sistema laser, e medindo-se a distância entre esses marcos por meio de trena. O nivelamento também constitui técnica de emprego satisfatório.

Sistemas eletrópticos

O funcionamento desses aparelhos se baseia no emprego de um feixe de luz modulada projetado em alvos refletores instalados na face do talude. Com isso alcançam-se medidas extremamente precisas de distância. Alguns instrumentos atingem distâncias de até 80 km, mas, para grandes distâncias, a precisão tem limitações devido às condições atmosféricas e de pressão.

Fotogrametria aérea e terrestre

São métodos de menor precisão que os topográficos ou os sistemas eletrópticos, mas de muita valia no estudo do comportamento de grandes massas. Uma seqüência

Estabilização de taludes e instrumentação **173**

de fotografias é tirada em determinados intervalos de tempo, após se terem fixado ou escolhido alguns pontos significativos, ou coordenadas, na área de interesse. A comparação das diversas seqüências permitirá avaliar se houve ou não movimentos e até mesmo medir sua grandeza. Fotos terrestres, tiradas a uma distância de 100 m de um objeto, permitem precisão de medidas de até 20 a 30 mm, quando usadas num estereocomparador.

Extensômetros de superfície e medidores de fendas

Estes instrumentos são geralmente instalados após o desenvolvimento e a locação das fendas de tração na face superior do talude, e servem mais como elementos indicadores de iminência de ruptura. Tanto a espessura como os movimentos tangenciais da fenda podem ser medidos através de instrumentos de fácil confecção ou bastante elaborados, utilizando inclusive fios e barras de invar, transdutores e sistemas de leitura elétricos.

Instrumentação de subsuperfície

A instrumentação de subsuperfície compreende os medidores de deslocamento vertical tradicionais, os extensômetros múltiplos e os inclinômetros.

Os medidores de deslocamento vertical tradicionais, que utilizam sistemas de mercúrio, hidráulicos ou pneumáticos, são raramente utilizados em taludes em virtude de sua sensibilidade limitada. Talvez os mais utilizados sejam os que usam a ancoragem de diversos pontos no interior do furo de sondagem (de diâmetro *EX, BX* ou *NX*, geralmente), a partir dos quais barras ou fios (tensionados) de invar vão ter à boca do furo, onde se localiza o sistema de medida mecânico, elétrico ou utilizando transdutores lineares. De dois a vinte pontos de ancoragem podem ser utilizados em cada furo, sendo que o mais profundo é geralmente utilizado como ponto de referência.

Os erros que podem se acumular devido ao fato de não se levar em conta adequadamente os efeitos de temperatura, corrosão e tensionamento, nesses tipos de equipamentos, levaram a alternativas que consistem em empregar magnetos ou placas metálicas colados às paredes do furo e um equipamento que registra suas posições relativas.

Inclinômetros podem também ser utilizados como medidores de recalque quando instalados horizontalmente no furo, medindo mudanças no alinhamento do mesmo. No entanto, medidas de furos verticais ou inclinados podem ser usadas diretamente para estudar movimentações de taludes, utilizando cadeias de barras deslizantes. Alguns equipamentos são permanentes, outros são colocados periodicamente nos furos através de tubos-guias. O sistema de medidas pode utilizar pêndulos com *strain-gages*, corda vibrante ou transdutores indutivos para registro de deflexões.

6.2.2.2 *Métodos de medição indireta de movimentos*

Qualquer tipo de observação que forneça elementos sobre as condições de estabilidade de uma massa objeto de estudo pode representar um método indireto de medição de movimentos. Um registro pluviométrico ou um registro piezométrico do fluxo de água no interior de um talude podem alertar para uma condição de instabilidade mesmo antes que os métodos de medição direta de movimentos o façam, simplesmente porque eles representam causas de instabilidade, antes que efeitos (Franklin e Denton, 301, p. 264).

Medidores de pressão e nível de água

Os problemas de instabilidade podem estar associados a excessiva carga de água, ou excessiva pressão da água. Os dois fatos não estão necessariamente associados. Os piezômetros são a forma mais simples de instrumentação para medição de pressões da água e podem ser de vários tipos, instalados a distâncias adequadas da face do talude. Os mais simples consistem em furos abertos, permitindo a leitura direta do nível da água. Os mais sofisticados podem utilizar diafragmas sensíveis, que respondem a mudanças muito pequenas de pressão, enquanto a conversão das leituras em valores de pressão é feita por meio de equipamentos eletrônicos. De qualquer forma, trata-se de aparelhos de primordial importância nas fases de estudo e observação.

Medidores de cargas e pressões em estruturas de contenção e suportes

A instrumentação de estruturas de contenção e suporte mostra se o sistema foi projetado adequadamente e também pode indicar se o talude está evoluindo para uma situação mais estável ou instável.

Esforços sobre ancoragens podem ser medidos por células de carga. Estas compreendem em geral um ou mais cilindros ou placas metálicas, de modo a suportar a carga a ser medida. As deformações nos cilindros são medidas através de sistemas mecânicos, fotelétricos, cordas vibrantes etc. Pressões em muros de contenção são medidas por meio de células de pressão ou macacos planos. Esses dispositivos consistem em duas finas chapas metálicas soldadas e infladas hidraulicamente, sendo que um medidor pode registrar as mudanças de pressão no mesmo.

Medidores de microrruídos

Movimentos de maciços são acompanhados por ruídos, que se tornam audíveis no momento do colapso. Para sua detecção, podem-se usar geofones ou detectores, ligados a amplificador e a um registro escrito contínuo. Apesar das tentativas feitas na análise das características dos acontecimentos microssísmicos e de sua possível correlação, em freqüência e amplitude, com a natureza dos movimentos rochosos, nenhuma correlação foi encontrada. Apesar disso, foi observado que a quantidade de acontecimentos microssísmicos aumenta rapidamente com o aumento da instabilidade e este fato tem sido utilizado na predição de escorregamentos. Esta técnica tem sido utilizada também na locação de fenômenos de descompressão em obras subterrâneas e no registro sismológico de terremotos.

BIBLIOGRAFIA BRASILEIRA SOBRE ESTABILIDADE DOS TALUDES

(1) ABRÃO, P. C., GUIMARÃES, P. F. & RAMOS, J. M. S. — Piezometric Investigations at CVRD Cauê Mine, Itabira, Brazil. - In: CONGRESSO PANAMERICANO DE MECÂNICA DOS SOLOS E ENGENHARIA DE FUNDAÇÕES, 5°, Buenos Aires, 1975. *Anais*, Buenos Aires, INTERNACIONAL SOCIETY FOR SOIL MECHANICS AND FOUNDATION ENGINEERING, 1975, v. 3, p. 357-366, il.

(2) AKERMAN, E. — Obras de estabilização de encosta rochosa na Barra da Tijuca. - In: SEMANA PAULISTA DE GEOLOGIA APLICADA, 1ª, São Paulo, 1969. *Anais*, São Paulo, ASSOCIAÇÃO PAULISTA DE GEOLOGIA APLICADA, 1969, v. 1, tema 2, 19 p. il.

(3) ALVARENGA, M. M. & CARMO, J. C. do — Alguns problemas de estabilidade de taludes de corte em materiais residuais de rocha gnaissica - In: CONGRESSO BRASILEIRO DE GEOLOGIA DE ENGENHARIA, 1°, Rio de Janeiro, 1976. *Anais*, ASSOCIAÇÃO BRASILEIRA DE GEOLOGIA DE ENGENHARIA, 1976, v. 1, p. 117-129, il.

(4) AMARAL, S. E. & FUCK, G. F. — "Sobre o deslizamento de camada turfosa em Campos do Jordão, São Paulo, em agosto de 1972" Boletim do INSTITUTO DE GEOCIÊNCIAS DA UNIVERSIDADE DE SÃO PAULO, v. 4, Agosto, 1973, p. 21-37.

(5) ANDREOTTI, M. C. & PULEGHINI FILHO, P. — Quadro-roteiro de estudos geotécnicos para a construção de canais - In: CONGRESSO BRASILEIRO DE GEOLOGIA DE ENGENHARIA, 1° Rio de Janeiro, 1976. *Anais*, ASSOCIAÇÃO BRASILEIRA DE GEOLOGIA DE ENGENHARIA, 1976, v. 2, p. 23-26.

(6) ANTÔNIO, W. de S. — Obras de drenagem em encostas - In: CURSO DE APERFEIÇOAMENTO EM MECÂNICA DAS ROCHAS E APLICAÇÕES À ENGENHARIA CIVIL. Rio de Janeiro, ASSOCIAÇÃO DOS ANTIGOS ALUNOS DA POLITÉCNICAS; 1970. 14 p. il.

(7) ARAÚJO, J. S. & GERALDO, A. — Considerações sobre o percolação de água no trecho serra da Rodovia dos Imigrantes. - In: CONGRESSO BRASILEIRO DE GEOLOGIA DE ENGENHARIA, 2°, São Paulo, 1978. *Anais*, v. 1, p. 143-147, il.

(8) ÁVILA, I. G. de, RAMOS, R. G. N., GAMA, C. D. da & WOLLE, C. M. — Caracterização geotécnica do maciço da mina de urânio Osamu-Utsumi - In: CONGRESSO BRASILEIRO DE GEOLOGIA DE ENGENHARIA, 2°, São Paulo, 1978. *Anais*, ASSOCIAÇÃO BRASILEIRA DE GEOLOGIA DE ENGENHARIA, 1978, v. 2, p. 327-341, il.

(9) ÁVILA, I. G. de, IWASA, O. Y., PRANDINI, F. L. & FORNASARI FILHO, N. — "Algumas características geológicas e geotécnicas de depósitos coluvionares do Estado de São Paulo". - In: CONGRESSO BRASILEIRO DE GEOLOGIA DE ENGENHARIA, 3°, Itapema, 1981. *Anais*, ASSOCIAÇÃO BRASILEIRA DE GEOLOGIA DE ENGENHARIA, vol. 3, p. 19-31.

(10) ÁVILA, J. P. de — Alguns problemas relacionados à análise de estabilidade de barragens sobre solos de baixa resistência - In: SEMINÁRIO NACIONAL DE GRANDES BARRAGENS, 12°, São Paulo, 1978. *Anais*, São Paulo, COMITÊ BRASILEIRO DE GRANDES BARRAGENS/CENTRAIS ELÉTRICAS DE SÃO PAULO S.A. 1978. v. 1, p. 178-203, il.

(11) BARATA, F. E. — Estabilidade dos taludes dos cortes - Construção, Rio de Janeiro, 8 (2): 29-36, Dezembro, 1964, il.

(12) BARATA, F. E. — Landslides in the tropical region of Rio de Janeiro — In: INTERNACIONAL CONFERENCE ON SOIL MECHANICS AND FOUNDATION ENGINEERING, 7ª, México, 1969. *Anais*, México, SOCIEDAD MEXICANA DE MECÂNICA DE SUELOS, 1969, v. 2, 5ª sessão, p. 507-516, il.

(13) BARATA, F. E. & OLIVEIRA, D. R. de — Medição de movimentos de profundidade de encostas naturais. In: SIMPÓSIO SOBRE INSTRUMENTAÇÃO DE CAMPO EM ENGENHARIA DE SOLOS E FUNDAÇÕES: Rio de Janeiro, COORDENAÇÃO DOS PROGRAMAS DE PÓS-GRADUAÇÃO EM ENGENHARIA, Novembro, 1975, 8 p. il.

176 *Estabilidade de taludes naturais e de escavação*

(14) BARBI, A. L. — Comportamento do maciço rochoso em função da escavação do canal de desvio do rio Paraná-Usina Itaipu. - In: CONGRESSO BRASILEIRO DE GEOLOGIA DE ENGENHARIA, 3º, Itapema, ASSOCIAÇÃO BRASILEIRA DE GEOLOGIA DE ENGENHARIA, 1981. *Anais*, v. 2, p. 463-485.

(15) BARBOSA, S. M. & CAMPOS, R. A. B. — Experiência com taludes rodoviários. Caso da BR-116/Minas Gerais, na região da Serra do Mar. In: ENCONTRO TÉCNICO SOBRE TALUDES URBANOS, DE ESTRADAS E DE MINERAÇÃO. Belo Horizonte, 1980, Informativo ASSOCIAÇÃO BRASILEIRA DE GEOLOGIA DE ENGENHARIA, (19): 7, 1981, il. (resumos).

(16) BIGARELLA, J. J. — Aspectos geomorfológicos e geológicos do problema da erosão. - In: SIMPÓSIO SOBRE O CONTROLE DE EROSÃO, Curitiba, 1980. Informativo ASSOCIAÇÃO BRASILEIRA DE GEOLOGIA DE ENGENHARIA, São Paulo, (14): 5, Abril, 1980.

(17) BIGARELLA, J. J. — Características geomorfológicas dos processos erosivos - In SIMPÓSIO SOBRE CONTROLE DE EROSÃO, Curitiba, 1980. - Relato sobre o Tema. São Paulo, ASSOCIAÇÃO BRASILEIRA DE GEOLOGIA DE ENGENHARIA, 1980 (No prelo).

(18) BITTENCOURT, Y. & PINTO, S. — Estudo geológico na análise de estabilidade do talude de corte do km 43 + 500 m. da BR-116/RJ, Rio Corujas - Teresópolis. - Publicação IPR nº 632 - INSTITUTO DE PESQUISAS RODOVIÁRIAS, Rio de Janeiro, 1978. 161 p., il.

(19) BJORNBERG, A. J. S. et alii — Estudo de problemas erosivos: bossorocas. - Notícias Geomorfológicas, Campinas 19 (36): 111-119, 1978.

(20) BOCK, E. I. — Cortinas atirantadas de grande altura, na construção de edifício em encosta - 14 p. il, (trabalho apresentado ao SIMPÓSIO SOBRE PROTEÇÃO CONTRA CALAMIDADES PÚBLICAS, 1967, Clube de Engenharia, Rio de Janeiro).

(21) BRANDÃO, C. A. D. — Estabilização de placa rochosa no Morro da Urca, Rio de Janeiro. - In: SEMANA PAULISTA DE GEOLOGIA APLICADA, 1ª, São Paulo, 1969. *Anais*, São Paulo, ASSOCIAÇÃO PAULISTA DE GEOLOGIA APLICADA, 1969, v. 1, tema 2, 11 p. il.

(22) BRITO, S. — Aplicação da Geologia estratigráfica e estrutural no estudo geotécnico da Mina do Germano. - In: ENCONTRO TÉCNICO SOBRE TALUDES URBANOS, DE ESTRADAS E DE MINERAÇÃO. Belo Horizonte, 1980, Informativo ASSOCIAÇÃO BRASILEIRA DE GEOLOGIA DE ENGENHARIA, São Paulo, (19): 5-6, Fevereiro 1981 (resumo).

(23) BRITO, S. — Os escorregamentos da BR-262 no trecho Belo Horizonte-Monlevade. - In: ENCONTRO TÉCNICO SOBRE TALUDES URBANOS, DE ESTRADAS E DE MINERAÇÃO. Belo Horizonte, 1980, Informativo ASSOCIAÇÃO BRASILEIRA DE GEOLOGIA DE ENGENHARIA, São Paulo, (19): 4-5, Fevereiro 1981 (resumo).

(24) BUSCH, R. G. — Stabilization of a landslide with deep drainage. - In: CONGRESSO PANAMERICANO DE MECÂNICA DOS SOLOS E ENGENHARIA DE FUNDAÇÕES, 5º Buenos Aires, 1975, *Anais*, Buenos Aires, INTERNATIONAL SOCIETY FOR SOIL MECHANICS AND FOUNDATION ENGINEERING, 1975, v. 1, 3ª sessão, p. 357-366, il.

(25) CACHAPUZ, F. G. M. — Estabelecimento de parâmetros geotécnicos para análise de estabilidade de taludes de cortes a serem executados em terrenos virgens. - In: CONGRESSO BRASILEIRO DE GEOLOGIA DE ENGENHARIA, 2º, São Paulo, 1978*Anais*, ASSOCIAÇÃO BRASILEIRA DE GEOLOGIA DE ENGENHARIA, 1978, v. 1, p. 157-172, il.

(26) CAMACHO, M. E. & REZENDE, S. H. de — Estabilização da ombreira direita da barragem do Funil, Rio de Janeiro, Abril, 1968. 20 p. il. (Trabalho apresentado ao Seminário Nacional de Grandes Barragens, 5º).

(27) CAMACHO, M. E. — Novas técnicas geomecânicas francesas e suas possibilidades de aplicação no Brasil - Tecnosolo, Rio de Janeiro, 1973. 40 p. il. (Publicação Tópicos de Geomecânica Tecnosolo, 13).

(28) CAPUTO, H. P. — A estabilidade de taludes: teoria e prática - Revista Brasileira de Estradas de Rodagem, Rio de Janeiro, DEPARTAMENTO NACIONAL DE ESTRADAS DE RODAGEM, (3): 17-63. Abril/Junho, 1972.

(29) CARLSTRON FILHO, C., CORREA FILHO, D. & BOTTURA, J. A. — Caracterização hidrogeotécnica baseada em dados piezométricos e características hidrodinâmicas do maciço da mina de urânio Osamu-Utsumi, Poços de Caldas, Minas Gerais. - In: CONGRESSO BRASILEIRO DE GEOLOGIA DE ENGENHARIA, 2, São Paulo, 1978, *Anais*, São Paulo, ASSOCIAÇÃO BRASILEIRA DE GEOLOGIA DE ENGENHARIA, 1978. v. 2, p. 297-309, il.

(30) CARLSTRON FILHO, C. & SALOMÃO, F. X. de T. — Experiência acumulada em estudos geológicos geotécnicos de estabilidade de taludes em dois trechos ferroviários no Rio Grande do Sul -In: CONGRESSO BRASILEIRO DE GEOLOGIA DE ENGENHARIA; 1º, Rio de Janeiro, 1976. *Anais*, ASSOCIAÇÃO BRASILEIRA DE GEOLOGIA DE ENGENHARIA, 1976, v. 1, p. 293-305, il.

Bibliografia brasileira **177**

(31) CARVALHO, O. A. — Estabilidade de taludes: otimização do projeto por meio de instrumentação geomecânica. - Construção Pesada, São Paulo, 5 (56): 24-28, Setembro, 1975, il.

(32) CAVALCANTI, A. V. et alii — "A ombreira direita e sua interferência na reconstrução da barragem de Euclides da Cunha - In: SEMINÁRIO NACIONAL DE GRANDES BARRAGENS, 1°, Rio de Janeiro, 1980, COMITÊ BRASILEIRO DE GRANDES BARRAGENS. *Anais*, v. 2., p. 205-226.

(33) CLERI, R. de O. & BARROS; F. P. de — Taludes do canal de ligação rio Tietê-rio São José dos Dourados. - In: SEMANA PAULISTA DE GEOLOGIA APLICADA, 1969, v. 1, tema 2, 45 p. il.

(34) CELESTINO, T. B., TAGLIATELLA, E. P. & CUSTÓDIO, P. S. D. — O método dos elementos finitos aplicado a escavações profundas em rocha - In: SEMINÁRIO BRASILEIRO DO MÉTODO DOS ELEMENTOS FINITOS APLICADOS À MECÂNICA DOS SOLOS, 1° Rio de Janeiro, 1974. *Anais*, Rio de Janeiro COORDENAÇÃO DOS PROGRAMAS DE PÓS-GRADUAÇÃO DE ENGENHARIA, 1974, tema 2, p. 229-245, il.

(35) CERQUEIRA, C. de A. G. — Exemplo de proteção contra o deslizamento de placas de esfoliação, junto a construções. 21 p. il: (Trabalho apresentado ao SIMPÓSIO SOBRE PROTEÇÃO CONTRA CALAMIDADES PÚBLICAS, 1967, CLUBE DE ENGENHARIA, Rio de Janeiro).

(36) CERQUEIRA, C. de A. G. — Estabilização de taludes com ancoragens: quinze anos de atividades. Tecnosolo, Rio de Janeiro, 1972. 75 p. il. (Publicação Tópicos de Geomecânica Tecnosolo, 7).

(37) CHAMMAS, R. — "Estudo da estabilidade de um talude natural em solo residual de migmatito da Rodovia RJ-20". Dissertação de Mestrado, 1976. PONTIFICIA UNIVERSIDADE CATÓLICA/RIO DE JANEIRO.

(38) CHIOSSI, N. J. — Geologia aplicada à engenharia. São Paulo, ESCOLA POLITÉCNICA DA UNIVERSIDADE DE SÃO PAULO, 1971, 231 p. il.

(39) CONSELHO NACIONAL DE PESQUISAS — Os movimentos de encosta no Estado da Guanabara e regiões circunvizinhas. Relatório da Comissão de Especialistas, Rio de Janeiro, CONSELHO NACIONAL DE PESQUISAS, 1967, 131 p. Il.

(40) CONSTALÁCIO, A. — Relato sobre o tema: Barragens de terra e enrocamento e fundações de barragens. - In CONGRESSO BRASILEIRO DE MECÂNICA DOS SOLOS, 3°, Belo Horizonte, 1966. *Anais*, Belo Horizonte, ASSOCIAÇÃO BRASILEIRA DE MECÂNICA DOS SOLOS, 1966, v. 2, 8 p.

(41) CORSINI, P. S. V. de A. — Drenagem de taludes: canaletas em concreto projetado. - In: SEMINÁRIO DERSA RODOVIA DOS BANDEIRAS, 2°, São Paulo, 1978. *Anais*, DESENVOLVIMENTO RODOVIÁRIO S.A., 1978, p. 374-379, il.

(42) COSTA, A. J. — Escorregamento lento dos morros de Olinda — Boletim Técnico da Secretaria de Viação e Obras Públicas, Pernambuco (45): 28-32 (1ª Parte), (46-47): 11 — 15 (conclusão) Janeiro/Setembro, 1957, il. (Trabalho apresentado ao CONGRESSO BRASILEIRO DE GEOLOGIA, 10°, Rio de Janeiro, 1956).

(43) COSTA, A. J. & SILVEIRA, p. — Estudo do escorregamento ocorrido na rodovia PE-BR-11-Sul, trecho Ponte dos Carvalhos, Cabo (próximo ao km 28) — INSTITUTO TECNOLÓGICO DO ESTADO DE PERNAMBUCO - Seção de Solos e Fundações: Relatório n° 510 - Boletim Técnico da Secretaria de Viação e Obras Públicas, Pernambuco (35): 9-12. Julho/Setembro, 1954. il.

(44) COSTA FILHO, L. DE M. & GATTASS, M. — Observações sobre o comportamento de 2 inclinômetros. - In: SIMPÓSIO SOBRE INSTRUMENTAÇÃO DE CAMPOS EM ENGENHARIA DE SOLOS E FUNDAÇÕES. Rio de Janeiro, Novembro, 1975, 32 p. il.

(45) COSTA, W. D. — Formas de controlar o processo dinâmico de erosão das voçorocas. - In: SIMPÓSIO DE GEOLOGIA DO NORDESTE, 7°, Fortaleza, 1975 *Anais*, Fortaleza, SOCIEDADE BRASILIERA DE GEOLOGIA/NÚCLEO NORDESTE (no prelo)

(46) COULON, F. K. — "Condicionante geológico-geotécnico em acidente de trânsito na RS-13". - In: CONGRESSO BRASILEIRO DE GEOLOGIA DE ENGENHARIA, 3° Itapema, ASSOCIAÇÃO BRASILEIRA DE GEOLOGIA DE ENGENHARIA, 1981. *Anais*, v. 2, p. 23-31.

(47) CRAIZER, W. — Uma nota sobre o comportamento de ancoragens protendidas solicitadas por cargas externas. Revista Solos e Rochas, Rio de Janeiro, 2 (2): 19-23, Dezembro, 1979, il.

(48) CRUZ, P. T. da — Estabilidade de taludes. São Paulo, Escola Politécnica da Univrsidade de São Paulo, 1973, 1973. 103 p. il.

(49) CRUZ, P. T. da & CHIOSSI, N. J. — Quatro problemas de geologia aplicada. - In: SEMANA PAULISTA DE GEOLOGIA APLICADA, 1969, v. 1, tema 1, 15 p. il.

(50) CUNHA, M. A. — Mecanismo de um escorregamento translacional em solo ocorrido em dezembro de 1979 nos morros de Santos e São Vicente, Estado de São Paulo. Dissertação

178 *Estabilidade de taludes naturais e de escavação*

de Mestrado apresentada ao Instituto de Geociências da Universidade de São Paulo, 1982, 106 p.

(51) CUNHA, M. A., SALOMÃO, F. X. de T. & ORTIZ JUNIOR, F. — Estudo das obras de drenagem da ferrovia Mayrink-Santos (FEPASA), trecho da Serra do Mar, como contribuição para o conhecimento de técnicas simples. - In: CONGRESSO BRASILEIRO DE GEOLOGIA DE ENGENHARIA, 2?, São Paulo, 1978. *Anais*, ASSOCIAÇÃO BRASILEIRA DE GEOLOGIA DE ENGENHARIA, 1978, v. 1, p. 195-218, il.

(52) DANTAS, H. S. — Obras de estabilização da encosta de Laranjeiras. Rio de Janeiro, 1970. 14 p. il. (Publicação IPR), 387). (Trabalho apresentado ao SIMPÓSIO SOBRE PESQUISAS RODOVIÁRIAS, 3?, Rio de Janeiro, 24-29 Julho, 1967). (Relatório do D.E.R., Rio de Janeiro, 51 p. il. Trabalho apresentado ao SIMPÓSIO SOBRE PROTEÇÃO CONTRA CALAMIDADES PÚBLICAS, CLUBE DE ENGENHARIA, Rio de Janeiro, 1967)

(53) DECOURT, L. — Stability of slopes in residual soils. - In: INTERNATIONAL CONFERENCE ON SOIL MECHANICS AND FOUNDATIONS ENGINEERING, 9?, Tokio, 1977. *Anais*, Tokio, INTERNATIONAL SOCIETY FOR SOIL MECHANICS AND FOUNDATION ENGINEERING, 1977, v. 2, p. 41-42.

(54) DRINGENBERG, G. E. — Atirantamento de paredes diafragma - Hotel Meridien/Copacabana. — Tecnosolo, Rio de Janeiro, 1974, 10 p. il. (PUBLICAÇÃO TÓPICOS DE GEOMECÂNICA TECNOSOLO, 15).

(55) DRINGENBERG, G. E., CERQUEIRA, C. de A. G. & LIMA FILHO, S. C. P. — Tecnologia da construção: uso de paredes diafragma ancoradas na construção de grandes subsolos. Tecnosolo, Rio de Janeiro, 1975. 20 p. il. (Publicação Tópicos de Geomecânica Tecnosolo, 20). (Trabalho apresentado ao II ENCONTRO NACIONAL DA CONSTRUÇÃO).

(56) FARIA, P. & MONTEIRO, P. F. — Estabilização e proteção de taludes na garagem de bondes da CTC na Rua Vitória em Santa Tereza. 22 p. il. (Trabalho apresentado ao SIMPÓSIO SOBRE PROTEÇÃO CONTRA CALAMIDADES PÚBLICAS, 1967, CLUBE DE ENGENHARIA, Rio de Janeiro).

(57) FERNANDES, C. E. de M. — A estabilização de taludes no aproveitamento hidroelétrico de Funil. — Geotecnia, SOCIEDADE PORTUGUESA DE GEOTECNIA, Lisboa (4): 37-52, Julho/Agosto, 1972, il.

(58) FERNANDES, C. E. de M. — Estabilidade de capas sobre rochas nas encostas sob solicitação dinâmica. - In: SEMINÁRIO NACIONAL DE GRANDES BARRAGENS, 1973. v. 1, tema 2, 18 p. il. (Publicação Tópicos de Geomecânica Tecnosolo, 12).

(59) FERNANDES, C. E. de M., TEIXEIRA; H. A. dos S., CADMAN, J. D. & BARROSO, J. A. — Estudos geotécnicos relativos à estabilidade dos taludes marginais à rodovia BR-277-373-PR- Trecho: Ponta Grossa - Foz do Iguaçu - Serra da Esperança - Paraná. - In: CONGRESSO BRASILEIRO DE GEOLOGIA DE ENGENHARIA, 28?, Porto Alegre, 1974. *Anais*, Porto Alegre - SOCIEDADE BRASILEIRA DE GEOLOGIA.

(60) FERNANDES, C. E. de M., TEIXEIRA; H. A. dos S., CADMAN, J. D. & BARROSO, J. A. - Rockfall problems in sedimentary rock along the BR-116. Highway at the Serra do Espigão, Santa Catarina, Brazil. - In: INTERNATIONAL CONGRESS OF THE INTERNATIONAL ASSOCIATION OF ENGINEERING GEOLOGY, 2?, São Paulo, 1974. *Anais*, São Paulo, ASSOCIAÇÃO BRASILEIRA DE GEOLOGIA DE ENGENHARIA, 1974, v. 2, tema 5, trabalho 5, 8 p. il.

(61) FERNANDES, C. E. de M., TEIXEIRA; H. A. dos S., CADMAN, J. D. & BARROSO; J. A. - Estudos geológico-geotécnicos para estabilização de taludes de corte na BR-277 - Serra da Esperança - PR. - In: CONGRESSO BRASILEIRO DE GEOLOGIA DE ENGENHARIA, 3?, Itapema, ASSOCIAÇÃO BRASILEIRA DE GEOLOGIA DE ENGENHARIA, 1981. *Anais*, vol. 3, p. 33-53.

(62) FERREIRA, F. A. L. — Distribuição de pressões em escoramentos - In: CONGRESSO BRASILEIRO DE MECÂNICA DOS SOLOS E ENGENHARIA DE FUNDAÇÕES, 4?, Rio de Janeiro, 1970. *Anais*, Rio de Janeiro, ASSOCIAÇÃO BRASILEIRA DE MECÂNICA DOS SOLOS, 1970, v. 1, tema 1, 3.ª sessão, 8 p. il.

(63) FERREIRA; M. S. — Estudo comparativo das propriedades de solos residuais e coluviais envolvidos nos deslizamentos da Guanabara. 35 p. il. (Trabalho apresentado ao 1? SIMPÓSIO SOBRE PROTEÇÃO CONTRA CALAMIDADES PÚBLICAS, 1967, CLUBE DE ENGENHARIA, Rio de Janeiro).

(64) FERREIRA, M. de O. — O parafuso chumador "Fixotúnel". - In: SEMANA PAULISTA DE GEOLOGIA APLICADA, 2.ª, São Paulo, 1970. *Anais*, São Paulo, ASSOCIAÇÃO PAULISTA DE GEOLOGIA APLICADA, 1970. v. 1, tema 3, p. 111-135. il.

(65) FONSECA, A. M. M. da C. C. & LORENZONI, C. — Estabilidade de talude de solo em fase inicial de rotura. - In: SEMANA PAULISTA DE GEOLOGIA APLICADA, 1.ª, São Paulo,

Bibliografia brasileira **179**

1969. *Anais*, São Paulo, ASSOCIAÇÃO PAULISTA DE GEOLOGIA APLICADA, 1969. v. 1, tema 2, 17 p. il.

(66) FONSECA, A. M. M. da C. C. — Apresentação esquemática dos tipos de solução adotadas nas encostas do Estado da Guanabara, pelo Instituto de Geotécnica. - In: SEMANA PAULISTA DE GEOLOGIA APLICADA, 1.ª, São Paulo, 1969. *Anais*, São Paulo, ASSOCIAÇÃO PAULISTA DE GEOLOGIA APLICADA, 1969. v. 1, tema 2, 21 p. il.

(67) FONSECA, A. M. M. da C. C. — Relato sobre causas e problemas das encostas da Guanabara. - In: SEMANA PAULISTA DE GEOLOGIA APLICADA, 1.ª, São Paulo, *Anais*, São Paulo, ASSOCIAÇÃO PAULISTA DE GEOLOGIA APLICADA, 1969, v. 1, tema 2, 23 p. il.

(68) FONSECA, A. M. M. da C. C. — Obras de contenção das encostas do Estado da Guanabara, análise dos problemas, desempenho e eficiência das soluções. - In: CONGRESSO BRASILEIRO DE MECÂNICA DOS SOLOS, 5.º, São Paulo, 1974. *Anais*, ASSOCIAÇÃO BRASILEIRA DE MECÂNICA DOS SOLOS, 1974. v. 1, tema 3, p. 413-427, il.

(69) FONSECA, A. M. M. da C. C. & FERREIRA, C. S. M. — Metodologia para determinação de um índice de erodibilidade de solos. - In: SIMPÓSIO BRASILEIRO DE SOLOS TROPICAIS EM ENGENHARIA, Rio de Janeiro, 1981. *Anais*, COORDENAÇÃO DOS PROGRAMAS DE PÓS-GRADUAÇÃO EM ENGENHARIA/UNIVERSIDADE FEDERAL DO RIO DE JANEIRO - COMITÊ NACIONAL DE PESQUISAS - ASSOCIAÇÃO BRASILEIRA DE MECÂNICA DOS SOLOS, p. 646-668.

(70) FONSECA, J. P. & SIQUEIRA; L. G. de — Revestimento vegetal dos canteiros centrais, taludes de cortes e saias de aterros das rodovias. Rio de Janeiro, 1969. 24 p. il. (Publicação IPR, 441). (Trabalho apresentado ao SIMPÓSIO SOBRE PESQUISAS RODOVIÁRIAS, 4.º, 22-27, Julho, 1968).

(71) FONSECA, R. P. da — A Rio-Santos e os problemas de estabilização de taludes. Construção Pesada, São Paulo, 4 (41): 38, Junho, 1974.

(72) FRANCISS, F. O. — Breves considerações sobre a influência do regime hídrico superficial e a estabilidade de encostas terrosas. 8 p. Il. (Trabalho apresentado ao SIMPÓSIO SOBRE PROTEÇÃO CONTRA CALAMIDADES PÚBLICAS, 1967, Clube de Engenharia, Rio de Janeiro).

(73) FREIRE, E. S. de M. — Movimentos coletivos de solos e rochas e sua moderna sistemática. Construção, Rio de Janeiro, 8(95): 10-18, Março, 1965, il.

(74) FRENZEL, A. — Medidas preventivas contra os processos erosivos. - In: SIMPÓSIO SOBRE O CONTROLE DE EROSÃO, Curitiba, 1980. Relato sobre o Tema. São Paulo, ASSOCIAÇÃO BRASILEIRA DE GEOLOGIA DE ENGENHARIA; 1980, tema 4, pp. 200-213, il.

(75) FÚLFARO, V. J. & PONÇANO, W. L. — Recent tectonic features in the Serra do Mar region, State of São Paulo, Brazil, and its importance to engineering geology - In: INTERNATIONAL CONGRESS OF THE INTERNATIONAL ASSOCIATION OF ENGINEERING GEOLOGY, 2.º, São Paulo, 1974. *Anais*, São Paulo, ASSOCIAÇÃO BRASILEIRA DE GEOLOGIA DE ENGENHARIA, 1974. v. 1, tema 2, trabalho 7, 7 p. il. (Publicação IPT, 1033).

(76) FÚLFARO; V. J., PONÇANO, W. L., BISTRICHI, C. A. & STEIN, D. P. — Escorregamentos de Caraguatatuba: expressão atual, e registro na coluna sedimentar da planície costeira adjacente. -In: CONGRESSO BRASILEIRO DE GEOLOGIA DE ENGENHARIA, 1.º, Rio de Janeiro, 1976, v. 2, p. 341-350, il.

(77) GAIOTO, N. — Estabilidade de taludes. São Carlos, ESCOLA DE ENGENHARIA DE SÃO CARLOS - UNIVERSIDADE DE SÃO PAULO, 1980. 24 p.

(78) GAMA, C. D. da - Estudo de estabilidade dinâmica na ensecadeira de barragem de Sobradinho. - In: SEMINÁRIO NACIONAL DE GRANDES BARRAGENS, 12.º, São Paulo, 1978. *Anais*, COMITÊ BRASILEIRO DE GRANDES BARRAGENS/CENTRAIS ELÉTRICAS DE SÃO PAULO, 1978, v. 2, p. 479-504, il.

(79) GAMA, C. D. da — Papel da geologia de engenharia no projeto de minas a céu aberto. - In: CONGRESSO BRASILEIRO DE GEOLOGIA DE ENGENHARIA, 2.º, São Paulo, 1978. *Anais*, ASSOCIAÇÃO BRASILEIRA DE GEOLOGIA DE ENGENHARIA, 1978, v. 2, p. 273-280, il.

(80) GAMA, C. D. da — Retroanálise de escorregamentos em taludes rochosos da mina de urânio de Poços de Caldas. - In: CONGRESSO BRASILEIRO DE GEOLOGIA DE ENGENHARIA, 1981. *Anais*, vol. 3, p. 375-392.

(81) GAMA, C. D. & SILVA, R. F. da — Engineering geological studies for the Cercado Uranium Mine Project (Brazil). - In: INTERNATIONAL CONGRESS OF ENGINEERING GEOLOGY, 3.º, Madrid, 1978. *Anais*, Madrid, INTERNATIONAL ASSOCIATION OF ENGINEERING GEOLOGY, 1978. v. 2. Sessão 3, p. 239-250.

(82) GEISER, R. R. — Revestimento vegetal na Rodovia dos Bandeirantes. - In: SEMINÁRIO DER-

180   *Estabilidade de taludes naturais e de escavação*

SA RODOVIA DOS BANDEIRANTES, 2.°, São Paulo, 1978. *Anais*, p. 71-79.

(83) GIUDICI, F. — Aplicação e complicações de tirantes protendidos em rochas e solos. - In: SEMANA PAULISTA DE GEOLOGIA APLICADA, 2.ª, São Paulo, 1970. *Anais*, São Paulo, ASSOCIAÇÃO PAULISTA DE GEOLOGIA APLICADA, 1970. v. 1, tema 3, p. 137-173. il.

(84) GREHS, S. A. — A importância do geólogo no estudo preventivo de escorregamentos, deslizamentos e outros aspectos correlatos. - In: CONGRESSO BRASILEIRO DE GEOLOGIA, 21.°, Curitiba, 1967. *Anais*, Curitiba, SOCIEDADE BRASILEIRA DE GEOLOGIA, 1967, p. 119-123.

(85) GREHS, S. A. — Observações geológicas e geotécnicas em Guaratuba, Estado do Paraná. - In: REUNIÃO ANUAL DE PAVIMENTAÇÃO, 10.ª, Salvador, 1969. *Anais*, Salvador, 1969, p. 33-45. (- In: CONGRESSO BRASILEIRO DE GEOLOGIA, 23.°, Salvador, 1969. *Anais*, Salvador, SOCIEDADE BRASILEIRA DE GEOLOGIA, 1969, p. 255-263, il.). (Publicação SUDESUL, Porto Alegre, 1970, 26 p. il.)

(86) GUIDICINI, G. & IWASA, O. Y. — Ensaio de correlação entre pluviosidade e escorregamento em meio tropical úmido, São Paulo, IPT, 1976, 48 p. (IPT pub. 1080) (Trabalho apresentado a SYMPOSIUM ON LANDSLIDES AND OTHER MASS MOVEMENTS, Praga, INTERNATIONAL ASSOCIATION OF ENGINEERING GEOLOGY, 1977).

(87) GUIDICINI, G. & IWASA, O. Y. — Tentative correlation between rainfall and landslides in a humid tropical environmet. SYMPOSIUM ON LANDSLIDES AND OTHER MASS MOVEMENTS, Prague, 1977. Boletim INTERNATIONAL ASSOCIATION OF ENGINEERING GEOLOGY, Krefeld, (16): 13-20, 1977, il.

(88) GUIDICINI, G. & NIEBLE, C. M. — Estabilidade de taludes naturais e de escavação. São Paulo, Ed. E. Blucher, ESCOLA POLITÉCNICA DA UNIVERSIDADE DE SÃO PAULO, 1976, 170 p.

(89) GUIDICINI, G. & PRANDINI, F. L. — O caso de escorregamento de Vila Albertina: seu significado em termos de planejamento urbano. - In: CONGRESSO BRASILEIRO DE MECÂNICA DOS SOLOS, 5.°, São Paulo, 1974. *Anais*, São Paulo, ASSOCIAÇÃO BRASILEIRA DE MECÂNICA DOS SOLOS, 1974. v. 1, tema 3, p. 405-411, il.

(90) GUIDICINI, G. WOLLE, C. M. & MORUZZI, C. — Um caso de instrumentação de maciços na Rodovia dos Imigrantes. - In: SEMINÁRIO DERSA RODOVIA DOS IMIGRANTES. 1.°, São Paulo, 1976. *Anais*, São Paulo, DESENVOLVIMENTO RODOVIÁRIO S.A., 1976 p. 78-89, il.

(91) HEINE, U. H. — Deslizamentos em uma área típica de tálus no Estado da Guanabara, - In: ASSOCIAÇÃO PAULISTA DE GEOLOGIA APLICADA, 1.ª, São Paulo, 1969. *Anais*, São Paulo, ASSOCIAÇÃO PAULISTA DE GEOLOGIA APLICADA, 1969. v. 1, tema 2, 9 p. il.

(92) HENNIES, W. T. — Conceitos básicos sobre taludes de minas. Construção Pesada, São Paulo (50): 22-28, Março, 1975, il.)

(93) HENNIES, W. T. — A mecânica das rochas aplicada à estabilidade de taludes das minas a céu aberto. São Paulo, ESCOLA POLITÉCNICA DA UNIVERSIDADE DE SÃO PAULO, Fevereiro, 1974, p. 1-118, il. (Tese para defesa de "Livre Docência").

(94) HESSING, J. M. — Solos da encosta da Serra do Mar na região de Cubatão. - In: SEMANA PAULISTA DE GEOLOGIA APLICADA, 1.ª, São Paulo, 1969, *Anais*, São Paulo ASSOCIAÇÃO PAULISTA DE GEOLOGIA APLICADA, 1969. v. 3, tema 4, 19 p. il.

(95) HESSING, J. M. — Estudos geológicos geotécnicos no trecho Serra da Rodovia dos Imigrantes. - In: SEMINÁRIO DERSA RODOVIA DOS IMIGRANTES, 1.°, São Paulo, 1976. *Anais*, São Paulo, DESENVOLVIMENTO RODOVIÁRIO S.A., 1976. p. 31-46, il.

(96) HSU, S. J. C. — Critérios de dimensionamento de rip-rap, proteção de talude montante contra ondas no Brasil. CONSTRUÇÃO PESADA, São Paulo, 10 (118): 114-115, Novembro, 1980, il.

(97) IMAIZUMI, H., KOSHIMA, A., LOZANO, M. H. & PACHECO, I. B. — Critérios e análise de estabilidade dos taludes de escavação no arenito Bauru. - In: CONGRESSO BRASILEIRO DE GEOLOGIA DE ENGENHARIA, 3.°, Itapema, ASSOCIAÇÃO BRASILEIRA DE GEOLOGIA DE ENGENHARIA, 1981. *Anais*, vol. 3, p. 143-154.

(98) IWASA, O. Y. & PRANDINI, F. L. — Diagnóstico da origem e evolução de boçorocas: condição fundamental para a prevenção e correção. - In: SIMPÓSIO SOBRE O CONTROLE DE EROSÃO, Curitiba, 1980. Relato sobre o tema. *Anais*, São Paulo, ASSOCIAÇÃO BRASILEIRA DE GEOLOGIA DE ENGENHARIA, 1890. Tema 2, p. 5-34.

(99) JONES. F. O. — Landslides of Rio de Janeiro and the Serra das Araras escarpment, Brazil. Washington, United States Government Office 1973, 42 p. il. (GEOLOGICAL SURVEY PROFESSIONAL PAPER 697).

(100) JORGE, F. N. de & CASTRO, A. C. L. de — Estudos geotécnicos e acompanhamento das condições de estabilidade na ombreira direita da barragem de Euclides da Cunha. - In:

Bibliografia brasileira **181**

CONGRESSO BRASILEIRO DE GEOLOGIA DE ENGENHARIA, 2°., São Paulo, 1978. *Anais*, São Paulo, ASSOCIAÇÃO BRASILEIRA DE GEOLOGIA DE ENGENHARIA, 1978, v. 2, p. 215-223.

(101) JOURNAUX, A. — Eboulements, ravinements et mouvements de masse dans la Serra do Mar (Brasil). Bolletin de la ASSOCIATION DE GEOGRAPHES FRANÇAISE, 35 (450/451): 75-81, 1978.

(102) KANJI, N., LONAZO, M. H. & JANETTES, D. L. Special investigations integral sampling and weatherability and initial stress testing for the design of a canal. - In: INTERNATIONAL SYMPOSIUM ON WEAK ROCK, Tokio, 1981. *Anais*, A. A. BALKEMA, vol. 1, 573-578.

(103) KANJI, M. A. — Contribuição da geologia para o projeto e construção do túnel de desvio do ribeirão Itatiaia (Eletrobrás). - In: CONGRESSO BRASILEIRO DE MECÂNICA DOS SOLOS, 3°., Belo Horizonte, 1966. *Anais*, Belo Horizonte, ASSOCIAÇÃO BRASILEIRA DE MECÂNICA DOS SOLOS, 1966. v. 1, tema 8, 22p. il.

(104) KANJI, M. A. — Surface displacements as a consequence of excavation activities. - In: INTERNATIONAL CONGRESS ON ROCK MECHANICS, 4°., Montreux, 1979. *Anais*, Montreux, INTERNATIONAL SOCIETY FOR ROCK MECHANICS, 1979, v. 3, tema 4, p. 345-368.

(105) KANJI, M. A. — INFANTI JUNIOR, N., PINCA, R. L. & REZENDE, M. A. — Um exemplo de aplicação de ábacos de projeto no estudo da estabilidade de taludes. - In: CONGRESSO BRASILEIRO DE GEOLOGIA DE ENGENHARIA, 1°., Rio de Janeiro, 1976. *Anais*, Rio de Janeiro, ASSOCIAÇÃO BRASILEIRA DE GEOLOGIA DE ENGENHARIA, 1976, v. 1, p. 281-292, il.

(106) KNIGHT, K. et alii — Stability of shale slopes in the Natal cost at belt. - In: SOUTH EAST ASIAN CONFERENCE ON SOIL ENGINEERING, 5°. Bangkok, 1977, *Anais*, Bangkok, ATT, K977, p. 201-212.

(107) KOSHIMA; A., IMAIZUMI, H. & MOURA FILHO, O. — Geotechnical properties of the Bauru Sandstone, São Paulo, Brazil. - In: INTERNATIONAL SYMPOSIUM ON WEAK ROCK, Tokio, 1981. *Anais*, A. A. BALKEMA, vol. 1, p. 303-308.

(108) KOSHIMA, A., IMAIZUMI, H. & PACHECO, I. B. — Arenito Bauru-Determinação de suas propriedades geotécnicas e aplicações ao projeto de um canal de grandes dimensões. - In: CONGRESSO BRASILEIRO DE GEOLOGIA DE ENGENHARIA, 3°. Itapema, ASSOCIAÇÃO BRASILEIRA DE GEOLOGIA DE ENGENHARIA, 1981. *Anais*, vol. 3, p. 119-141.

(109) KUHN, B. A. — Estado atual da técnica brasileira e estrangeira sobre métodos de protensão em solo e rocha. - In: SEMANA PAULISTA DE GEOLOGIA APLICADA, 2°., São Paulo, 1970. *Anais*, São Paulo, ASSOCIAÇÃO PAULISTA DE GEOLOGIA APLICADA, 1970. v. 1, tema 3, p. 83-109 il.

(110) KUHN, B. A. — Ancoragens provisórias em solos argilosos no Metrô de São Paulo. - In: CONGRESSO BRASILEIRO DE MECÂNICA DOS SOLOS E ENGENHARIA DE FUNDAÇÕES, 4°. Rio de Janeiro, 1970*Anais*, Rio de Janeiro, ASSOCIAÇÃO BRASILEIRA DE MECÂNICA DOS SOLOS, 1970. v. 1, tema 1, 3° sessão, 52 p. il.

(111) KUHN, B. A., TOTIS, E. & BRANCO, J. F. C. — Estudos geológicos e obras para estabilização do morro do Cantagalo. ASSOCIAÇÃO PAULISTA DE GEOLOGIA APLICADA, 1° São Paulo, 1969. *Anais*, São Paulo, ASSOCIAÇÃO PAULISTA DE GEOLOGIA APLICADA, 1969, v. 1, tema 2, 19 p. il.

(112) LACERDA, W. A. — A estabilização de um aterro a meia encosta. - In: CONGRESSO BRASILEIRO DE MECÂNICA DOS SOLOS, 3°., Belo Horizonte, 1966. *Anais*, Belo Horizonte, ASSOCIAÇÃO BRASILEIRA DE MECÂNICA DOS SOLOS, 1966, v. 1, tema 6, 31 p. p. il.

(113) LACERDA, W. A. — Algumas considerações sobre a aplicação dos drenos horizontais em taludes de solo residual e sobre a observação dos movimentos de taludes em profundidade. 8 p. il: (Trabalho apresentado ao SIMPÓSIO SOBRE PROTEÇÃO CONTRA CALAMIDADES PÚBLICAS, 1967, Clube de Engenharia, Rio de Janeiro).

(114) LADEIRA, F. L. — Metodologia para a estabilidade de taludes em escavações mineiras. - In: ENCONTRO TÉCNICO SOBRE TALUDES URBANOS, DE ESTRADAS E DE MINERAÇÃO. Belo Horizonte, 1980, Informativo ASSOCIAÇÃO BRASILEIRA DE GEOLOGIA DE ENGENHARIA, (19): 6-7, Fevereiro 1981, (resumo).

(115) LOPES, J. A. U. — Algumas considerações sobre a estabilidade de taludes em solos residuais e rochas sedimentares subhorizontais. - In: CONGRESSO BRASILEIRO DE GEOLOGIA DE ENGENHARIA, 3°. Itapema, ASSOCIAÇÃO BRASILEIRA DE GEOLOGIA DE ENGENHARIA, 1981. *Anais*, vol. 3, p. 167-186.

(116) LOPES, P. C. C. & BOGOSSIAN, F. — Etudes recentes en vue de la utilization de sols brasiliens dans les massifs en terre armée. - In: COLLOQUE INTERNATIONAL SUR LE REN-

182 Estabilidade de taludes naturais e de escavação

FORCEMENT DE SOL, TERRE ARMÉE ET AUTRES TECHNIQUES, Paris, 1979. *Anais*, Paris, LABORATOIRE CENTRAL DES PONTS ET CHAUSSEES et LEMPC, 1979.

(117) MACHADO, J. & BIERRENBACH, J. A. — Estudo de um escorregamento de terra. Politécnica, São Paulo, 46 (156): 35-48, Fevereiro, 1950, il. (Publicação IPT, 393).

(118) MACHADO FILHO, J. G. — Tirantes de injeção-sistemática de utilização. - In: SEMINÁRIO DERSA RODOVIA DOS IMIGRANTES, 1°, São Paulo, 1976. *Anais*, São Paulo, DESENVOLVIMENTO RODOVIÁRIO S.A., 1976, p. 223-232. il.

(119) MACHADO FILHO, J. G. & ACOSTA, R. — Células de carga controlam comportamento de estruturas atirantadas na Rodovia dos Imigrantes. - In: SIMPÓSIO SOBRE INSTRUMENTAÇÃO DE CAMPO EM ENGENHARIA DE SOLOS E FUNDAÇÕES. *Anais*, Rio de Janeiro, COORDENAÇÃO DOS PROGRAMAS DE PÓS-GRADUAÇÃO EM ENGENHARIA, Novembro, 1975, 10 p. il.

(120) MACHADO FILHO, J. G. & HESSING, J. M. — Considerações sobre os estudos geológicos realizados em diversas fases na Rodovia dos Imigrantes - Trecho da Serra. - In: CONGRESSO BRASILEIRO DE GEOLOGIA, 28°, Porto Alegre, 1974. *Anais*, Porto Alegre, SOCIEDADE BRASILEIRA DE GEOLOGIA.

(121) MACHADO FILHO, J. G. & PASTORE JUNIOR, W. — Protensão de tirantes/Cálculos. Dirigente Construtor. São Paulo, 13 (11): 20-38, Novembro, 1977.

(122) MACHADO, J. G. & PASTORE JUNIOR, W. — Comentários, ábacos e tabelas relativas a protensão de tirantes. - In: SEMINÁRIO DERSA RODOVIA DOS IMIGRANTES, 1°, São Paulo, 1976. *Anais*, São Paulo, DESENVOLVIMENTO RODOVIÁRIO S.A., 1976. p. 345-395, il. Construção Pesada, 6 (65), 116-119.

(123) MACHADO FILHO, J. G. & A. COSTA, R. — Células de carga controlam comportamento de estruturas atirantadas na Rodovia dos Imigrantes. Construção Pesada, 6 (65), p. 120-122, Junho, 1976, il.

(124) MACHADO FILHO, J. G. & ACOSTA, R. — Imigrantes: Células de cargas controlam comportamento de tirantes. Construção Pesada, São Paulo, 5 (59/60): 35-39, Dezembro/Janeiro, 1976, il. (Trabalho apresentado ao - In: SIMPÓSIO SOBRE INSTRUMENTAÇÃO DE CAMPO EM ENGENHARIA DE SOLOS E FUNDAÇÕES).

(125) MARQUES, A. G. — Estudo da erosão superficial nos taludes das estradas do Nordeste brasileiro. Dissertação de Mestrado, UNIVERSIDADE DE CAMPINA GRANDE, Paraíba, 1977.

(126) MAYALL, H. C. — Deslizamento de encosta em Laranjeiras e medidas preventivas gerais, - 14 p. (Trabalho apresentado ao SIMPÓSIO SOBRE PROTEÇÃO CONTRA CALAMIDADES PÚBLICAS, 1967, Clube de Engenharia, Rio de Janeiro.)

(127) MAYAL, H. C. — Espesso manto de solo residual Kinzigítico em Cosme Velho-Guanabara. - In: SEMANA PAULISTA DE GEOLOGIA APLICADA, 1°, São Paulo, ASSOCIAÇÃO PAULISTA DE GEOLOGIA APLICADA, 1969. v. 1, tema 2, 13 p. il.

(128) MAZUCHOWSKI, J. Z. — A experiência brasileira no combate à erosão rural - PROICS - Programa integrado de conservação de solos. - In: SIMPÓSIO SOBRE O CONTROLE DE EROSÃO, Curitiba, 1980. Relato sobre o tema. *Anais*, São Paulo, ASSOCIAÇÃO BRASILEIRA DE GEOLOGIA DE ENGENHARIA, 1980. Tema 4, p. 179-198, il.

(129) MEIS, M. R. M. de & SILVA, J. X. da — Movimentos de massa na Guanabara. em ensaio sobre processos geomorfológicos. 19 p. (Trabalho apresentado ao SIMPÓSIO SOBRE PROTEÇÃO CONTRA CALAMIDADES PÚBLICAS, 1967, CLUBE DE ENGENHARIA, Rio de Janeiro).

(130) MELLO, V. F. B. de — Case history of an anusual foundation in steep sloping ground in São Paulo. - In: INTERNATIONAL CONFERENCE ON SOIL MECHANICS AND FOUNDATIONS ENGINEERING, 4°, London, 1957. *Anais*, , London, INTERNATIONAL SOCIETY FOR SOIL MECHANICS AND FOUNDATION ENGINEERING, 1957, v. 1, tema 3, trabalho 3a/24, p. 376-381, il.

(131) MELLO, V. F. B. de — Acidentes em barragens. - In: CONGRESSO BRASILEIRO DE MECÂNICA DOS SOLOS, 3°, Belo Horizonte, 1966. *Anais*, Belo Horizonte, ASSOCIAÇÃO BRASILEIRA DE MECÂNICA DOS SOLOS, 1966. v. 1, tema 5, 20 p. il.

(132) MELLO, V. F. B. de — Thoughts on Soil engineering applicable to residual soils. Reprint from Proceedings of the Third Southeast Asian Conference on Soil Engineering, 1972. 34 p. il.

(133) MELLO, V. F. B. de — Apreciações sobre a engenharia de solos aplicável a solos residuais. 1979. Tradução n° 9, ASSOCIAÇÃO BRASILEIRA DE GEOLOGIA DE ENGENHARIA. (Trabalho apresentado à 3° CONFERÊNCIA SUL ASIÁTICA DE ENGENHARIA DE SOLOS, Hong Kong, Novembro, 1972).

(134) MENDES, J. B. de C. — Estabilidade dos taludes. São Paulo, ASSOCIAÇÃO BRASILEIRA DE MECÂNICA DOS SOLOS, (1) 1958. Separata da Revista ESTRUTURA, (13), 24. il.

(135) MIOTO, J. A. & CARLSTRON FILHO, C. — Experiência acumulada em estudos geológico-

Bibliografia brasileira **183**

geotécnicos para estabilização de taludes ao longo do trecho ferroviário Gal. Luz (RS) - Ponta Grossa (PR). 1ª parte: Élementos Gerais. Metodologia de trabalho. - In: CONGRESSO BRASILEIRO DE GEOLOGIA DE ENGENHARIA, 1? Rio de Janeiro, 1976. *Anais*, ASSOCIAÇÃO BRASILEIRA DE GEOLOGIA DE ENGENHARIA, vol. 1, p. 306-330.

(136) MIOTO, J. A. & CARLSTRON FILHO, C. — Experiência acumulada em estudos geológico-geotécnicos para estabilização de taludes ao longo do trecho ferroviário Gal. Luz (RS - Ponta Grossa (PR). 2ª parte: Rochas dos Grupos Paraná, Tubarão e Passa Dois. - In: CONGRESSO BRASILEIRO DE GEOLOGIA DE ENGENHARIA, 1?, Rio de Janeiro, 1976. *Anais*, ASSOCIAÇÃO BRASILEIRA DE GEOLOGIA DE ENGENHARIA, vol. 1, p. 332-348.

(137) MIOTO, J. A., CARLSTRON FILHO, C., COSTANZO JUNIOR, J., SAAD, A. M. SALOMÃO, F. X. T. e SANTOS, M. T. N. — Experiência acumulada em estudos geológico-geotécnicos para estabilização dos taludes ao longo do trecho ferroviário Gal. Luz (PR) - Ponta Grossa (PR). 3ª parte: Rochas do Grupo São Bento. - In: CONGRESSO BRASILEIRO DE GEOLOGIA DE ENGENHARIA, 1?, Rio de Janeiro, 1976. *Anais*, ASSOCIAÇÃO BRASILEIRA DE GEOLOGIA DE ENGENHARIA, vol. 1, p. 350-369.

(138) MONTEIRO, R. & BAHIA, F. C. da R. — Escorregamentos de taludes na Rodovia BR-28: estudo e soluções práticas. Construção, Rio de Janeiro, 5 (51): 51-58, Julho, 1961, il.

(139) MORAES JUNIOR, L. J. de — Algumas considerações práticas a respeito da análise da estabilidade de taludes. Dissertação de Mestrado COORDENAÇÃO DOS PROGRAMAS DE PÓS-GRADUAÇÃO EM ENGENHARIA/UNIVERSIDADE FEDERAL DO RIO DE JANEIRO, 1975.

(140) MOREIRA, J. E. - Análise de estabilidade de alguns taludes de solos residuais de granitos e gnaisse e de tálus. S.n.t. 86. p. il. (Tese apresentada à COORDENAÇÃO DOS PROGRAMAS DE PÓS-GRADUAÇÃO EM ENGENHARIA/UNIVERSIDADE FEDERAL DO RIO DE JANEIRO, em Fevereiro, 1974).

(141) MORGENSTERN, N. R. & MATOS, M. M. de — Stability of slopes in residual soils. - In: CONGRESSO PANAMERICANO DE MECÂNICA DOS SOLOS E ENGENHARIA DE FUNDAÇÕES, 5?, Buenos Aires, 1975. *Anais*, Buenos Aires, INTERNATIONAL SOCIETY FOR SOIL MECHANICS AND FOUNDATION ENGINEERING, 1975, v. 3, p. 367-383, il.

(142) MORI, M. — Observações do comportamento de tirantes permanentes da Rodovia dos Imigrantes - trecho Serra. - In: SIMPÓSIO SOBRE INSTRUMENTAÇÃO DE CAMPO EM ENGENHARIA DE SOLOS E FUNDAÇÕES. *Anais*, COORDENAÇÃO DOS PROGRAMAS DE PÓS-GRADUAÇÃO EM ENGENHARIA, Rio de Janeiro, Novembro, 1975, 15 p. il.

(143) MORUZZI, C. & RODRIGUES, R. — Controle geológico-geotécnico na Serra do Mar. - In: CONGRESSO BRASILEIRO DE GEOLOGIA DE ENGENHARIA, 1?, Rio de Janeiro, 1976. *Anais*, Rio de Janeiro, ASSOCIAÇÃO BRASILEIRA DE GEOLOGIA DE ENGENHARIA, 1976, v. 1, p. 229-244, il.

(144) MOTTA, L. M. & GUIMARÃES, R. d'O. — Estabilização de taludes na RJ-1-Projeto "Talude Caixa d'Água". — 13 p. (Trabalho apresentado ao SIMPÓSIO SOBRE PROTEÇÃO CONTRA CALAMIDADES PÚBLICAS, 1967, Clube de Engenharia, Rio de Janeiro).

(145) NÁPOLES NETO, A. D. T. — Apanhado sobre a história da Mecânica dos Solos no Brasil, São Paulo, s.c.p., 1970, 59 p. (Trabalho escrito em comemoração ao XX aniversário da ASSOCIAÇÃO BRASILEIRA DE MECÂNICA DOS SOLOS e apresentado ao 4? - In: CONGRESSO BRASILEIRO DE MECÂNICA DOS SOLOS, Rio de Janeiro). (Publicação IPT, 891).

(146) NEME, P. A. — Estabilidade de taludes submarinos: aspectos do problema. - In: CONGRESSO BRASILEIRO DE GEOLOGIA DE ENGENHARIA, 1?, Rio de Janeiro, 1976. *Anais*, ASSOCIAÇÃO BRASILEIRA DE GEOLOGIA DE ENGENHARIA, 1976, v. 2, p. 27-25, il.

(147) NIEBLE, C. M. — Trad. Estimando a estabilidade de taludes escavados em minas a céu aberto, São Paulo, ASSOCIAÇÃO PAULISTA DE GEOLOGIA APLICADA, 1972, 59 p. il. (Tradução n? 4) (Tradução do artigo de E. HOEK. Trans. Inst. Min. Metall., London 9, Seção A, Outubro, 1970).

(148) NIEBLE, C. M. & BERTIN NETO, S. — Alguns aspectos relacionados à técnica de atirantamento de maciços rochosos. - In: SEMINÁRIO NACIONAL DE GRANDES BARRAGENS, 9?, Rio de Janeiro, 1973. *Anais*, Rio de Janeiro, COMITÊ BRASILEIRO DE GRANDES BARRAGENS, 1973, v. 2, tema 2, 19 p. il.

(149) NIEBLE, C. M. & FRANCISS, F. O. — Classificação de maciços rochosos. - In: CONGRESSO BRASILEIRO DE GEOLOGIA DE ENGENHARIA, 1?, Rio de Janeiro, 1976. *Anais*, Rio de

184 Estabilidade de taludes naturais e de escavação

Janeiro, ASSOCIAÇÃO BRASILEIRA DE GEOLOGIA DE ENGENHARIA, 1976, v. 2, p. 379-411, il.

(150) NIEBLE, C. M. & REIS, A. O — Contribuição da geologia de engenharia ao projeto expansão Camaquã. - In: CONGRESSO BRASILEIRO DE GEOLOGIA DE ENGENHARIA, 3.°, Itapema, ASSOCIAÇÃO BRASILEIRA DE GEOLOGIA DE ENGENHARIA, 1981. v. 3, p. 394-410.

(151) NIEBLE, C. M. & ROCHA, R. dos S., & REIS, A. de O. — Uma sistemática para análise de estabilidade de taludes de mineração em maciços de rocha alterada e solos. - In: CONGRESSO BRASILEIRO DE GEOLOGIA DE ENGENHARIA, 2.° São Paulo, 1978. Anais, São Paulo, ASSOCIAÇÃO BRASILEIRA DE GEOLOGIA DE ENGENHARIA, 1978, v. 2., p. 281-296.

(152) NIEBLE, C. M. & TAKAHASHI, H., BERTIN NETO, S., & VALÉRIO, A. — Sobre os deslocamento de paredes de escavações em maciços basálticos. - In: CONGRESSO BRASILEIRO DE MECÂNICA DOS SOLOS, 5.° São Paulo, 1974. Anais, São Paulo, ASSOCIAÇÃO BRASILEIRA DE MECÂNICA DOS SOLOS, 1974, v. 1, tema 3, p. 373-382, il.

(153) NOGAMI, J. S. — Relato sobre o tema: geologia de estradas. - In: SEMANA PAULISTA DE GEOLOGIA APLICADA, 2.ª, São Paulo, 1970. Anais, São Paulo, ASSOCIAÇÃO PAULISTA DE GEOLOGIA APLICADA, 1970, v. 2, tema 6, p. 571-579.

(154) NUNES, A. J. da C. — A estabilidade de taludes íngremes de rocha dura inalterada. Notas. Rio de Janeiro, COMITÊ BRASILEIRO DE GRANDES BARRAGENS, Boletim Informativo n.° 2, Novembro, 1963.

(155) NUNES, A. J. dá C. — Estabilização de encostas em rodovias. - In: SIMPÓSIO SOBRE PESQUISAS RODOVIÁRIAS, 2.° Rio de Janeiro, 1966. Anais, Rio de Janeiro, INSTITUTO DE PESQUISAS RODOVIÁRIAS, 1966, 92 p. il. (Publicação IPR; 338).

(156) NUNES, A. J. da C. — Conferência sobre estabilidades de taludes em rochas. - In CONGRESSO BRASILEIRO DE MECÂNICA DOS SOLOS, 3.°, Belo Horizonte, 1966. Anais, Belo Horizonte, ASSOCIAÇÃO BRASILEIRA DE MECÂNICA DOS SOLOS, 1966, v. 2, p. 133-156.

(157) NUNES, A. J. da C. — Slope stabilization improvements in the techniques of prestressed anchorages in rocks and soils. - In: CONGRESS OF THE INTERNATIONAL SOCIETY FOR ROCK MECHANICS, 1.°, Lisboa, 1966. Anais, Lisboa, INTERNATIONAL SOCIETY FOR ROCK MECHANICS, 1966, v. 2, tema 6, p. 141-146, il.

(158) NUNES, A. J. da C. — Relato sobre: análise dos deslizamentos de terras havidos no país nos últimos anos. SIMPÓSIO SOBRE PROTEÇÃO CONTRA CALAMIDADES PÚBLICAS, 1967. Clube de Engenharia, Rio de Janeiro, 1967, 18 p.

(159) NUNES, A. J. da C. — Landslides in soils of decomposed rock due to intense rainstorms. - In: INTERNATIONAL CONFERENCE ON SOIL MECHANICS AND FOUNDATIONS ENGINEERING, 7.ª, México, 1969. Anais, México, SOCIEDAD MEXICANA DE MECÂNICA DE SUELOS, 1969. v. 2, 5.ª sessão, p. 547-554, il.

(160) NUNES, A. J. da C. — Estabilização de taludes em rocha: chumbadores e tirantes de aplicação no Brasil. - In: Curso de aperfeiçoamento de Mecânica das Rochas e aplicações à engenharia civil. Rio de Janeiro, ASSOCIAÇÃO DOS ANTIGOS ALUNOS DA POLITÉCNICA, 1970, 16 p. il.

(161) NUNES, A. J. da C. — Fatores geomorfológicos e climáticos na estabilidade de taludes de estradas, Rio de Janeiro, 1973, 21 p. il. (Publicação Tópicos de Geomecânica - Tecnosolo, 11). (Separata da Revista Latino-americana da Geotécnica), 1 (3).

(162) NUNES, A. J. da C. — Relato sobre o tema: estabilidade de taludes - rocha e solo. - In: CONGRESSO BRASILEIRO DE MECÂNICA DOS SOLOS, 5.°, São Paulo, 1974. Anais, São Paulo, ASSOCIAÇÃO BRASILEIRA DE MECÂNICA DOS SOLOS, 1974, v. 3, tema 3, p. 97-119.

(163) NUNES, A. J. da C. — Estabilidade de ombreiras de barragens, São Paulo COMITÊ BRASILEIRO DE GRANDES BARRAGENS, 1975, 35 p. (Relatório apresentado à Reunião da Comissão de Fundações).

(164) NUNES, A. J. da C. — Estabilização de ombreiras de barragens. - Reunião da Comissão de Fundações, São Paulo, 1976. Atualização de Relatos. São Paulo. INSTITUTO DE PESQUISAS TECNOLÓGICAS/CONGRESSO BRASILEIRO DE GRANDES BARRAGENS/ASSOCIAÇÃO BRASILEIRA DE GEOLOGIA DE ENGENHARIA/ASSOCIAÇÃO BRASILEIRA DE MECÂNICA DOS SOLOS, 1976. Subtema 6, p. 1-23.

(165) NUNES, A. J. da C. — Estabilização de ombreiras de barragens. CONSTRUÇÃO PESADA, São Paulo, 7 (74): 102-109, Março, 1977, il.

(166) NUNES, A. J. da C. — Estabilização de taludes. - In: CONGRESSO BRASILEIRO DE GEOLOGIA DE ENGENHARIA, 2.°, São Paulo, 1978. Anais, ASSOCIAÇÃO BRASILEIRA DE

Bibliografia brasileira

GEOLOGIA DE ENGENHARIA, v. 1, p. 81-92.

(167) NUNES, A. J. da C. — Presso-ancoragens de um novo tipo de fundações. ESTRUTURA, Rio de Janeiro. (78): 40-45, 1977.

(168) NUNES, A. J. da C. — O método brasileiro de ancoragem no terreno. ENGENHARIA DE HOJE, Rio de Janeiro, (12): 16-29, Julho/Agosto, 1977.

(169) NUNES, A. J. da C. — Estabilização de taludes. TÓPICOS DE GEOMECÂNICA, Tecosolo, Rio de Janeiro, (33): 1-14, Março, 1979.

(170) NUNES, A. J. da C. & BUCH, M. M. — Metodologia de projetos de estabilização de taludes de rocha e solos residuais. - In: CONGRESSO BRASILEIRO DE GEOLOGIA DE ENGENHARIA, 3º, Itapema, ASSOCIAÇÃO BRASILEIRA DE GEOLOGIA DE ENGENHARIA, 1981. *Anais*, vol. 2, p. 301-312.

(171) NUNES, A. J. da C. CERQUEIRA, C. de A. G. & NOVAES, J. L. M. — Aproveitamento de terrenos acidentados com cortinas ancoradas. Tecnosolo, Rio de Janeiro, s.d.p., 21 p. il. (Publicação TÓPICOS DE GEOMECÂNICA, Tecnosolo, 5º. (Trabalho apresentado ao Encontro Nacional da Construção, 1º, São Paulo, Janeiro, 1972).

(172) NUNES, A. J. da C. & CRAIZER, W. — Microancoragens. TÓPICOS DE GEOMECÂNICA, Tecnosolo, Rio de Janeiro, (31): 1-6, Setembro, 1978.

(173) NUNES, A. J. da C. & DIAS, P. H. V. — Alguns resultados da verificação sistemática de capacidade de carga de ancoragens. - In: SEMINÁRIO NACIONAL DE GRANDES BARRAGENS, 10º, Curitiba, 1975. *Anais*, Curitiba, COMITÊ BRASILEIRO DE GRANDES BARRAGENS, 1975. v. 1, tema 1, 12 p. il.

(174) NUNES, A. J. da C.; DRINGENBERG, G. E. & DIAS, P. H. V. — Protensão do terreno e suas perspectivas em geomecânica. - In: CONGRESSO PANAMERICANO DE MECÂNICA DOS SOLOS E ENGENHARIA DE FUNDAÇÃO, 5º, Buenos Aires, 1975. *Anais*, Buenos Aires, INTERNATIONAL SOCIETY FOR SOIL MECHANICS AND FOUNDATION ENGINEERING, 1975. v. 3, p. 295-305, il.

(175) NUNES; A. J. da C. & FERREIRA, M. S. — Aplicação do processo de ancoragens em rochas e solos. Revista Construção no Sul, 1951.

(176) NUNES, A. J. da C. & FERREIRA, M. S. — Panorama dos problemas de encostas em estradas. - In: JORNADAS LUSO-BRASILEIRAS DE ENGENHARIA CIVIL, 3ªs Luanda, 1971. *Anais*, 1971. v. 4, tema 4, 22 p. il.

(177) NUNES, A. J. da C. & FONSECA, A. M. M. da C. C. — Normalização de estruturas de arrimo ancoradas. Geotecnia, SOCIEDADE PORTUGUESA DE GEOTECNIA, Lisboa, (9): 5-54, Fevereiro/Março, 1974, il.

(178) NUNES, A. J. da C. & VELLOSO, D. de A. — A ancoragem em rocha como técnica de construção em encosta. ESTRUTURA, Rio de Janeiro, 2(46): 11-16 e 97-101, 1962.

(179) NUNES, A. J. da C. & VELLOSO, D. de A. — Estabilização de taludes em capas residuais de origem granito-gnáissica. - In: PANAMERICAN CONFERENCE ON SOIL MECHANICS AND FOUNDATION ENGINEERING, 2º, São Paulo, 1963. *Anais*, ASSOCIAÇÃO BRASILEIRA DE MECÂNICA DOS SOLOS, 1963, v. 2, tema 3, p. 383-394, il.

(180) NUNES, A. J. da C. & VELLOSO, D. de A. — Stabilisation de talus de sols résiduels d'origine granito-gneissique. La Technique des Travaux, 42 (5/6): 162-168, Maio/Junho, 1966. il.

(181) OKA-FIORI, C. & SOARES, P. C. — Aspectos evolutivos das vossorocas. NOTÍCIA GEOMORFOLÓGICA, Campinas, 16 (32): 114-124, 1976, il.

(182) ORGANIZAÇÃO DOS ESTADOS AMERICANOS - Relatório do estudo para o controle da erosão no noroeste do Paraná. Curitiba, Ministério do Interior, DEPARTAMENTO NACIONAL DE OBRAS DE SANEAMENTO, 1972, il.

(183) PASTORE, E. L. & MIOTO, J. A. — Fenômenos de desagregação superficial em rochas da formação Bauru, no Estado de São Paulo. - In: CONGRESSO BRASILEIRO DE GEOLOGIA DE ENGENHARIA, 3º, Itapema, ASSOCIAÇÃO BRASILEIRA DE GEOLOGIA DE ENGENHARIA, 1981. *Anais*, vol. 3, p. 235-254.

(184) PASTORE, E. L. & TEIXEIRA JUNIOR, P. B. — Estudo das obras de contenção dos aterros da Ferrovia Mayrink-Santos (FEPASA), trecho da Serra do Mar. - In: CONGRESSO BRASILEIRO DE GEOLOGIA DE ENGENHARIA, 2º, São Paulo, 1978. *Anais*, São Paulo, ASSOCIAÇÃO BRASILEIRA DE GEOLOGIA DE ENGENHARIA, 1978. v. 1, p. 219-238, il.

(185) PEREIRA, M. B. — Estabilidade dos taludes: estabilidades das fundações de aterro. Rodovia, Rio de Janeiro, 15 (166): 21-27, Dezembro 1953, il.

(186) PETRI, S. & SUGUIO, K. — Características granulométricas dos materiais de escorregamentos de Caraguatatuba, São Paulo, como subsídio para o estudo da sedimentação neocenozóica do sudeste brasileiro. - In: CONGRESSO BRASILEIRO DE GEOLOGIA, 25º, São Paulo, 1971. *Anais*, São Paulo, SOCIEDADE BRASILEIRA DE GEOLOGIA, 1971. v. 1, p. 71-82, il.

Estabilidade de taludes naturais e de escavação

(187) PICHLER, E. - Trad. Mecanismo dos escorregamentos de terra. Revista Politécnica, São Paulo, 48 (167): 27-54, Julho/Agosto, 1952, il. (Traduzido do original de Karl TERZAGHI). (Separata do Boletim do DEPARTAMENTO NACIONAL DE ESTRADAS DE RODAGEM, São Paulo, (67), Julho, 1952). (Publicação ITP, 467).

(188) PICHLER, E. — Boçorocas. Boletim da SOCIEDADE BRASILEIRA DE GEOLOGIA, São Paulo, 2 (1): 3-16, Maio, 1953, il.

(189) PICHLER, E. — Aspectos geológicos dos escorregamentos de Santos. Boletim da SOCIEDADE BRASILEIRA DE GEOLOGIA, São Paulo, 6 (2): 69-77. Setembro, 1957, il.

(190) PICHLER, E. — Geologia de estradas. Revista de Engenharia do Rio Grande do Sul, 13 (49): 17-23, Julho/Setembro, 1957, il. (Publicação IPT 574). (Conferência promovida pela ASSOCIAÇÃO BRASILEIRA DE MECÂNICA DOS SOLOS E SOCIEDADE DE ENGENHARIA DO RIO GRANDE DO SUL, realizada em Porto Alegre, Dezembro, 1956).

(191) PIMENTA, C., BERTOLUCCI, J. C. F. & LOZANO, M. H. — Escavação experimental em arenito Bauru. - In: CONGRESSO BRASILEIRO DE GEOLOGIA DE ENGENHARIA, 3º Itapema, ASSOCIAÇÃO BRASILEIRA DE GEOLOGIA DE ENGENHARIA, 1981. Anais, vol. 3, p. 255-273.

(192) PINOTI, C. C. — "Recomposição ecológica". - In: SEMINÁRIO DERSA 1º - Rodovia dos Imigrantes, São Paulo, 1976. Anais, DESENVOLVIMENTO ESTADUAL DE RODOVIAS S.A., p. 90-98.

(193) PINTO, C. de S. — Relato sobre o tema: estradas. - In CONGRESSO BRASILEIRO DE MECÂNICA DOS SOLOS, 3º, Belo Horizonte, 1966. Anais, Belo Horizonte, ASSOCIAÇÃO BRASILEIRA DE MECÂNICA DOS SOLOS, 1966, v. 2, 29 p.

(194) PIRES NETO, A. G. — Alguns exemplos da aplicação da geomorfologia no estudo da evolução da encosta da Serra do Mar. - In: SIMPÓSIO SOBRE PLANEJAMENTO URBANO E REGIONAL, Santos, 1979. Informativo ASSOCIAÇÃO BRASILEIRA DE GEOLOGIA DE ENGENHARIA, São Paulo, (11): 3-4, Outubro, 1979.

(195) PIUCI, J., MACHADO FILHO, J. F. & FEITOSA, L. A. G. — Observação de comportamento como base para o projeto de taludes de cortes. - In: CONGRESSO BRASILEIRO DE GEOLOGIA DE ENGENHARIA, 3º, Itapema, ASSOCIAÇÃO BRASILEIRA DE GEOLOGIA DE ENGENHARIA, 1982. Anais, vol. 2, p. 313-330.

(196) PONÇANO, W. L., PRANDINI, F. L. & STEIN, D. P. — Condicionamentos geológicos e de ocupação territorial nos escorregamentos de Maranguape, Estado do Ceará, em 1974. - In: CONGRESSO BRASILEIRO DE GEOLOGIA DE ENGENHARIA, 1º, Rio de Janeiro, 1976. Anais, ASSOCIAÇÃO BRASILEIRA DE GEOLOGIA DE ENGENHARIA, 1976, v. 2, p. 323-339, il.

(197) PONÇANO, W. L., BISTRICHI, C. A., Stein, D. P. & FÚLFARO, V. J. — Dois exemplos de condicionamentos estruturais de escorregamentos em maciços de vertentes atlânticas. - In: SIMPÓSIO REGIONAL DE GEOLOGIA. 1º, São Paulo, 1977. Atas, São Paulo, SOCIEDADE BRASILEIRA DE GEOLOGIA, , Núcleo São Paulo, 1977, P. 59-73.

(198) PONTES, A. B. — Controle da erosão em áreas urbanas. - In: SIMPÓSIO SOBRE O CONTROLE DE EROSÃO, Curitiba, 1980. Relato sobre o Tema. Anais, São Paulo, ASSOCIAÇÃO BRASILEIRA DE GEOLOGIA DE ENGENHARIA, 1980. Tema 3, p. 36-83, il.

(199) PRANDINI, F. L. (Coordenador) — Condicionantes geológicos e geotécnicos da degradação ambiental: alguns casos brasileiros. - Boletim da ASSOCIAÇÃO BRASILEIRA DE GEOLOGIA DE ENGENHARIA, São Paulo (1): 1-11. Agosto, 974.

(200) PRANDINI, F. L. — Occurrence of "boçoracas" in Southern Brazil - Geological conditioning of environmental degradation. - In: INTERNATIONAL CONGRESS OF THE INTERNATIONAL ASSOCIATION OF ENGINEERING GEOLOGY, 2º São Paulo, 1974. Anais, São Paulo, ASSOCIAÇÃO BRASILEIRA DE GEOLOGIA DE ENGENHARIA, 1974, v. 1, tema 3, trabalho 36, 10 p. il. (Publicação IPT, 1038).

(201) PRANDINI, F. L., CRUZ, P. T. da, GUIDICINI, G. & SANTOS, J. P. dos — Study of an urban "boçoroca", possibilities of control. - In: INTERNATIONAL CONGRESS OF THE INTERNATIONAL ASSOCIATION OF ENGINEERING GEOLOGY, 2º, São Paulo, 1974. Anais, São Paulo, ASSOCIAÇÃO BRASILEIRA DE GEOLOGIA DE ENGENHARIA, 1974. v. 1, tema 3, trabalho 37, 14 p. il (Publicação IPT, 1035).

(202) PRANDINI, F. L., GUIDICINI, G., BOTTURA, J. A., PONÇANO, W. L. & SANTOS, A. R. dos — Atuação da cobertura vegetal na estabilidade de encostas: uma resenha crítica. São Paulo, INSTITUTO DE PESQUISAS TECNOLÓGICAS, 1976. 22p. il. (IPT, pub. 1074) (Trabalho apresentado ao CONGRESSO BRASILEIRO DE FLORESTAS TROPICAIS, 2º, Mossoró, 1976). CONSTRUÇÃO PESADA, São Paulo, 6 (69) p. 46-70, Outubro, 1976, il.

(203) PRANDINI, F. L., GUIDICINI, G., BOTTURA, J. A., PONÇANO, W. L. & SANTOS, A. R. dos — Behavior of the vegetation in slope stability: a critical review. SYMPOSIUM ON

Bibliografia brasileira

LANDSLIDES AND OTHER MASS MOVEMENTS, Prague, 1977, Boletim INTERNATIONAL ASSOCIATION OF ENGINEERING GEOLOGY, Krefeld, (16): 51-55, 1977, il.

(204) PRANDINI, F. L. et alii — Carta geológica dos morros de Santos e São Vicente: condicionantes do meio físico para o planejamento da ocupação urbana. São Paulo, INSTITUTO DE PESQUISAS TECNOLÓGICAS, 1980, 31 p. (Série Monografia 3) (IPT Publ. 1153).

(205) PRESA; E. P. & SILVA, J. C. F. da — Escorregamento do maciço do Julião, Salvador. - In: CONGRESSO BRASILEIRO DE GEOLOGIA DE ENGENHARIA, 2º, São Paulo, 1978. *Anais*, São Paulo, ASSOCIAÇÃO BRASILEIRA DE GEOLOGIA DE ENGENHARIA, 1978, v. 2, p. 165-184, il.

(206) PUCCINI, A. de L. & FRANCIS, F. O. — Verificação de estabilidade de massas terrosas ou rochosas, utilizando computadores digitais. - In: CONGRESSO BRASILEIRO DE MECÂNICA DOS SOLOS E ENGENHARIA DE FUNDAÇÕES, 4º, Rio de Janeiro, 1970. *Anais*, Rio de Janeiro, ASSOCIAÇÃO BRASILEIRA DE MECÂNICA DOS SOLOS, 1970, v. 1, tema 1, 4.ª sessão, 32 p. il.

(207) QUEIROZ, L. A. — Problema especial de deslizamento de terreno natural em parte da ombreira direita, a montante do eixo da barragem. - In: SEMINÁRIO NACIONAL DE GRANDES BARRAGENS, 2º, Rio de Janeiro, 1963. *Anais*, Rio de Janeiro, COMITÊ BRASILEIRO DE GRANDES BARRAGENS, 1963. Sanevia, Rio de Janeiro, (26): 103-107, Maio, 1964, il.

(208) RAMOS, J. M. S., ABRÃO, P. C. & GUIMARÃES, P. F. — Slope stability at CVRD Cauê Mine, Itabira, Brazil. - In: INTERNATIONAL CONGRESS OF THE INTERNATIONAL ASSOCIATION OF ENGINEERING GEOLOGY, 2º, São Paulo, 1974. *Anais*, São Paulo, ASSOCIAÇÃO BRASILEIRA DE GEOLOGIA DE ENGENHARIA, 1974, v. 2, tema 5, trabalho 24, 10 p. il.

(209) RANZINI, S. M. T. — Aterros em taludes sobre solos moles. SOLOS E ROCHAS, Rio de Janeiro, 2(1): 27-30, Agosto, 1979.

(210) REGO, J.J. V. do — Erosão superficial em taludes de corte em colo residual de gnaisse. Dissertação de Mestrado, COORDENAÇÃO DOS PROGRAMAS DE PÓS-GRADUAÇÃO EM ENGENHARIA/UNIVERSIDADE FEDERAL DO RIO DE JANEIRO, 1978.

(211) REDEL, C., SILVA M. A. M. S. S., & RODRIGO, X. L. A. S. — Considerações sobre investigações geotécnicas para rodovias. - In: CONGRESSO BRASILEIRO DE MECÂNICA DOS SOLOS, 5º, São Paulo, 1974. *Anais*, São Paulo, ASSOCIAÇÃO BRASILEIRA DE MECÂNICA DOS SOLOS, 1974, v. 1, tema 1, p. 3-16, il.

(212) RIBEIRO, A. C. — Estabilização pela drenagem. Boletim do DEPARTAMENTO DE ESTRADAS DE RODAGEM, São Paulo, 6(21): 299-405, Outubro, 1940.

(213) RIBEIRO, A. C. — Programação matemática: uma aplicação ao problema de estabilidade de taludes. REVISTA DA ESCOLA DE MINAS, Ouro Preto, 33 (15): 31-41, Abril, 1976, il.

(214) ROCHA FILHO, P. — Estudo do escorregamento do Catingueiro, Barra do Piraí, Rio de Janeiro, Dissertação de Mestrado, PONTIFÍCIA UNIVERSIDADE CATÓLICA/RIO DE JANEIRO, 1973.

(215) RODRIGUES, J. C. — Classificação de desmoronamento e fenômenos correlatos (Nomenclatura portuguesa dos fenômenos). Boletim do DEPARTAMENTO DE ESTRADAS DE RODAGEM, Setembro, 1954, p. 85-95, il.

(216) RODRIGUES, J. C. & NOGAMI, J. S. — Estudo de geologia aplicada na Via Anchieta: trecho da Serra, via "A". - In: CONGRESSO NACIONAL DE ESTRADAS DE RODAGEM, 8º, Rio de Janeiro, 1951. *Anais*, Boletim do DEPARTAMENTO DE ESTRADAS DE RODAGEM, São Paulo, 17 (62), Janeiro/Março, 1951, il.

(217) RODRIGUES, J. C. & NOGAMI, J. S. — Geologia do escorregamento da cota 95 da Via Anchieta: trecho da Serra. - In: CONGRESSO NACIONAL DE ESTRADAS DE RODAGEM, 8º, Rio de Janeiro, 1951. *Anais*, Boletim do DEPARTAMENTO DE ESTRADAS DE RODAGEM, São Paulo, 17 (62): 9-14, Janeiro/Março, 1951, il.

(218) RODRIGUES, L. F. V. — Acidentes ocorridos em janeiro de 1967 na Serra das Araras. 17 p. il. (Trabalho apresentado ao SIMPÓSIO SOBRE PROTEÇÃO CONTRA CALAMIDADES PÚBLICAS, 1967, CLUBE DE ENGENHARIA, Rio de Janeiro).

(219) RODRIGUES, R. — Acompanhamento geológico das escavações das fundações das obras de arte da Rodovia dos Imigrantes. - trecho Serra. - In: SEMINÁRIO DERSA, 1º - Rodovia dos Imigrantes. *Anais*, São Paulo, DEPARTAMENTO DE ESTRADAS DE RODAGEM, 1976, p. 338-344.

(220) RODRIGUES, R. & MORUZZI, C. (1978) — "A Geologia de engenharia aplicada ao controle de um complexo rodoviário em operação" - In: CONGRESSO BRASILEIRO DE GEOLOGIA DE ENGENHARIA, 2º, São Paulo, 1978. *Anais*, ASSOCIAÇÃO BRASILEIRA DE GEOLOGIA DE ENGENHARIA, v. 2, p. 135-147.

188   *Estabilidade de taludes naturais e de escavação*

(221) ROGÉRIO, P. F. — Estabilidade de taludes e obras de terra/cálculo. DIRIGENTE CONSTRU-TOR, 13 (11): 46, Novembro, 1977.

(222) ROGÉRIO, P. F. — Cálculo da estabilidade de taludes pelo método de Bishop simplificado. São Paulo, ED. BLUCHER, 1977.

(223) ROSA, F. S. — O problema da erosão e o planejamento metropolitano. - In: SIMPÓSIO SO-BRE O CONTROLE DE EROSÃO, Curitiba, 1980. Informativo ASSOCIAÇÃO BRASILEI-RA DE GEOLOGIA DE ENGENHARIA, São Paulo, (14): 6, Abril, 1980.

(224) RUIZ, M. D. — Rock slope stability analysis: discontinuities shear strength parameters and prestressing costs. - In: INTERNATIONAL CONGRESS OF THE INTERNATIONAL AS-SOCIATION OF ENGINEERING GEOLOGY, 2°, São Paulo, 1974. *Anais*, São Paulo, AS-SOCIAÇÃO BRASILEIRA DE GEOLOGIA DE ENGENHARIA, 1974. v. 2, tema 5, trabalho PC-3, 13 p. il.

(225) RUIZ, M. D. — Minimum anchoring cost for stabilization of rock slopes. - In: CONGRESS OF THE INTERNATIONAL SOCIETY FOR ROCK MECHANICS, 3°, Denver, 1974. *Anais*, Denver, INTERNATIONAL SOCIETY FOR ROCK MECHANICS, 1974, v. 2, tema B, p. 813-819.

(226) SADOWOSKI, G. R. & MELLO, L. F. F. de — Considerações sobre a otimização de lavra a céu aberto. - In: CONGRESSO BRASILEIRO DE GEOLOGIA DE ENGENHARIA, 3°, Itapema, ASSOCIAÇÃO BRASILEIRA DE GEOLOGIA DE ENGENHARIA, 1981. *Anais*, vol. 3, p. 411-420.

(227) SANTORO, E. & CUNHA, M. A. — Estudos geológicos-geotécnicos para consolidação de uma ferrovia localizada na Serra de Cubatão. - In: CONGRESSO BRASILEIRO DE GEO-LOGIA DE ENGENHARIA, 1°, Rio de Janeiro, 1976. *Anais*, ASSOCIAÇÃO BRASILEIRA DE GEOLOGIA DE ENGENHARIA, 1976, v. 1, p. 371-383, il.

(228) SANTORO, E., CARNEIRO, C. D. R. & HASUI, Y. — Análise geométrica do fraturamento nos morros de Santos e São Vicente. - In: SIMPÓSIO REGIONAL DE GEOLOGIA, 2°, Rio Claro, 1979. *Atas*, São Paulo, SOCIEDADE BRASILEIRA DE GEOLOGIA, Núcleo São Paulo, 1979, v. 2, p. 1-12, il.

(229) SANTOS, Á. R. dos — Geologia aplicada à engenharia rodoviária: roteiro dos trabalhos, Rio de Janeiro, INSTITUTO DE PESQUISAS RODOVIÁRIAS, 1972. 6ª p. il. (Publicação IPR, 583). (Trabalho apresentado ao SIMPÓSIO SOBRE PESQUISAS RODOVIÁRIAS, 7°, Rio de Janeiro, 26-31, Julho, 1971).

(230) SANTOS, Á. R. dos — Conceituação geológica e geotécnica dos diferentes horizontes de so-los e rochas típicos do maciço metamórfico da Serra do Mar. - In: SEMANA PAULISTA DE GEOLOGIA APLICADA, 4ª, São Paulo, 1972. *Anais*, São Paulo, ASSOCIAÇÃO PAULISTA DE GEOLOGIA APLICADA, 1972, p. 265-274, il.

(231) SANTOS, Á. R. dos — A geologia nos projetos de estabilização de taludes. - In: CONGRESSO BRASILEIRO DE MECÂNICA DOS SOLOS, 5°, São Paulo, 1974. *Anais*, São Paulo, AS-SOCIAÇÃO BRASILEIRA DE MECÂNICA DOS SOLOS, 1974, v. 1, tema 3, p. 383-404, il.

(232) SANTOS, Á. R. dos — Desagregação superficial em taludes de corte nos argilitos e siltitos da formação Estrada Nova. - In: CONGRESSO BRASILEIRO DE MECÂNICA DOS SOLOS, 5°, São Paulo, 1974. *Anais*, São Paulo, ASSOCIAÇÃO BRASILEIRA DE MECÂNICA DOS SOLOS, 1974, v. 1, tema 3, p. 351-356.

(233) SANTOS, Á. R. dos — Aspectos metodológicos da análise geológico-geotécnica na estabili-dade de taludes. - In: CONGRESSO BRASILEIRO DE GEOLOGIA DE ENGENHARIA, 3°, Itapema, ASSOCIAÇÃO BRASILEIRA DE GEOLOGIA DE ENGENHARIA, 1981. *Anais*, vol. 2, p. 409-412.

(234) SANTOS, Á. R. dos — Por menos ensaios e instrumentações e por uma maior observação da natureza. - In: CONGRESSO BRASILEIRO DE GEOLOGIA DE ENGENHARIA, 1°, Rio de Janeiro, 1976. *Anais*, ASSOCIAÇÃO BRASILEIRA DE GEOLOGIA DE ENGENHARIA, 1976, v. 1, p. 177-185, il.

(235) SEM AUTOR — A atuação do Departamento de Águas e Energia Elétrica no combate à erosão do Estado de São Paulo. - In: SIMPÓSIO SOBRE O CONTROLE DE EROSÃO, Curitiba, 1980, tema 3, p. 112-127, il.

(236) SEM AUTOR — Projeto de muros de contenção (Manual do Corps of Engineers do Exército dos Estados Unidos). ESTRUTURA, (87): 36-48, Junho, 1979.

(237) SEM AUTOR — Fibra de vidro ancora os taludes de obra industrial. CONSTRUÇÃO HOJE, São Paulo, 5 (6): 8, Junho, 1979, il.

(238) SEM AUTOR — Cortinas atirantadas seguram a serra no Caminho do Mar. O EMPREITEIRO, São Paulo, (135): 19-21, Abril, 1979.

(239) SEM AUTOR — Estabilização de taludes com ancoragem: vinte anos de atividades. TÓPICOS

Bibliografia brasileira

DE GEOMECÂNICA, Tecnosolo, Rio de Janeiro (29) 3-28, Março, 1978.

(240) SEM AUTOR — Obras padronizadas enfrentam deslizamentos na Imigrantes. O EMPREITEI-RO, São Paulo, (118): 45-46, Novembro, 1977.

(241) SEM AUTOR — Cortina microancorada resolve problema inesperado. CONSTRUÇÃO HOJE, São Paulo, 3 (6): 16-18, Junho, 1977. il.

(242) SEM AUTOR — Cortina atirantada foi construída de cima para baixo na Rodovia, São Paulo-123. CONSTRUÇÃO HOJE, São Paulo, 3(12): 26-27, Dezembro, 1977.

(243) SEM AUTOR — Os gabiões do controle da erosão ao muro de arrimo. O DIRIGENTE CONS-TRUTOR, São Paulo, 12 (4), 54-56, Maio, 1976.

(244) SEM AUTOR — Estacas-raiz resolvem problema de contenção de taludes na Imigrantes. CONSTRUÇÃO PESADA, São Paulo, 6 (64): 47-48, Maio, 1976.

(245) SEM AUTOR — A estaca-raiz como elemento de esforço de taludes. CONSTRUÇÃO PESA-DA, 6 (71): 34:39, Dezembro, 1976, il.

(246) SEM AUTOR — Empreiteira cava estacas-raiz para conter talude. CONSTRUÇÃO HOJE, São Paulo, 2 (3): 48-52, Março, 1976, il.

(247) SILVA, J. T. G. da — Condicionamentos geológicos de taludes em Ouro Preto. - In: ENCON-TRO TÉCNICO SOBRE TALUDES URBANOS, DE ESTRADAS E DE MINERAÇÃO. Belo Horizonte, 1980, Informativo ASSOCIAÇÃO BRASILEIRA DE GEOLOGIA DE ENGE-NHARIA, São Paulo, (19): 3-4, Fevereiro, 1981, (resumo).

(248) SILVEIRA, E. B. S., BJORNBERG, A. J. S. - GAIOTO, N. — Soluções geológicas em projetos de engenharia civil. - In: CONGRESSO BRASILEIRO DE MECÂNICA DOS SOLOS E EN-GENHARIA DE FUNDAÇÕES, 4°, Rio de Janeiro, 1970. Anais, Rio de Janeiro, ASSO-CIAÇÃO BRASILEIRA DE MECÂNICA DOS SOLOS, 1970, v. 1, tema 2, 4.ª Sessão, 13. p. il.

(249) SILVEIRA, I. da — Considerações sobre o problema da erosão e desmonte natural. Revista Municipal de Engenharia, SECRETARIA GERAL DE VIAÇÃO E OBRAS, Rio de Janeiro, 10 64): 250-258, Outubro, 1943, il.

(250) SILVEIRA, I. da — Uma solução generalizada para problemas de rotura de terras. - In: CON-GRESSO BRASILEIRO DE MECÂNICA DOS SOLOS E ENGENHARIA DE FUNDAÇÕES, 4°, Rio de Janeiro, 1970. Anais, Rio de Janeiro, ASSOCIAÇÃO BRASILEIRA DE MECÂ-NICA DOS SOLOS, 1970, v. 1, tema 2, 4.ª Sessão, 20 p. il.

(251) SILVEIRA, J. F. A. da — Um método de interpretação quantitativa dos resultados obtidos na observação de carga de tirantes em rocha. - In: SIMPÓSIO SOBRE INSTRUMENTAÇÃO DE CAMPO EM ENGENHARIA DE SOLOS E FUNDAÇÕES. Rio de Janeiro, COORDE-NAÇÃO DOS PROGRAMAS DE PÓS-GRADUAÇÃO EM ENGENHARIA, Novembro, 1975, 15 p. il.

(252) SILVEIRA, J. — Análise da erosão superficial dos taludes das áreas teste da BR-116-RJ, qua-tro anos de medições. - In: SIMPÓSIO BRASILEIRO DE SOLOS TROPICAIS EM ENGE-NHARIA, Rio de Janeiro, 1981. Anais, COORDENAÇÃO DOS PROGRAMAS DE PÓS-GRADUAÇÃO EM ENGENHARIA, p. 724-740.

(253) SILVEIRA, J. F. A. — Auscultação de maciços rochosos em escavações a céu aberto. CONS-TRUÇÃO PESADA, Dezembro, 1977, p. 60-80.

(254) SOARES, L., GUIDICINI, G. & LIMAVERDE, J. de A. — Considerações sobre os movimentos de massa ocorridos na Serra de Maranguape, CE. - In: SIMPÓSIO DE GEOLOGIA DO NORDESTE, 7°, Fortaleza, 1975. Anais, Fortaleza, SOCIEDADE BRASILEIRA DE GEO-LOGIA/NÚCLEO NORDESTE (no prelo).

(255) SOARES, M. M. & CLEMENTE, J. L. M. — Complementação dos ábacos de Bishop e Mor-genstern para análise de estabilidade de taludes. SOLOS E ROCHAS, Rio de Janeiro, 1 (1): 55-61, Janeiro, 1978.

(256) STANCATI, G. — Exercícios propostos de redes de fluxo, estabilidade de taludes, empuxos de terra. São Carlos, ESCOLA DE ENGENHARIA DE SÃO CARLOS-UNIVERSIDADE DE SÃO PAULO, 1980. 27 p.

(257) STANCATI, G. — Exercícios resolvidos de estabilidade de taludes. São Carlos, ESCOLA DE ENGENHARIA DE SÃO CARLOS-UNIVERSIDADE DE SÃO PAULO, 1980, 41 p.

(258) STERNBERG, H. O'R. — Enchentes e movimentos coletivos do solo no vale do Paraíba em de-zembro de 1948: influência da exploração destrutiva das terras. Revista Brasileira de Geo-grafia, 11 (2): 223-261, Abril/Junho, 1949, il.

(259) STROBL, T. — Dados preliminares sobre os ensaios de tirantes no solo, realizados no Rio de Janeiro. - In: SEMANA PAULISTA DE GEOLOGIA APLICADA, 2ª, São Paulo, 1970. Anais, São Paulo, ASSOCIAÇÃO PAULISTA DE GEOLOGIA APLICADA, 1970, v. 2, te-ma 3, p. 209-227, il.

190   *Estabilidade de taludes naturais e de escavação*

(260) SZPILMAN, A. & REN, C. — O efeito do deslizamento da encosta do córrego dos Cabritos no reservatório de Furnas. - In: SEMINÁRIO NACIONAL DE GRANDES BARRAGENS, 10°, Curitiba, 1975. *Anais*, Curitiba, COMITÊ BRASILEIRO DE GRANDES BARRAGENS, 1975, v. 1, tema 2,12 p. il.

(261) SZPILMAN, a. & REN, C. — The effect of landslides on Furnas reservoir. - In: INTERNATIONAL CONGRESS ON LARGE DAMS, 12°, México, 1976. *Anais*, Mécixo, INTERNATIONAL COMMISSION ON LARGE DAMS, 1976.

(262) TAIOLI, F. et alii — Tecnologia nacional em emissão acústica. Perspectivas de utilização em fraturamento e cedência de rochas e maciços rochosos. - In: CONGRESSO DA SOCIEDADE BRASILEIRA DE GEOLOGIA, 31°, Camburiú, 1980. *Anais*, SOCIEDADE BRASILEIRA DE GEOLOGIA, p. 1198-1205.

(263) TEIXEIRA, A. H. & ABRÃO, P. C. — Estabilização de encosta na Via Anchieta, km 44,7, São Paulo, Brasil. - In: CONGRESSO PANAMERICANO DE MECÂNICA DOS SOLOS E ENGENHARIA DE FUNDAÇÕES, 5°, Buenos Aires, 1975. *Anais*, Buenos Aires, INTERNATIONAL SOCIETY FOR SOIL MECHANICS AND FOUNDATION ENGINEERING, 1975, v. 3, p. 345-356, il.

(264) TEIXEIRA, A. H. & KANKI, M. A. — Estabilização do escorregamento da encosta da Serra do Mar na área da cota 500 da Via Anchieta. - In: CONGRESSO BRASILEIRO DE MECÂNICA DOS SOLOS E ENGENHARIA DE FUNDAÇÕES, 4°, Rio de Janeiro, 1970. *Anais*, Rio de Janeiro, ASSOCIAÇÃO BRASILEIRA DE MECÂNICA DOS SOLOS, 1970. v. 1, tema 1, 4ª sessão, 21 p. il.

(265) TEIXEIRA, A. H. & MENEZES, G. — "Fundações do Viaduto da Grota Funda". - In: CONGRESSO PANAMERICANO DE MECÂNICA DOS SOLOS E ENGENHARIA DE FUNDAÇÕES, 5°, Buenos Aires, 1975. *Anais*, INTERNATIONAL SOCIETY FOR SOIL MECHANICS AND FOUNDATION ENGINEERING, v. 1, p. 461-470.

(266) TOCCI, J. C. — Excavaciones en pareas instables: control de talus por medio de drenes profundos horizontales. - In: CONGRESSO PANAMERICANO DE MECÂNICA DOS SOLOS E ENGENHARIA DE FUNDAÇÕES, 5°, Buenos Aires, 1975. *Anais*, Buenos Aires, INTERNATIONAL SOCIETY FOR SOIL MECHANICS AND FOUNDATION ENGINEERING, 1975, v. 3, p. 282-293, il.

(267) TOGNON; A. A., GAMA, C. D. da, CONSTANZO JUNIOR, J., VIRGILI, J. C. & TEIXEIRA JUNIOR, P. B. — Condicionantes geológicos da estabilidade de taludes na mina Osamu Utsumi-Caldas - MG. - In: CONGRESSO BRASILEIRO DE GEOLOGIA DE ENGENHARIA, 3°, Itapema, 1981. *Anais*, ASSOCIAÇÃO BRASILEIRA DE GEOLOGIA DE ENGENHARIA, vol. 3. p. 421-436.

(268) TOGNON, A. A., GAMA, C. D. da, CONSTANZO JUNIOR, J., VIRGILI, J. C. & TEIXEIRA JUNIOR, P. B. — Instrumentação e controle de taludes na mina Osamu-Caldas- MG. - In: CONGRESSO BRASILEIRO DE GEOLOGIA DE ENGENHARIA, 3°, Itapema, ASSOCIAÇÃO BRASILEIRA DE GEOLOGIA DE ENGENHARIA, 1981. *Anais*, vol. 3, p. 437-449.

(269) TOGNON, A. A., GAMA, C. D. da, COSTANZO JUNIOR, J. VIRGILI, J. C. & TEIXEIRA JUNIOR, P. B. — Estudo de estabilidade dos taludes da mina Osamu Utsumi-Caldas-MG. - In: CONGRESSO BRASILEIRO DE GEOLOGIA DE ENGENHARIA, 3°, Itapema, ASSOCIAÇÃO BRASILEIRA DE GEOLOGIA DE ENGENHARIA, 1981. *Anais*, vol. 3, p. 451-463.

(270) TOTIS, E., BRANCO, J. F. C., LAMÔNICA FILHO, L. de — Estabilização por tirantes da encosta do Alto Corcovado, Estado da Guanabara. - In: SEMANA PAULISTA DE GEOLOGIA APLICADA, 2ª, São Paulo, 1970. *Anais*, São Paulo, ASSOCIAÇÃO PAULISTA DE GEOLOGIA APLICADA, 1970, v. 1, tema 3, p. 175-207, il.

(271) TOTIS, E., BRANCO, J. F. C., ROCHA FILHO, P., PERELBERG, S. — Consequences de l'action du phénomène erosif denommé "Vossoroca" quant à la stabilité d'un talus situé sur la route, RJ-18-Brésil., - In: INTERNATIONAL CONGRESS OF THE INTERNATIONAL ASSOCIATION OF ENGINEERING GEOLOGY, 2°, São Paulo, 1974. *Anais*, São Paulo, ASSOCIAÇÃO BRASILEIRA DE GEOLOGIA DE ENGENHARIA, 1974. v. 2, tema 5, trabalho 4, 10 p. il.

(272) TOTIS, E. & BRANCO, J. F. C. — Estabilização por tirantes protendidos de grande capacidade na parede jusante da Usina III de Paulo Afonso - Bahia. - In: SEMANA PAULISTA DE GEOLOGIA APLICADA, 3ª, São Paulo, 1971. *Anais*, São Paulo, ASSOCIAÇÃO PAULISTA DE GEOLOGIA APLICADA, 1971, v. 1, tema 1, p. 89-103, il.

(273) VALENZUELA, L. — Um novo método para análise de estabilidade de taludes considerados superfícies de ruptura quaisquer. - In: SEMINÁRIO NACIONAL DE GRANDES BARRAGENS, 11°, Fortaleza, 1976. *Anais*, Rio de Janeiro, COMITÊ BRASILEIRO DE GRANDES BARRAGENS, 1976, v. 2, p. 1446-1463, il.

Bibliografia brasileira **191**

(274) VARGAS, M. — Estabilização de taludes em encostas de gneisses decompostos. - In: CONGRESSO BRASILEIRO DE MECÂNICA DOS SOLOS, 3°., Belo Horizonte, 1966. *Anais*, Belo Horizonte, ASSOCIAÇÃO BRASILEIRA DE MECÂNICA DOS SOLOS, 1966. v. 1, tema 6, 24 p. il.

(275) VARGAS, M. — Design and construction of large cuttings in residual soils. - In: PANAMERICAN CONFERENCE ON SOIL MECHANICS AND FOUNDATION ENGINEERING, 3°., Venezuela, 1967. *Anais*, Venezuela, INTERNATIONAL SOCIETY FOR SOIL MECHANICS AND FOUNDATION ENGINEERING, 1967. v. 2, tema 4, p. 243-254, il.

(276) VARGAS, M. — Mecânica dos Solos, São Paulo, ESCOLA POLITÉCNICA DA UNIVERSIDADE DE SÃO PAULO, 1972, 203 p. il.

(277) VARGAS, M. — Escorregamento na Serra do Mar. - In: CURSO DE APERFEIÇOAMENTO EM MECÂNICA DAS ROCHAS E APLICAÇÕES À ENGENHARIA CIVIL. Rio de Janeiro, ASSOCIAÇÃO DOS ANTIGOS ALUNOS DA POLITÉCNICA, 1970. 9 p. il.

(278) VARGAS, M. — Engineering properties of residual soils from South-Central region of Brazil. - In: INTERNATIONAL CONGRESS OF THE INTERNATIONAL ASSOCIATION OF ENGINEERING GEOLOGY, 2°., São Paulo, 1974. *Anais*, São Paulo, ASSOCIAÇÃO BRASILEIRA DE GEOLOGIA DE ENGENHARIA, 1974. v. 1, tema 4, trabalho PC-5, 26 p. il.

(279) VARGAS, M. — "Introdução à Mecânica dos Solos". Editora da UNIVERSIDADE DE SÃO PAULO/EDITORA McGRAW HILL DO BRASIL, São Paulo, 1977, 509 p., il.

(280) VARGAS, M. & HERWEG, H. — O projeto dos escoramentos das escavações para construção do trecho 5 do Metrô de São Paulo. - In: CONGRESSO BRASILEIRO DE MECÂNICA DOS SOLOS E ENGENHARIA DE FUNDAÇÕES, 4°., Rio de Janeiro, 1970. *Anais*, Rio de Janeiro, ASSOCIAÇÃO BRASILEIRA DE MECÂNICA DOS SOLOS, 1970. v. 1, tema 2, 3ª sessão, 26 p. il.

(281) VARGAS, M. & PICHLER, E. — Residual soil and rock slides in Santos (Brazil). INTERNATIONAL CONFERENCE ON SOIL MECHANICS AND FOUNDATION ENGINEERING, 4ª., London, 1957. *Anais*, London, INTERNATIONAL SOCIETY FOR SOIL MECHANICS AND FOUNDATION ENGINEERING, 1957, v. 2, tema 6, trabalho 6/27, p. 394-398, il.

(282) VELLOSO, D. de A. — Relato sobre o tema: empuxos de terra sobre suportes temporários e permanentes e estabilidade de taludes. - In: CONGRESSO BRASILEIRO DE MECÂNICA DOS SOLOS, 3°., Belo Horizonte, 1966. *Anais*, Belo Horizonte, ASSOCIAÇÃO BRASILEIRA DE MECÂNICA DOS SOLOS, 1966, v. 2, 14 p.

(283) VIEIRA, N. M. — Estudo geomorfológico das boçorocas de Franca, São Paulo - Franca, UNIVERSIDADE ESTADUAL JULIO DE MESQUITA FILHO, 1978, 26 p. il.

(284) VIEIRA, P. C. — Geologia aplicada ao planejamento de lavra a céu aberto de carvão mineral no Estado do Rio Grande do Sul. - In: CONGRESSO BRASILEIRO DE GEOLOGIA DE ENGENHARIA, 3°., Itapema, ASSOCIAÇÃO BRASILEIRA DE GEOLOGIA DE ENGENHARIA, 1981. *Anais*, vol. 3, p. 365-470.

(285) WALDECK, A. D'A. M. — Estabilidade de taludes. Boletim do Departamento Autônomo de Estradas de Rodagem, Rio Grande do Sul, SECRETARIA DE OBRAS PÚBLICAS, 8 (30): 57-74, Março, 1946, il.

(286) WOLLE, C. M. — Taludes naturais. Mecanismos de instabilização e critérios de segurança. Dissertação de mestrado, Dept° de Estruturas e Fundações, ESCOLA POLITÉCNICA DA UNIVERSIDADE DE SÃO PAULO, 1980, 345 p., il.

(287) WOLLE, C. M. — Micro-escorregamentos nas encostas da Serra do Mar. Considerações preliminares. - In: SIMPÓSIO BRASILEIRO DE SOLOS TROPICAIS EM ENGENHARIA, Rio de Janeiro, 1981. *Anais*, COORDENAÇÃO DOS PROGRAMAS DE PÓS-GRADUAÇÃO EM ENGENHARIA, p. 773-785.

(288) WOLLE, C. M. & PEDROSA, J. A. B. A. — Horizontes de transição condicionam mecanismos de instabilização de encostas na Serra do Mar. - In: CONGRESSO BRASILEIRO DE GEOLOGIA DE ENGENHARIA, 3°. Itapema. ASSOCIAÇÃO BRASILEIRA DE GEOLOGIA DE ENGENHARIA, 1981. *Anais*, vol. 2, p. 121-135.

(289) WOLLE, C. M., GUIDICINI, G., ARAÚJO, J. S. & PEDROSA, J. A. B. de A. — Caracterização de um mecanismo de escorregamento nas encostas da Serra do Mar, São Paulo, INSTITUTO DE PESQUISAS TECNOLÓGICAS, 1977. 23. il. (IPT, Publ. 1079). (Trabalho apresentado ao SYMPOSIUM ON LANDSLIDES AND OTHER MASS MOVEMENTS, Praga, INTERNATIONAL ASSOCIATION OF ENGINEERING GEOLOGY, 1977)

(290) WOLLE, C. M., GUIDICINI, G., ARAÚJO, J. S. & PEDROSA, J. A. B. de A. — A slide mechanism in the slopes of the Serra do Mar, Southeastern Brasil. - In: INTERNATIONAL CONGRESS OF OF ENGINEERING GEOLOGY, 3°., Madrid, 1978. *Proceedings*, Madrid, INTERNATIONAL ASSOCIATION OF ENGINEERING GEOLOGY, 1978, v. 1, sec. 1, p, 304-315

(291) ZALSZUPIN, R. J. et alii — Verificação de estabilidade de taludes para cortes em rocha/cálculo. DIRIGENTE CONSTRUTOR, São Paulo, 13 (11): 44-45, Novembro, 1977.

BIBLIOGRAFIA INTERNACIONAL SOBRE ESTABILIDADE DOS TALUDES

(292) BARRON, K., HEDLEY, D. G. F. e COATES, D. F. (1971) — Field instrumentation for rock slopes. *In*: International Conference on Stability in Open Pit Mining. 1°, Vancouver, 1970. *Proceedings*. New York, the American Institute of Mining. Metallurgical and Petroleum Engineers. pp. 143-168, il.

(293) BARTON, N. R. (1971) — Estimation of in situ shear strenght from back analysis of failed rock slopes. *In*: Symposium on Rock Mechanics. *Proceedings*. Nancy, ISRM. Theme 2, 14 pp., il.

(294) BAUER, A. e CALDER, P. N. (1971) — The influence and evaluation of blasting on stability. *In*: International Conference on Stability in Open Pit Mining. 1 st. Vancouver, 1970. *Proceedings*. New York. The American Institute of Mining, Metalurgical and Petroleum Engineers, pp. 83-94, il.

(295) BISHOP, A. W. (1967) — Progressive failure with special reference to the mechanism causing it. *In*: Geotechnical Conference. *Proceedings*. Oslo. Vol. 2. pp. 142-150.

(296) COOKE, R. U. e DOORNKAMP, J. C. (1974) — Landsliding. *In*: Geomorphology in environmental management. Oxford Ed. Clarendon Press, Cap. 6, pp. 128-166.

(297) DEERE, D. U. e PATTON, F. D. (1970) — Slope stability in residual soils. *In*: Panamerican Conference on Soil Mechanics and Foundation Engineering, 4th. *Proceedings*. . San Juan, ASCE. Vol. 1, pp. 87-170, il.

(298) DESIO, A. (1959) — Azione morfologia della gravità. *In*: Geologia applicata all ingegneria. 2.ª ed. Milano, Ed. Ulruo Hoepli, pp. 420-449, il.

(299) ENDO, T. — Probable distribution of the amount of rainfall causing landslides. Reimpressão do Annual Repport of the Hokkaido Branch, Government Forest Experimentation Station, Sopporo, Japão, dez. 1970, p. 123-136, il.

(300) FOX, P. (1964) — Geology exploration and drainage of the Serra-slide, Santos, Brazil. *In*: KIERSCH, G. A. *Engineering geology case histories*: numbers 1-5. New York. The Geological Society of America, pp. 17-23, il.

(301) FRANKLIN, J. A. e DENTON, P. E. (1973) — *The monitoring of rock slopes*. London, Geological Society by Scottish Academic Press. Reimpressão pelo *The quartely Journal of Engineering Geology 6 (3/4): 259-286, 1973, il. Bibliografia pp. 281-283.*

(302) GRAY, D. H. — Effects of forest clear cutting on the stability of natural slopes. Reprinted from Bulletin of the Association of Engineering Geologists, 7 (1, 2): 45-66. 1970. il.

(303) HAEFELI, R. (1965) — Creep and progressive failure in snow, soil, rock and ice. *In*: International Congress fo Soil Mechanics and Foundation Engineering, 6th. *Proceedings*. Montreal. Vol. 3, pp. 134-148.

(304) HAMEL, J. V. (1971) — Kimbley pit slope failure. *In*: Panamerican Conference on Soil Mechanics and Foundation Engineering, 4th. *Proceedings*. Puerto Rico. ASCE. Vol. 2, pp. 117-127, il.

(305) HENDRON JR., A. J., CORDING, E. J. e AIYER, A. K. (1971) — *Analytical and graphical methods for the analysis of slope in rock masses*. U. S. Army Engineering Nuclear Cratering Group. 168 pp. (NGC Technical Report. 32).

(306) HOEK, E. (1971) — Influence of rock structure on the stability of rock slopes. *In*: International Conference on Stability in Open Pit Mining, 1 st. *Proceedings*. Vancouver. The American Institute of Mining, Metallurgical and Petroleum Engineers. pp. 49-63, il.

(307) HOEK, E. (1972) — *Estimando a estabilidade de taludes escavados em minas a céu aberto*. Tradução de C. M. Nieble. São Paulo, APGA. 58 pp. (tradução n° 4) (Versão original publicada nos *Trans. Inst. Metall.* 9, seção A, outubro de 1970).

(308) HOEK, E. e BRAY, J. (1974) — *Rock slope engineering*. London Institution of Mining and Metallurgy. 309 pp., il.

(309) HOEK, E. e LONDE, P. (1974) — Surface workings in rock. *In*: Congress of the International Society for Rock Mechanics, 3rd, Denver, *Proceedings*. Washington, NAC, 1974. Vol. 1, Parte A, tema 3, pp. 613-654, il.

Bibliografia internacional **193**

(310) JOHN, K. W. (1968) — Graphical stability analysis of slopes in jointed rock. *Journal of Soil Mechanics and Foundation Division*, New York, ASCE, 94 (SM-2); pp. 497-526.

(311) JONES, F. O. (1973) — *Landslides of Rio de Janeiro and the Serra das Araras escarpment, Brazil*. Washington, United States Printing Office. 42 pp., il. (Geological Survey Professional Paper, 697).

(312) KENNEDY, B. A. (1971) — Methods of monitoring open pit slopes. *In*: Symposium on Rock Mechanics, 13th, Urbana, *Proceedings*. New York, ASCE, 1972. pp. 537-572, il. Bibliografia p. 572.

(313) KOVARI, K. P. FRITZ — "Stabilitätsberechnung ekener und räumlicher Felsböschungen" - Rock Mechanics, 1976, 8, pp. 73-113.

(314) KRYNINE, D. P. e JUDD, W. R. (1957) — Landslides and other crustal displacements. *In*: Principles of engineering geology and geotechnics. Tóquio, McGraw-Hill. pp. 636-671, il.

(315) LONDE, P. (1971) — Analysis of the stability of rock slopes. *In*: The mechanics of rock slopes and foundations. London, Imperial College, 1972. Lecture 3, pp. 48-89, il. (Rock Mechanics Research Report. 17).

(316) LONDE, P., VIGIER, G. e VORMERINGER, R. (1969) — Stability of rock slopes: a three dimensional study. *Journal of Soil Mechanics and Fondation Division*. New York, ASCE 95 (SM-1): 235-262.

(317) MOUGIN, J. P. (1974) — Glissements de terrain: définition d'un coefficient de securité probable à partir de la méthode de Fellenius. *In*: International Congress of the International Association of Engineering Geology, 2nd, São Paulo. *Proceedings*. São Paulo, ABGE, 1974. Vol. 2, tema 5, pp. 19.1-19.6, il. Bibliografia p. 19.6.

(318) MURPHY, V. J. e RUBIN, D. I. (1974) — Seismic survey investigations of landslides. *In*: International Congress of the International Association of Engineering Geology, 2nd. *Proceedings*. São Paulo, ABGE. Vol. 2, tema 5, pp. 26.1-26.3.

(319) NASCIMENTO. U. (1967) — Simpósio sobre a estabilidade e consolidação de taludes. Relato geral. *In*: Jornadas Luso-Brasileiras de Engenharia Civil, 2.ª, São Paulo. Rio de Janeiro, 54 pp.

(320) NEWMARK, N. (1965) — Effects of earthquakes on dams and embankments. *Geotechnique*, London, Instituion of Civil Engineers 15 (2): 139-160, junho de 1965, il. Bibliografia pp. 158-159.

(321) NIELSEN, T. H. & TURNER, B. L. — Influence of rainfall and ancient landslides deposits on recent landslides. *Geological Survey Bulletin* (1388), U. S. Department of the Interior, Washington, 1975, 18 p. il.

(322) PATTON, F. D. e DEERE, D. U. (1970) — Significant geologic factors in rock slope stability. *In*: Symposium on the Theoretical Background to the Planning of Open Pit Mines with Special Reference to Slope Stability. *Proceedings*. Joanesburgo, pp. 143-151.

(323) PATTON, F. D. e DEERE, D. U. (1971) — Geologic factors controlling slope stability in open pit mines. *In*: International Conference Stability in Open Pit Mining, 1 st, Vancouver, 1970. *Proceedings*. New York. The American Institute of Mining, Metallurgical and Petroleum Engineers. pp. 23-47, il.

(324) PATTON, F. D. e HENDRON JR., A. J. (1974) — General report on mass movements. *In*: International Congress of the International Association of Engineering Geology, 2nd, *Proceedings*. São Paulo, ABGE. Vol. 2, tema 5, pp. 1-57, il.

(325) PECK, R. B. (1968) — Stability of natural slopes. *Journal of Soil Mechanics and Foundation Division*, New York, ASCE 93 (SM 4): 403-417.

(326) PENTA, F. (1963) — *Frane i movimenti franosi*, 3.ª ed., Roma, Università degli Studi di Roma. Ed. Siderea. 128 pp.

(327) PITEAU, D. R. (1970) — Geological factors significant to the stability of slopes cut in rock. *In*: Symposium on the Theoretical Background to the Planning of Open Pit Mines with Special Reference to Slope Stability. *Proceedings*. Joanesburgo. Sec. 3, pp. 33-54, il.

(328) PROKOPOVICH, N. P. (1972) — Land subsidence and population growth. *In*: International Geological Congress, 24th., *Proceedings*. Montreal, Sec. 13, pp. 44-54, il.

(329) SAITO, M. (1965) — Forecasting the time of occurrence of a slope failure. *In*: International Congress on Soil Mechanics and Foundation Engineering, 6th., *Proceedings*. Montreal. Vol. 2, pp. 537-541.

(330) SEED, H. B. (1968) — Landslides during earthquakes due to soil liquefaction. *Journal of Soil Mechanics and Foundation Division*, New York, ASCE 94 (SM5): 1055-1122, il. Bibliografia, pp. 1119-1122.

(331) SHARPE, C. F.S. (1938) — *Landslides and related phenomena*. New York. Columbia University Press, 137 pp.

(332) SKEMPTON, A. W. e HUTCHINSON, J. (1969) — Stability of natural slopes and embankment

194 *Estabilidade de taludes naturais e de escavação*

foundations. *In*: International Congress of Soil Mechanics and Foundation Engineering. 7th. *Proceedings*. México, pp. 291-340.

(333) TER-STEPANIAN, G. (1966) — Types of depth creep of slopes in rock masses. *In*: Congress of the International Society of Rock Mechanics, 1 st. *Proceedings*. ISRM. Lisboa, LNEC. Tema 6, pp. 157-160.

(334) TERZAGHI, K. — Mecanismo dos Escorregamentos de Terra, publicado pela Escola Politécnica da USP, 1967, 41 pp., il. Transcrito da *Revista Politécnica*, n.º 167, julho/agosto de 1952. Tradução de Ernesto Pichler. Título original: *Mechanism of landslides* (1950). Harvard, Department of Engineering, publicação n.º 488, janeiro de 1951,pp. 83-123, il. (*Harvard Soil Mechanics Series 36*). *Reimpressão pela Engineering Geology* (Berkey), Volume Geological Society of America, novembro de 1950.

(335) TERZAGHI, K. (1962) — Stability of steep slopes on hard unweathered rock. *Géotechnique*, London, The Institution of Civil Engineers 12 (4): 251-270.

(336) TERZAGHI, K. e PECK, R. B. (1962) — Estabilidade de encostas e taludes em cortes a céu aberto. *In*: Mecânica dos solos na prática da engenharia. Tradução de A. J. da Costa Nunes e M. de L. C. Campello, Rio de Janeiro, Ao Livro Técnico.

(337) VARNES, D. J. (1950) — Relation of landslides to sedimentary features. *In*: Applied Sedimentation. New York, John Wiley & Sons, pp. 229-246.

(338) WHITMAN, R. V. e MOORE, P. J. (1963) — Thoughts concerning the mechanics of slope stability analysis. Congresso Pan-Americano de Mecânica dos Solos e Engenharia de Fundações, 2.º, Belo Horizonte. *Anais*, São Paulo, ABMS, 1963. Vol. 1, pp. 391-411, il. Bibliografia pp. 410-411.

(329) YOUNG, A. 61972) — *Slopes*. Edimburg. Ed. Olivier Boyd. 228 pp., il. (Geomorphology text, 3).

(340) ZÁŘUBA, Q. e MENCL. V. (1969) — *Landslides and their control*. Amsterdam, Elsevier, 205 pp., il.

QUADRO I – ESCORREGAMENTOS E FENÔMENOS CONEXOS

TIPO FUNDAM.	SUB-TIPO	CLASSES PRINCIPAIS	NATUREZA DA SUPERFÍCIE DE ESCORREGAMENTO	INCLIN. DE TALUDE	MOVIMENTO — CARACTERÍSTICAS	MOVIMENTO — TIPO	MOVIMENTO — VELOCIDADE E DURAÇÃO
1. ESCORREGAMENTOS (Colamento, flowage) Consistindo em deformação ou movimento contínuo, com ou sem superfície definida de escorregamento	**1.1 RASTEJO, REPTAÇÃO (Creep, slow flow, lama) ESCOAMENTO PLÁSTICO**	1.1.1. RASTEJO DE SOLO (Soil creep) 1.1.2. RASTEJO DE DETR. DE TALUS (Talus creep) 1.1.3. RASTEJO DE ROCHA (Rock creep, incluindo frana ad uncina, out-crop creep ou hakenwerfen, curvatura de estrato) 1.1.4 SOLIFLUXÃO (Soil-fluction) 1.1.5. RASTEJO DE DETRITOS (Rock glacier creep) 1.1.6. GELEIRAS (Glacier)	Superfícies multiplas de neoformação, tanto no conjunto, qto. nos movimentos individuais. Tendência dos primeiras a se aprofundarem.	Suave, mesmo próxima a 0°	Movim. ou deform. plást., mto.lenta, do domínio do hidraul. dos liq. visc., interessando camadas superiores da formação, em mater. com teor. de água relativam. baixa. Superação da resist. fundam. ao cisalhamento. Comparável as deform. tectônicas. Interessa às vezes toda uma região.	Translação predominantemente horizontal (no conjunto). Deformações plásticas irregulares em todas as direções e sentidos (movimentos de detalhes)	Longa duração, velocid. baixa e mesmo impercep tível (3a5 cm/ano), aumentando com teor de água e inclinação. Movim. locais ocasionalmente rápidos
	1.2 CORRIDAS (Rapid flow, colata) ESCOAMENTO LÍQUIDO	1.2.1. CORRIDA DE TERRA (Earth-flow) 1.2.2. CORRIDA DE AREIA OU SILTE (Liquefaction flow slide) 1.2.3. CORRIDA DE LAMA (Mud flow) 1.2.3.1. TIPO DE REGIÃO ÁRIDA, SEMI-ÁRIDA OU ALPINA 1.2.3.2. TIPO VULCÂNICO (Lava di fango) 1.2.3.3 REFLUIMENTO DE PANTANO (Out-flow, bursting, screpolamento) 1.2.4. AVALANCHE DE DETRITOS (Debris avalanches)	Superfície pré existente sobre a qual se dá o movim. de conjunto de material aloctone. Tendência de aprofundamento e erosão da superfície de escorregamento	Variável	Movim. ráp. de caráter essencialmente hidrodinâmico, ocasionado pela anulação de atrito inf., em virtude da destr. da estrutura, em presença do excesso de água. Interessa áreas relativamente pequenas, salvo em casos excepcionais	Transl. com inclina. de pequena a grande, sobre o plano horizontal	Curta duração, veloc. de alta a muito alta, podendo ser praticamente instantânea
2. ESCORREGAMENTOS (S. Sensu) (Slides) superfície Consistindo em deslocamento finito, ao longo da superfície preexistente ou de neoformação	**2.1 ESCORREGAMENTOS ROTACIONAIS (Slump, slides, rotationais)**	2.1.1 ESCORREGAMENTO DE TALUDES (Slope-failure) 2.1.2 ESCORREGAMENTO DE BASE (Base failure) 2.1.3 ROTURA ROTACIONAL DO SOLO DE FUNDAÇÃO	Superfície de escorregamento cilindro-circular de neoformação	De reg. a forte	Movim. relativo rápido de uma parte de maciço sobre a outra, por sup. de resist. ao cisalhamento, podendo haver ou não destr. parc. ou total, da massa escorregada. Pode ocorrer mesmo em rocha viva. Interessa áreas relativamente pequenas	Rotação e translação	
	2.2 ESCORREGAMENTOS TRANSLACIONAIS	2.2.1. ESCORREGAMENTO TRANSLAC. DE ROCHA 2.2.1.1. SEM CONTROLE ESTRUTURAL 2.2.1.2. COM CONTROLE ESTRUTURAL 2.2.2. ESCORREGAMENTO TRANSLAC. DE SOLO 2.2.3. ESCORREGAMENTO TRANSLACIONAL DE SOLO E DE ROCHA 2.2.4. ESCORREGAMENTO TRANSLACIONAL RETROGRESSIVO 2.2.5. QUEDA DE ROCHA 2.2.6. QUEDA DE DETRITOS	Superfície de escorregamento plana, podendo ser de neoformação ou preexistente. No segundo caso, o escorregamento diz-se condicionado. (ver o Quadro III).	De reg. a forte	Movim. relat. rápido de uma parte do maciço sobre a outra, completam. no domínio da mecânica dos sólidos, por superação da resist. ao cisalhamento (coesão + atrito int.), ou de aderência (qdo. existe superfície de descontinuidade condicionadora de movimento). Interes. geralm. áreas peq.	Transl. predominant. horiz. a simples queda vertical (Trans. vertical)	Curta duração, veloc. de alta a muito alta de 0 a 30 cm/h). Podendo ser quase instantâneo. Em alguns casos, após o desprendimento, a velocidade passa b de queda livre
3. SUBSIDÊNCIAS (in genere) Consistindo em deslocamento finito ou deformação contínua vertical	**3.1 SUBSIDÊNCIAS (Propriamente ditas)**	3.1.1 POR CARREAMENTO DE GRÃOS 3.1.2 POR DISSOLUÇÃO DE CAMADAS INFERIORES E CAVERNAS 3.1.3 POR DEFORMAÇÕES DE ESTRATOS INF., INCLUSIVE POR DEFORMAÇÕES TECTONICAS E DEFORMAÇÃO POR ACÚMULO DE SEDIMENTOS 3.1.4 POR ROTURA DE ESTRATOS INFERIORES 3.1.5 POR RETIRADA DO SUPORTE LATERAL	Superfície de deslizamento de atitude vertical, múltiplas variáveis, em geral de neoformação.	Aprox. nula	Deslocamento ou deform. essencialmente vert., implicando depressão, afundam., recalque, desmoronamento, causado por plastif, fluidificação, deformação, rotura ou remoção total ou parcial do substrato, ou perda do suporte lateral, com ou sem influencia de carregamento externo. Extensão, em geral, limitada. As vezes afeta regiões extensas	Deform. plast. ou elastica vertical e, as vezes, translação vertical	Curta duração, geralm. (3.1.4, 3.1.5, 3.3.1, 3.3.2, 3.3.3). Longa nos outros cinco casos. Velocidade, em geral peq., às vezes grande
	3.2 RECALQUES	3.2.1 POR CONSOLIDAÇÃO (Expulsão de água) 3.2.2 POR COMPACTAÇÃO (Expulsão de ar ou outros gases)					
	3.3 DESABAMENTOS	3.3.1 POR ROTURA DE CAMADA 3.3.2 POR SUBESCAVAÇÃO 3.3.3 POR RETIRADA DO SUPORTE LATERAL					
4		FORMAS DE TRANSIÇÃO OU TERMOS DE PASSAGEM		Variável	Formas de trans. entre as anter.	Complexos ou múltiplas	Depende dos tipos correlacionados ou associados
5		MOVIMENTOS DE MASSA COMPLEXOS		Variável	Combinação das formas anter.		

PO, CARACTERÍSTICAS MORFOLÓGICAS E MECÂNICAS, CAUSAS E PROVIDÊNCIAS CORRETIVAS

TERMOS DE PASSAGEM	PREDISPONENTE	AGENTE EFETIVO PREPARAT.	AGENTE EFETIVO IMEDIATO	MODO DE AÇÃO	CAUSA NATUR. FIS. DE AÇÕES SIGNIFICAT. DO AGENTE	CAUSA EFEITOS SOBRE COND. DE EQUILÍBRIO	PROVIDÊNCIAS (Conforme classificação exposta no Quadro II)
Com aumento de teor de água, passa a avalancha de detritos	Gravidade, água, calor cobert. veg. suficiente para reter água, mas não para impedir o mov. do solo. Ação de animais e plantas. Natureza do material	Água, calor, cobertura veg., natureza do material	Tratando-se de processo contínuo, a longo prazo, não há, a rigor, agente ou processo que desencadeie o fenômeno	Expansão e contração térmica ou por efeito de umidade, congelam. e degêlo especialmente fros heaving	Deformação plástica da massa, roturas de detritos, transporte (plastif.)	Aumento de esfôrço cortante (Q), que supera a resist. fundamental ao cisalhamento	L1 a L4, 1.6, 1.8, 5.1 a 5.5 e excepcionalmente, 4.4
Por diminuição de água passa ao subtipo 2.1 ou aos subtipos 2.1 e 2.2. Por aumento de água, passa a transp. fluvial. Pode iniciar-se com um dos tipos de 2	Gravidade, excesso de água, incl. da encosta. Natureza incoerente do material	Esfôrços tect. e explosivos	Terremotos e abalos por explos.	1.Vibrações de alta freqüência	Mudança do est. de tensão Danos ao cim. intergranular Aumento de pressão neutra	Aumento da est. cortante Diminuição de coesão Liquefação espontânea	Difícil de prever, atenuar efeitos ou eliminá-los
		Água	Variação ráp. do N.A.	2.Rearranjo dos grãos	Aumento de pressão neutra	Liquefação espontânea	Processos L1 a L4, 1.6 a 1.8, 3.2, 3.3, 4.1, 4.3 (conforme a classe), mas essencialmente 2.2, 7.5, 7.6 e, para regiões a jusante, 5.6
		Esfôrços tectônicos	Movimentos tectônicos	3.Deform. de grande esc. da crosta terrestre	Aumento da inclinação	Aumento de esfôrço cortante	
		Água meteórica	Chuva, neve	4.Deslocam. de ar de poros e juntas	Aumento de pressão neutra	Dimin. de atrito interno	
				5.Intemperismo químico	Destr. do cimento com alargam. ou criação de fend.	Queda de coesão	
				6.Congelamento		Diminuição de coesão	
Podem, por aumento de teor de água, degenerar em um dos tipos do grupo 1.2	Gravidade, inclinação da encosta, incl. de estratos, presença de descont. litológica	Movimentação de massas	Oper. de construção Solapamento Erosão	1.Aum. de altura ou inclinação de talude	Mudança no est. de tensões e abertura de juntas	Aumento de est. cortante (Q) e início do proc. B. Queda de coesão (C)	1-4.1 a 4.4 e 5.1 a 5.5
		Esfôrços tectônicos	Movimentos tectônicos	2.Deformações da crosta terrestre	Aumento de inclinação	Aumento de est. cortante	2-4.1, 4.3 e 5.1 a 5.5
		Esf. tectônicos e explosivos	Terremotos e abalos por explosões	3.Vibrações de alta freqüência	Mudança do est. de tensão	Aumento de Q e diminuição de C	3a) 3b) 4.1, 4.3 e 5.1 a 5.4
					Danos ao cim. intergranular		
					Rearranjo incipiente de grãos	Liquefação espontânea	3c - 3.1 e 3.3
		Peso do mat. do talude	Processo que cria o talude	4.Rastejo no talude	Abertura e criação de juntas	Red. da coesão e acelec. do processo B	4) 5) L1 a 1.8 e 4.1 a 4.3, 5.1 a 5.5 e 5.8
				5.Rastejo na cam. infer.			
		Água	Chuva ou fusão de neve	6.Deslocam. de ar dos poros	Aumento de poro-pressão	Redução do atrito interno e coesão	6) 7) 1.3, 1.4, 1.6, 1.7 e 5.2 a 5.5 e 5.8
				7.Deslocam. das juntas			
				8.Red. de tensão capilar	Inchamento, expansão		
				9.Dissolução	Danos ao cim. intergranular	Redução da coesão	
			Congelamento	10.Expansão por congelam.	Alargam. e criação de juntas		10-6.1, 6.2 e 6.3
				11.Form. e fusão de gelo	Aumento de umidade	Red. do atrito interno	11- 6.1, 1.4
			Ressecamento	12.Contração	Prod. de fendas de contr.	Redução da coesão	12-2.1, 2.2 e 2.3
			Esvaziamento ráp.	13.Percol. no pé do talude		Red. do atrito interno	13-3.2 e 1.4, 1.7
			Ráp. variação do N.A.	14.Rearranjo incip. de grãos		Liquefação espontânea	14- 3.1 e 3.3
			Elevação do N.A. em aqüíferos distantes	15.Elevação do nível piezom. no talude	Aumento de pressão neutra		15-1.4 e 1.6
			Percolação a partir de fontes artificiais de água (canais e reservatórios)	16.Percolação através do pé do talude		Redução do atrito interno	16-3.1, 3.2, 1.4, 1.7
				17.Deslocamento de ar nos poros	Eliminação de tensão superficial	Diminuição de coesão	17-1.4, 1.6
				18.Dissolução do cimento intergranular	Destruição do cimento intergranular		18-1.4, 1.6
				19.Erosão subsuperficial (piping)	Solapamento do talude	Aumento do esfôrço cortante	19-1.4, 1.6 e 3.2
Alguns tipos, caso haja inclin. sufic., podem passar ao grupo 2. Alguns são associados ao rastejo (grupo 1.1)	Gravidade, água, presença de estratos inferiores compressíveis ou solúveis, de abóbadas ou cavernas	Água	Circulação subterrânea	1.Dissolução de sais	1 Plastificação, fluidificação, deformação elástica ou eliminação parcial do estrato infer. ou do suporte lateral	Qualquer que seja o efeito sobre a camada inferior, o resultado é um aumento de esfôrço cortante na camada superior escorregada, deprimida ou desabada	1) 2) 3) 4) 1.1, 1.4, 1.6
				2.Contração e expansão por variação de umid.			
			Circ. subterrânea, bombeamento	3.Consolidação por carreamento e drenagem			
				4.Carreamento de partículas			
		Ação humana	Subescavação Escavação lateral Imposição de cargas	5.Supressão de apoio			5- 4.4
				6.Supres. do sup. lateral			6- 4.4
				7.Deform. e roturas	2 Qualquer que seja a ação direta sobre a camada inferior, ocorrem mudanças do estado de tensões no estrato superior		7- 7.7
		Gelo	Congelam. e degelo	8.Solifluxão			8-6.1 e 6.2
		Ar, gases	Circulação, fuga	9.Compactação			9-7.2, 7.4, 7.7
		Esfôrço tectônico	Movimentos tectônicos	10.Deform. e roturas da crosta terrestre			10) 11) Nenhuma pode ser efetiva
		Fatores geológ. externos	Depósito de sedimentos	11.Deform. e roturas da crosta terrestre			
Veja os dizeres desta coluna							Combinações das providências sugeridas para a correção dos tipos ou movimentos correlacionados ou associados

MAGALHÃES FREIRE, MODIFICADO